dtv

Viele Zeitgenossen stellen sich die Entwicklungsgeschichte des Lebens auf unserer Erde gern als eine Entwicklung zum Homo sapiens vor, an deren Ende notwendigerweise der moderne Mensch als »Krone der Schöpfung« steht. Alle anderen im Laufe von Jahrmilliarden hervorgebrachten Organismenarten wären dann gleichsam Nebenprodukte der Evolution. Doch eine realistische, vom homozentrischen Wunschdenken und von ideologisch motivierter Propaganda befreite Evolutionstheorie läßt solchen Vorstellungen keinen Platz. In der vorliegenden Streitschrift beschreibt und diskutiert Franz M. Wuketits den Fortschrittsgedanken in der organischen und der sozialen und kulturellen Evolution. Dabei wird deutlich: Der »Pfeil der Evolution«, so es ihn überhaupt gibt, fliegt in keine bestimmte Richtung.

Franz M. Wuketits, geboren 1955, lehrt seit 1979 an der Universität Wien, seit 1987 auch an der Universität Graz. 1982 erhielt er den Österreichischen Staatspreis für Wissenschaftliche Publizistik. Autor und Herausgeber zahlreicher Bücher.

Franz M. Wuketits

Naturkatastrophe Mensch

Evolution ohne Fortschritt

Mit zahlreichen Abbildungen

Deutscher Taschenbuch Verlag

Ungekürzte Ausgabe
März 2001
Deutscher Taschenbuch Verlag GmbH & Co. KG, München
www.dtv.de
© 1998 Patmos Verlag Düsseldorf
ISBN 3-491-72386-8
Umschlagkonzept: Balk & Brumshagen
Umschlagbild: ›Adam nach dem Sündenfall II‹ (1974) von Rudolf Hausner
Satz: Fotosatz Froitzheim AG, Bonn
Druck und Bindung: C. H. Beck'sche Buchdruckerei, Nördlingen
Gedruckt auf säurefreiem, chlorfrei gebleichtem Papier
Printed in Germany · ISBN 3-423-33063-5

Inhalt

Vorwort 9

Präludium: Eine Illusion und ihre Zerstörung 15

Teil I Faszination einer Idee 25

1 *Die Idee und ihre Begründung* 26
   Der Glaube an die kosmische Weltordnung und die
   Unabkömmlichkeit eines Weltarchitekten 26
   Die große Kette des Seins 32
   Zwecke, Absichten, Ziele 38
   Vervollkommnung und Vollkommenheit 45
   Vom Frosch zu Apollo: Transformationen zum Höheren . 50
   Die Zwangsläufigkeit des Fortschritts 56

2 *Fortschrittsglaube und Naturgeschichte* 62
   Der Weltarchitekt wird entbehrlich 62
   Die Entwicklung der Lebewesen ohne Schöpfungsplan .. 68
   Richtende und lenkende Naturkräfte 76
   Baupläne 79
   Die Bestätigung von Erwartungen 86
   Gesetze der Stammesgeschichte 90
   Höherentwicklung und gerichtete Evolution 97
   Anpassung und Evolution in kleinen Schritten 103
   Der Weg zum Menschen 107
   Teleologie durch die Hintertür 114

3 *Fortschrittsglaube und Kulturgeschichte* 119
   Generationswechsel der Seele: Vom »Wilden« zum
   »Kulturmenschen« 119
   Kulturen als Lebewesen 128
   Gesetze der Kulturgeschichte 131
   Die Zwangsläufigkeit der Geschichte 139
   Propheten besserer Welten 141
   Ideen und Ideologien 144

    Warten auf den »neuen Menschen« 146
    Vertröstungen auf die Zukunft 153

Teil II   Evolution ohne Fortschritt 159

1 *Zickzackweg auf dem schmalen Grat des Lebens* 160
    Die abgebrochenen Äste des Stammbaums 160
    Leben heißt Sterben 167
    Evolution, Devolution, Involution 172
    Blinde Konstrukteure und verfehlte Ziele 175
    Die Planlosigkeit der Evolution 179
    Das Chaos des Werdens 182
    Die Katastrophen der Naturgeschichte 185
    Naturkatastrophe Mensch 192
    Die Bestätigung von Befürchtungen 199

2 *Zickzackweg auf dem schmalen Grat der Ideen* 206
    Die dünne Haut der Zivilisation 206
    Die Zerstörung kultureller Vielfalt 214
    Der kulturelle Wärmetod 220
    Die Katastrophen der Kulturgeschichte 224
    Die Permanenz des Wahnsinns 228
    Involution und Inflation des Wissens, der Werte,
    Normen und Gesetze 232
    Hypertrophien des Fortschritts 239
    Wachstum in die Katastrophe 242
    Offene Gesellschaft, offene Zukunft
    — unvermeidlicher Holocaust 244

3 *Begrabene Hoffnungen* 250
    Das Elend der Utopien 250
    Das Ende der Illusionen 252
    Anfang, Ende — Neubeginn? 253

Bibliographie 257

Personenregister 273

Sachregister 277

*»Man sieht in der Geschichte,
wie Irrtum auf Irrtum,
Vorurteil auf Vorurteil folgt,
und wie sie Wahrheit und Vernunft
verjagen.«*

FRANÇOIS M. VOLTAIRE

*»Der Mensch weiß endlich, daß er in der
teilnahmslosen Unermeßlichkeit des
Universums allein ist, aus dem er zufällig
hervortrat. Nicht nur sein Los, auch seine
Pflicht steht nirgendwo geschrieben.«*

JACQUES MONOD

Vorwort

Das vorliegende Buch beschreibt die Entwicklung und das Ende einer Illusion: der Illusion, daß in unserer Welt alles langsam, aber stetig zum Besseren fortschreite. Oberflächlich betrachtet scheint der Glaube an den Fortschritt ja nicht unberechtigt zu sein. Die Evolution des Lebendigen begann mit primitiven einzelligen Organismen, und nach fast vier Jahrmilliarden erschien *Homo sapiens,* jenes Lebewesen, welches nun über diese Evolution kritisch nachzudenken in der Lage ist und sich kraft seines Verstandes und der von eben diesem Verstand hervorgebrachten Technologie von den Fesseln der Natur scheinbar befreit hat. Die Evolution des Menschen begann mit Jägern und Sammlern, die mit einfachen Steinwerkzeugen und bloßen Händen Nahrung für ihre kleine Gruppe beschafften, und heute, vier Jahrmillionen später, kaufen wir im Supermarkt akkurat in Plastik verpackte Nahrungsmittel, deren Ursprung wir nicht zu kennen brauchen und deren schnelle Zubereitung der Hausfrau wie dem Hausmann vielerlei raffinierte Geräte ermöglichen — von der Brotschneidemaschine bis zum Mikrowellenherd. Da sage einer, daß heute nicht alles zum Besseren bestellt sei! Aber die Dinge liegen so einfach nicht.

Keineswegs alle Menschen sind Nutznießer der wissenschaftlich-technischen Zivilisation, und die, die von ihr profitieren, sind deshalb nicht bessere Menschen geworden, als es ihre steinzeitlichen Ahnen waren. Im meinem Buch *Verdammt zur Unmoral?* (1993) habe ich gezeigt, daß das Verhalten und Handeln des zivilisierten Menschen nach wie vor von archaischen Mustern durchzogen ist und unserem Ideal vom moralisch guten Menschen natürliche Grenzen gesetzt sind, so daß die Hoffnung auf den »neuen Menschen« unserem Wunschdenken entspricht und mit der Wirklichkeit nicht viel zu tun hat. Dennoch: Wir geben uns nicht damit zufrieden, nicht besser zu sein als unsere prähistorischen Vorfahren oder unsere nächsten lebenden Verwandten, die Schimpansen, Gorillas und Orang-Utans. Daher stellen sich auch viele von uns die Entwicklungsgeschichte des Lebens auf der Erde gern als eine Entwicklung zum *Homo sapiens* vor, einen langen Weg, an dessen Ende notwendigerweise der moderne Mensch steht, als »Krone der Schöpfung« oder »Vollender der Evolution«. Alle anderen im Laufe mehrerer Jahrmilliarden hervorgebrachten Organismenarten wären dann gleichsam als Nebenprodukte der Evolution oder als unvermeidbare Vorstufen auf jenem Weg zum »höchsten Geschöpf« zu verstehen. Allerdings läßt eine von Wunschdenken und ideologischer Propaganda gereinigte Evolutionstheorie solchen Vorstellungen keinen Platz.

Ich kenne kaum jemanden, der für sich nicht in Anspruch nimmt, »fortschrittlich« zu denken, doch kenne ich eine Menge Leute, die, danach befragt, was denn »Fortschritt« eigentlich sei, zu stottern beginnen oder sich zu undifferenzierten Äußerungen versteigen, wie etwa: »Na ja, heutzutage geht doch alles besser und schneller als früher«, oder: »Man sieht doch, daß wir auf einer höheren Entwicklungsstufe leben als die Neandertaler oder auch noch die Menschen im Altertum und Mittelalter.« (Die Ausdrücke »altertümlich« und »mittelalterlich« sind denn auch negativ besetzt, wenn sie zur Charakterisierung heutiger Zustände herangezogen werden.) Es geht im vorliegenden Buch also nicht zuletzt darum, die ungeheure Wirkung der Fortschrittsidee schon auf dem Niveau der Alltagssprache darzustellen und zu zeigen, wie stark sie das Denken vieler Menschen beeinflußt. Die geistesgeschichtlichen Hintergründe dieser Idee sind faszinierend, ihre Auswirkungen aber oft verheerend.

Allerdings möchte ich nicht den Eindruck erwecken, daß ich mit diesem Buch in den Kanon all jener einstimme, die den Fortschritt — was auch immer er konkret bedeuten mag — pauschal verteufeln und ebenso undifferenziert darüber reden wie seine Befürworter. Vielmehr betrachte ich es als meine Aufgabe, den Fortschrittsgedanken als das zu entlarven, was er ist und immer war, nämlich ein Ausdruck der Unzufriedenheit mit den jeweiligen Lebensbedingungen und ein Ausdruck der Hoffnung, daß es dereinst besser werden würde. Insoweit hatte und hat dieser Gedanke durchaus seine Berechtigung. Eine andere Frage ist die der *Begründung*. Wo immer man meint, Fortschritt in die Zukunft projizieren zu dürfen, weil er schon in der Vergangenheit die Entwicklung geprägt habe, dort wird man zum Opfer von Wunschprojektionen. So wie sich für die organische Evolution eine Fülle von Beispielen anführen läßt, die die Vorstellung einer gleichmäßigen, kontinuierlich progressiven Entwicklung außer Kraft setzt, so läßt sich auch zeigen, daß die soziale bzw. kulturelle Evolution kein einheitlicher und geradliniger Fortschrittsprozeß sein kann (wobei das zunächst eine bloße Analogie ist, die nichts über die diesen beiden »Evolutionstypen« zugrunde liegenden Mechanismen aussagen muß).

Ich behandle also die Idee des Fortschritts auf zwei Ebenen, der Ebene der organischen und der Ebene der soziokulturellen Evolution, wobei letztere mich sicher vor größere Probleme auch in methodologischer Hinsicht stellt, weil ich, wie jeder von uns, soziokulturell geprägt bin und diese Prägung durch mein Bemühen um Objektivität wahrscheinlich nicht ganz verdeckt werden kann. Freilich will ich in erster Linie *feststellen*, aber ich werde auch um Wertungen nicht herumkommen und daher auch mit meiner subjektiven Meinung nicht ganz hinterm Berge halten. Die Schwierigkeiten der Diskussion des Fortschrittsgedankens auf soziokultureller Ebene haben aber sicher auch mit dem Grad der Betroffenheit zu tun. Ob die Entwicklung von wurmartigen Tieren zu Insekten ein Fortschritt war, berührt die meisten von uns weniger als die Frage, ob unsere Sozietäten forschrittlicher sind als die der alten Griechen und Römer und ob auf den technischen Fortschritt Verlaß ist. Ich meine, daß wir uns darauf eben nicht verlassen können, was aber zu begründen bleibt.

Es wäre falsch zu glauben, daß mit der Idee des Fortschritts in der organischen Evolution und dem Fortschrittsgedanken in der soziokulturellen Entwicklung des Menschen zwei verschiedene Themen diskutiert werden. Wie eine ideengeschichtliche Rekonstruktion zeigen wird, hängen beide Bereiche eng zusammen. Als im 19. Jahrhundert der Evolutionsgedanke (biologisch) begründet wurde, waren sozialgeschichtliche Ideen dabei nicht unmaßgeblich, und einmal etabliert, wurde die biologische Evolutionstheorie auf die Erklärung sozialer und kultureller Entwicklungsprozesse übertragen. Der Glaube an den Fortschritt in einem dieser Bereiche wirkte sich entsprechend auf den anderen Bereich aus. In beiden Bereichen jedoch war eine Illusion der Vater des Glaubens — und ist es bis heute geblieben.

Während ich an diesem Buch arbeitete, tobte in vielen Ländern der Welt ein Bürgerkrieg; hungerten Millionen von Menschen; waren Millionen von Menschen auf der Flucht vor Kriegen und wurden aus ideologischen und politischen Gründen verfolgt;

wurden viele Tausend Menschen aus Habgier oder Eifersucht ermordet; begingen viele Tausend Menschen aus Verzweiflung Selbstmord; wurden in vielen Ländern unzählige Menschen gefoltert und hingerichtet; brach in Indien eine Pestepidemie aus; starben Millionen von Menschen an AIDS, Krebs und anderen heimtückischen Krankheiten, teils verursacht durch seelische Qualen; wurden an vielen Orten der Welt Terroranschläge mit zahlreichen Toten und Verletzten verübt; wurden in vielen Ländern gefährliche fundamentalistische Bewegungen verstärkt oder gegründet; sind mehrere Millionen Menschen geboren worden, von denen vielen von vornherein ein früher qualvoller Tod bevorsteht; sind viele Tausend Pflanzen- und Tierarten ausgerottet worden... Und ich schrieb dieses Buch, wenn ich von einer schwer bestimmbaren Vorbereitungszeit absehe, innerhalb weniger Monate.

Daß heutzutage also alles besser sei als früher, ist ein Irrglaube, dem man nur huldigen kann, wenn man beide Augen fest zudrückt. Weder im organischen, noch im soziokulturellen Bereich ist Evolution als eine kontinuierliche Höherentwicklung zu verstehen. Wie sie zu verstehen ist, hoffe ich in diesem Buch überzeugend darlegen zu können. Frohe Botschaften werde ich dabei nicht verkünden. Die überlasse ich den Träumern, den religiösen Führern, den Politikern und allen anderen, die dem Schein dem Sein gegenüber den Vorzug geben.

Das Buch gliedert sich — nach einem kurzen Präludium, welches ausführlich das Thema einleitet — in zwei Teile. Der erste Teil behandelt die Wurzeln der Fortschrittsidee, ihre Ausprägungen und Konsequenzen im Zusammenhang mit der biologischen Evolutionstheorie und evolutionstheoretischen Modellen der Sozial- bzw. Kulturgeschichte. Der zweite Teil ist eine Relativierung, Kritik und letztendlich Verabschiedung der Idee vom universellen Fortschritt, wiederum sowohl im organischen als auch kulturgeschichtlichen Bereich.

Ich war bemüht, eine verständliche und klare Sprache zu finden, um nicht nur Vertreter einzelner Fachdisziplinen, sondern auch allgemein interessierte Leserinnen und Leser anzusprechen, und hoffe, daß mein Bemühen nicht umsonst war. Da das Buch ein immenses Thema zum Gegenstand hat, das sich durch verschiedene Disziplinen »zieht«, komme ich um einige Vereinfachungen nicht herum und muß mich, nicht zuletzt im Dienst der Lesbarkeit, oft einer verkürzten Darstellungsweise bedienen. Ich hoffe, daß daraus kein verzerrtes Bild einiger Teilprobleme entsteht.

Gespräche und Kontroversen mit vielen Kollegen, Freunden und Gegnern, haben dieses Buch sicher beeinflußt. Ich danke ihnen allen ungenannt, viele von ihnen werden sich — hoffentlich zu ihrer Freude — in diesem Buch wiederfinden. Meiner Frau danke ich, daß sie zwar nicht immer meiner Meinung ist, das dann aber auch offen sagt.

Franz M. Wuketits

Präludium:
Eine Illusion und ihre Zerstörung

> »Nichts erscheint auf den ersten Blick so
> schrankenlos, als das menschliche Denken.«
>
> DAVID HUME

Hoffnungen und Illusionen begleiten die Menschheitsgeschichte. Sie haben die Funktion, dem einzelnen das Dasein erträglich zu machen. Dabei ist es meist gleichgültig, wovon sie genährt werden; Hauptsache ist, sie haben die erwünschte Wirkung. So wie die Hoffnung auf Unsterblichkeit und ein Weiterleben im Jenseits vielen Menschen die Aussicht auf den früher oder später einzutretenden und jedenfalls unvermeidlichen Tod erleichtert, so verleiht auch die Illusion einer kosmischen Harmonie mit dem Menschen als Mittelpunkt manchem ein Gefühl der Geborgenheit. Religionen und Ideologien haben daraus immer Kapital geschlagen.[1] In den großen Bereich illusionären Denkens gehört auch der *Fortschrittsgedanke*. Zumindest in funktionaler Hinsicht steht er auf derselben Stufe wie die Ideen der Vorsehung und der individuellen Unsterblichkeit (Rapp 1992). Er nährt Hoffnungen. Wenn schon heute nicht alles so ist, wie man es sich wünscht, dann wird es wohl in Zukunft besser werden.

Hoffnungen und Illusionen *bestimmen* auch die Menschheitsgeschichte. Die daraus folgenden Verwirrungen, Verirrungen und Katastrophen, heute wie in früheren Zeiten, vermögen ein illusionsbedürftiges Lebewesen nicht wirklich zu erschüttern. Der Glaube an die Vorsehung, an eine geschichtsimmanente Gesetzlichkeit oder eben an eine progressiv sich entfaltende Geschichte hat zwar mittlerweile — in Europa — ein wenig von seiner

---

1 Religionen und Ideologien sind eng miteinander verwandt. Ich würde sogar sagen, daß sie im Hinblick auf ihre Grundstrukturen, die ihnen zugrunde liegenden Erwartungen und ihre Funktionen im wesentlichen identisch sind. Insbesondere die institutionalisierten Formen der Religion mit ihrer Monopolisierung von »Wahrheit« und ihren Repräsentanten mit Führungsanspruch tragen die gleichen Züge wie jede »weltliche« Ideologie (siehe hierzu etwa Topitsch 1979). Mit Recht war daher in der Geschichte oft Ideologiekritik nichts anders als Religionskritik (vgl. z. B. Salamun 1988).

Attraktivität verloren, verschwunden ist er aber nicht. Popper (1961) widmete diesem Glauben eine vernichtende Kritik, aber schon unser Alltagsleben sollte uns lehren, daß es mit einer von vornherein — von welchem »Geist« auch immer — geordneten Weltgeschichte nicht mit rechten Dingen zugeht, es sei denn, wir schließen beide Augen im tiefen Glauben, daß alles seine Ordnung habe. Jeder von uns erlebt viele Überraschungen, angenehme und unangenehme, die sich mit der Vorstellung, daß alles Geschehen von vornherein gesetzmäßig geordnet sei, nicht gut in Einklang bringen lassen. Freilich wird jemand, der von der göttlichen Vorsehung oder auch von einer ohne Gott gesetzmäßig bestimmten Welt überzeugt ist, darin noch keine Gefahr für seine Überzeugung erblicken. *Im nachhinein* läßt sich alles in diese Überzeugung einordnen. Lächerlich sind allerdings oft die hierfür ins Treffen geführten »Argumente«, die etwa so lauten: »Dieses oder jenes *mußte* ja geschehen, weil es bestimmt war«, oder: »Ja, es ist schrecklich, daß Herr Schmidt mit seinem Auto tödlich verunglückt ist, aber offenbar *mußte* das so sein, war es ihm bestimmt«. Wenn nun etwas *nicht* geschehen ist, kann man aber genauso sagen, daß es eben nicht geschehen durfte. Wenn Herr Schmidt seinen Autounfall überlebt hat, dann darf man glauben, daß ihm der Tod zu diesem Zeitpunkt eben nicht bestimmt war. Rein logisch gesehen sind das keine Argumente.

Der Glaube an die Bestimmung drückt meines Erachtens bloß die menschliche Hilflosigkeit aus, das menschliche Unvermögen, alle Ereignisse dieser Welt zu begreifen. Da es zu unserer Natur gehört, daß wir überall nach *Sinn* suchen, eine sinnlose Welt so einfach nicht akzeptieren können, hat unser Denken allerlei Tricks entwickelt, die uns helfen, eine sinnvolle Welt zu konstruieren und den Glauben an sie nicht zu verlieren. Vor allem geht es uns darum, im eigenen Leben einen Sinn zu finden, und den finden wir am einfachsten dadurch, daß wir diesen Vorgang als Teil eines sinnvollen Universums interpretieren: Wenn nämlich schon das Universum an sich sinnvoll ist, dann muß ja auch unser Leben, was immer an angenehmen und unangenehmen Ereignissen wir erleben, welche Katastrophen auch immer über uns hereinbrechen, irgendeinen Sinn haben.

Auf der Suche nach dem Sinn des Lebens hilft vielen von uns auch der Glaube an den Fortschritt in der Evolution. Zusammen mit dem Gedanken an eine zweckmäßig bzw. sinnvoll geordnete

Welt liefert dieser Glaube eine trostreiche Illusion, vor der auch viele Evolutionstheoretiker nicht gefeit sind, so daß der Fortschrittsbegriff zum zentralen Element mancher Vorstellungen und Interpretationen von Evolution wurde. Beispielsweise meinte Huxley (1942, S. 578):

> Fortschritt ist eine der fundamentalen Tatsachen der vergangenen Evolution, ist aber auf wenige selektierte Stammeslinien beschränkt. Er mag auch in Zukunft stattfinden, allerdings nicht zwangsläufig. Der Mensch, der jetzt Treuhänder der Evolution geworden ist, muß arbeiten und planen, wenn er weiteren Fortschritt für ihn selbst und daher für das Leben auf der Erde erzielen will.[2]

Wir brauchen an der guten Absicht dieser Zeilen nicht zu zweifeln, denn immerhin geht es hier um die Verantwortung des Menschen in der Natur, ein Postulat, dem heute in Anbetracht der Verwüstungen, die der Mensch in der Natur anrichtet, seine Bedeutung nicht abzusprechen ist. Aber brauchen wir, um diese Verwüstungen als solche zu erkennen und ihnen vernünftiges und verantwortungsvolles Handeln entgegenzustellen, wirklich die Vorstellung einer sinnvollen Welt und die Idee des Fortschritts?

Offensichtlich fällt es vielen Menschen — darunter eben auch nicht wenigen Evolutionstheoretikern — schwer zu glauben, daß die Evolution auch ohne Fortschritt ablaufen kann; daß sie keinerlei Hinweise auf irgendwelche zweckvollen und leitenden Kräfte liefert (Provine 1988); daß der Mensch in diesem Kosmos allein ist und also sein Schicksal und seine Pflicht nirgends geschrieben stehen (Monod 1971); daß wir daher *a priori* keine Verantwortung für eine Welt zu übernehmen haben, der wir gleichgültig sind; die ja eigentlich eine lebensfeindliche Welt ist, in der sich nur äußerst selten, nach unserem heutigen Wissen bloß hier auf der Erde, Leben entwickelt hat (Wuketits 1985). Den Illusionisten und Träumer vermögen aber solche Feststellungen offenbar nicht wachzurütteln.

Nun müssen wir natürlich zur Kenntnis nehmen, daß der Begriff des Fortschritts in der Evolution verschiedene Facetten hat und unterschiedlich definiert wurde. Ein kursorischer Überblick über die Literatur zeigt, daß vor allem im Bereich der organischen

---

2 Wörtliche Zitate aus fremdsprachigen Arbeiten wurden von mir frei ins Deutsche übertragen.

Evolution der Fortschrittsbegriff mit folgenden Vorstellungen besetzt ist:
1. Der »Pfeil der Evolution« weist zum Menschen, die Evolution ist also zielgerichtet, *Homo sapiens* ist ihr notwendiges Endergebnis.
2. Ziel der Evolutionsprozesse ist Anpassung. Evolution spielt sich langsam, graduell ab und bringt eine fortgesetzte Verbesserung von Organen und Verhaltensweisen mit sich. Das am besten an die jeweilige Umwelt angepaßte Lebewesen ist auch das fortschrittlichste.
3. Es gibt zwar keinen universellen evolutiven Fortschritt, aber zumindest einige Stammeslinien haben sich progressiv entwickelt, und wir können in der Stammesgeschichte vieler Pflanzen- und Tiergruppen bestimmte Trends rekonstruieren.
4. Das Leben hat sich in der Evolution allmählich auf der ganzen Erde ausgebreitet, mehr und mehr Lebensräume wurden erobert. Das Ergebnis der Evolution ist eine große Artenvielfalt.
5. Evolution bedeutet eine Zunahme der Komplexität. Ein Plattwurm ist komplexer als ein Bakterium, eine Spinne komplexer als ein Plattwurm, ein Fisch komplexer als eine Spinne usw.

Etwas allgemeiner wird häufig zwischen zwei Arten von Fortschritt in der Evolution unterschieden, und zwar (vgl. Ayala 1974, 1988, Broad 1925, Dobzhansky *et al.* 1977):
1. Einem gleichförmigen Fortschritt, der in einer Stammeslinie spätere gegenüber früheren Formen besser macht.
2. Einem netzartigen Fortschritt, der keine generelle Verbesserung bedeutet, sondern nur dazu führt, daß spätere Formen einer Stammeslinie im Durchschnitt besser sind als der Durchschnitt ihrer früheren Formen, daß also nur ein Teil der Vorläufer heutiger Formen primitiver war als diese und sich in vielen Stammeslinien keine Veränderungen im Sinne einer Höherentwicklung abgespielt haben.

Manche moderne Evolutionstheoretiker (z. B. Ridley 1990) halten von der Fortschrittsidee allerdings überhaupt nichts und ordnen sie in die lange Reihe pseudowissenschaftlicher Ideen ein. Nicht zu Unrecht, wie wir noch über weite Strecken dieses Buches sehen werden, denn allein der Umstand, daß Fortschritt ein vieldeutiger Begriff ist, muß uns skeptisch machen.

Im Bereich der sozialen bzw. kulturellen Evolution liegen die Dinge nicht anders, sind eher noch verwirrender. Viel stärker noch als die organische Evolution ist die Evolution von (menschlichen) Gesellschaften und Kulturen unseren Wertungen ausgesetzt und vom Standpunkt des Beobachters abhängig.[3] So mag etwa das Viktorianische Zeitalter in gewisser Hinsicht besser gewesen sein als unser heutiges, aber ich kann nicht wissen, ob *ich*, der ich *jetzt* — in Mitteleuropa — lebe und aufgewachsen bin, mich im Viktorianischen England besser gefühlt hätte, was ja nicht zuletzt auch von der konkreten Lebenssituation, in der ich mich persönlich damals befunden hätte, abhängig gewesen wäre. Solche Überlegungen bringen uns nicht weiter. Natürlich ist es nicht von der Hand zu weisen, daß die abendländische wissenschaftlich-technische Zivilisation heute das Leben vieler Menschen erleichtert und sich daher maßgeblich von den Gesellschaften paläolithischer Jäger und Sammler unterscheidet, die aber nichts von jener Zivilisation wußten und sie daher auch nicht vermißt haben können (Fox 1989).

Anläßlich einer Podiumsdiskussion in Leipzig vor ein paar Jahren wurde meiner Skepsis entgegengehalten, daß wir heute doch offensichtlich fortschrittlicher seien als beispielsweise die alten Römer, weil wir im Gegensatz zu diesen die Sklaverei abgeschafft haben. Ich konnte und kann darauf nur erwidern: Unsere Zivilisation hat, nachdem die Sklaverei abgeschafft war, den einzelnen auf sehr subtile Weise in die Abhängigkeit getrieben, wofür neuerdings die vielen Leute ein Beispiel liefern, die mit ihren Mobiltelefonen durch die Straßen eilen und sich keine Minute der Unerreichbarkeit mehr gönnen. Und welche Kräfte des Fortschritts haben uns Kinderpornographie, Menschenschmuggel, Drogenhandel, Gewaltvideos und Konsumzwang gebracht? Man verstehe mich nicht falsch, ich meine nicht, daß früher alles besser gewesen sei als heute, sondern ich möchte, wie schon an anderer Stelle (Wuketits 1985), betonen, daß in der Menschheitsgeschichte stets alte Übel durch neue ersetzt worden sind. Für den Glauben an einen universellen Fortschritt in der Sozial- und Kulturgeschichte besteht mithin kein Grund.

In Anbetracht vieler heutiger Entwicklungstendenzen sind kritische Geister geneigt zu glauben, daß uns Menschlichkeit ab-

---

3 Den Begriff »Evolution« verwende ich hier zunächst in seiner allgemeinsten Bedeutung, nämlich als Veränderung oder Wandel. Das sagt nichts über spezifische Ablaufformen und Mechanismen der Evolution aus, und nichts über eine allfällige Richtung.

handen kommt und ein Abbau des Menschlichen (Lorenz 1983) zu beobachten sei. In der Tat, so falsch ist dieser Glaube nicht; im Gegenteil, wir beobachten auf vielen Ebenen unseres sozialen Lebens eine sich steigernde Brutalisierung, die uns Angst einflößen sollte. Die Frage ist aber, ob der Mensch in seiner Evolution jemals wirklich *menschlich* war, und zwar nach den Kriterien, die wir heute an die Menschlichkeit anlegen. Jener *Homo erectus*, der seinem Rivalen mit einem Stein den Kopf einschlug, um ihm seine Jagdbeute wegzunehmen und möglicherweise ihn selbst auch zu verspeisen, war ja nicht menschlich im Sinne unseres Ideals von Humanität. Ebensowenig menschlich ist im Sinne dieses Ideals aber auch jener moderne Beamte, der im Namen eines ebensowenig menschlichen Gesetzes einen Asylbewerber in sein Herkunftsland zurückschickt, wo auf diesen womöglich der sichere Tod wartet. Daß wir uns moralisch weit über den *Homo erectus* entwickelt haben, ist daher im wesentlichen der gleiche Irrglaube wie umgekehrt die Vermutung, daß unsere prähistorischen Vorfahren im Paradies lebten und einander stets in Freundschaft und Zuneigung begegneten.

Ich habe behauptet, daß wir Menschen Affen seien und uns auch entsprechend verhalten (Wuketits 1993 a, b). Daraufhin erhielt ich einige Briefe von empörten Lesern. Ich wurde ermahnt, nicht zu verallgemeinern und von mir auf andere zu schließen. Damit kann ich gut leben, zumal mir jetzt immerhin so große Geister wie Charles Darwin und Thomas H. Huxley Gesellschaft leisten. Wo aber bleibt der Fortschritt in der intellektuellen Auseinandersetzung? Im 19. Jahrhundert war es eine Blasphemie, den Menschen auf seine Affenverwandtschaft hinzuweisen, alte Vorurteile und Dogmen standen dieser biologischen Trivialität im Wege. Und heute? Dieselben Vorurteile und Dogmen greifen offenbar noch immer um sich, man sieht sich mit verschiedenen Feststellungen den gleichen Vorwürfen und Angriffen gegenüber, mit denen schon die Evolutionstheoretiker vor über einhundert Jahren konfrontiert wurden.

Dennoch ist nicht zu leugnen, daß Sozietäten bzw. Kulturen und mit ihnen das menschliche Denken einem fortgesetzten Wandlungsprozeß unterliegen. Aber dieser Prozeß verläuft nicht linear, eingleisig und mit immer gleicher Geschwindigkeit; auch kann ihm keine grundsätzlich fortschrittliche — oder rückschrittliche — Entwicklungstendenz unterschoben werden. Es erscheint daher sinnvoll, wenn Luhmann (1987) an die Stelle der wertgeleiteten Fortschrittsidee bloß die *Differenz* treten läßt und an die Stelle der Verbesserung bzw. Verschlechterung der Situation bloß eine Zunahme der Komplexität der Informationsgewinnung und -verarbeitung setzt. Was jedoch die Komplexitätszunahme betrifft, ist Vorsicht geboten. Sie ist sicher für den Bereich der Informationsgewinnung und -verarbeitung anzunehmen, nicht aber für viele andere Bereiche des sozialen bzw. kulturellen Lebens. Ferner müssen wir uns vor Augen führen, daß Komplexitätszunahme keineswegs Verbesserung bedeutet, obwohl viele damit die alte Vervollkommnungsidee assoziieren. Die Regelung des sozialen Lebens beispielsweise bei den Buschleuten erscheint wohl den meisten Europäern als primitiv. Aber unter funktionalem Aspekt ist diese Regelung nicht schlechter als das Dickicht längst nicht mehr durchschaubarer Gesetze, Erlasse und Verordnungen, die unsere Politiker und Juristen ersinnen. Der moderne Staatsapparat ist ja zerbrechlicher als jede »primitive« Gesellschaft, seine aufgeblähte Bürokratie ist — trotz raffinierter Computerprogramme zu ihrer Unterstützung — sehr träge, und ein winziger Fehler im System kann verheerende Folgen haben.

Noch sind viele bereit, kritische Stimmen in bezug auf unsere Zivilisation als Unkenrufe unverbesserlicher Pessimisten abzutun, anstatt die sich mehrenden Anzeichen dafür wahrzunehmen, daß diese Zivilisation ein Irrtum war (Verbeek 1994). Das Prekäre an unserer Situation ist, daß uns der Weg zurück verschlossen bleibt und nur naive »Naturkinder« glauben können, daß die Rückkehr zu unserem »Naturzustand« der Weg in die Seligkeit wäre. In der Tat bleibt uns nur der »Weg nach vorn«, doch müssen wir dabei das Risiko in Kauf nehmen, daß wir damit den Untergang dieser Zivilisation beschleunigen, da wir uns auf kein »Gesetz des Fortschritts« verlassen können, welches die Entwicklung zum Besseren antreiben würde. Ein derartiges Gesetz gibt es schlicht und einfach nicht.

Damit wäre der Gegenstand dieses Buches grob umrissen. Es geht also um Evolution (man beachte Anmerkung 3) und die Rolle, die dabei dem Fortschritt zugedacht ist. Viele assoziieren mit Evolution gleichsam automatisch einen wie auch immer gearteten Fortschritt. Das kommt nicht überraschend, weil der Fortschrittsgedanke elementarer Bestandteil vieler Evolutionskonzeptionen ist, man sich also daran gewöhnt hat, Evolution und Fortschritt miteinander zu verknüpfen. Dabei ist »Fortschritt« weniger eine Konzeption der *Evolutionsbiologie* — die sich als strikt naturwissenschaftliche Disziplin versteht und, gestützt auf empirische Untersuchungen, die Abläufe und Mechanismen der organischen Evolution rekonstruiert —, sondern ein Begriff, der im weiten Feld *philosophischer Interpretationen* der Evolution anzusiedeln ist. In Umlauf gebracht wurde dieser Begriff allerdings nicht mit einer Theorie der organischen Evolution, sondern fand sich zunächst, vor der Etablierung des Evolutionsgedankens, als ein zentraler Begriff bei den *philosophes* der (französischen) Aufklärung, die mit ihm eine Dynamik, eine Bewegung der Aktivitäten des Menschen (im Sinne einer Verbesserung der herrschenden Zustände) zum Ausdruck brachten (vgl. Sledziewski 1990). Bald darauf, als der Evolutionsgedanke in den Köpfen vieler Naturhistoriker und Philosophen geboren wurde, gewann die Fortschrittsidee eine Erweiterung auch in zeitlicher Hinsicht, wurde in die Evolution des Lebens zurückprojiziert und fand mithin ihren Eingang schon in die ersten »seriösen« Evolutionstheorien zu Beginn des 19. Jahrhunderts. Diejenigen, die für den Fortschritt im Bereich des (menschlichen) sozialen und kulturellen Lebens eintraten, hatten so umgekehrt einen »tieferen« Grund für ihre Überzeugung.

Heute, zweihundert Jahre nach der Aufklärung und am Ende eines Jahrtausends, sind wir um viele Erfahrungen reicher und sollten endlich bereit sein, die Evolution — die organische wie die soziale und kulturelle — von ihrem metaphysischen Beiwerk zu befreien und als einen Vorgang zu begreifen, der keine *a priori* festgelegte Richtung kennt. Das wäre eine Aufgabe für die Aufklärung der Gegenwart, zu der einen Beitrag zu leisten ein Ziel dieses Buches ist. Gerne lasse ich mir dabei den Vorwurf gefallen, mit unbescheidenen Ansprüchen aufzutreten, zumal ich meine, daß Bücher mit erklärt bescheidenem Anspruch weder für deren Autoren noch für die Leser besonders reizvoll sind.

Illusionen erfüllen zweifellos ihre Funktion. Um so interessanter ist es daher, ihr Zustandekommen zu analysieren und ihre (gefährlichen) Konsequenzen zu erkennen. Wir gewinnen so auch tiefe Einblicke in die Strukturen und Mechanismen unseres eigenen Bewußtseins, welches, wie aus vielen experimentellen Untersuchungen hervorgeht, stark anfällig ist für Täuschungen verschiedenster Art einschließlich der Selbsttäuschung. Da unser Bewußtsein nicht vom Himmel fiel, sondern ein Resultat der

Evolution ist, ist ein Verständnis der Evolution, losgelöst und gereinigt von metaphysischen Projektionen, um so wichtiger.

Illusionen zu zerstören ist zwar naturgemäß keine konstruktive, aber, wenn man an die kollektiven Verheerungen illusionären Denkens erinnert wird, eine durchaus angenehme Aufgabe. Diese Verheerungen liefern auch eine moralische Rechtfertigung für die Zerstörung solchen Denkens. Denn man kann ja den Standpunkt einnehmen, daß jedermann seine Illusionen und Träume haben und in Ruhe gelassen werden soll — ein Standpunkt, gegen den kaum etwas einzuwenden ist, solange Illusionen und Träume sozusagen im Privatbesitz jedes einzelnen Menschen bleiben. Im Gehirn von Demagogen gesponnen, werden sie aber gefährlich und beschleunigen üblicherweise die Entwicklung des kollektiven Wahnsinns.

Mein Unterfangen ist vom Grundsätzlichen her sicher nicht neu, sondern fügt sich ein in eine lange Tradition »zerstörerischer Ideen«, entwickelt und verteidigt von unzähligen »Hoffnungsräubern«. So schrieb beispielsweise Russell (1950/1976, S. 82):

> Der Mensch ist ein vernunftbegabtes Lebewesen — das jedenfalls hat man mir gesagt. Ich habe in meinem langen Leben sorgfältig nach Beweisen für diese Aussage gesucht, hatte aber noch nicht das Glück, sie zu finden, obwohl ich in vielen Ländern auf drei Kontinenten gesucht habe. Im Gegenteil, ich habe gesehen, wie die Welt kontinuierlich immer tiefer in den Wahnsinn stürzt. Ich habe große Nationen gesehen, die einst an der Spitze der Zivilisation standen, nun aber von Predigern bombastischen Unsinns in die Irre geleitet werden. Ich habe gesehen, wie Grausamkeit, Verfolgung und Aberglaube sprunghaft zunehmen ...

Dem kann ich nur zustimmen. Vorliegendes Buch kann sich allerdings nicht in der Wiederholung und Unterstreichung solcher Aussagen erschöpfen. Wofür ich gerne das Patentrecht erwerben würde, das sind die umfassende Diskussion des Fortschrittsgedankens in der organischen *und* sozialen bzw. kulturellen Evolution und der Nachweis, daß beide Bereiche mit diesem Gedanken falsch besetzt sind, daß der »Pfeil der Evolution«, so es ihn überhaupt gibt, in keine bestimmte Richtung fliegt.

Teil I
Faszination einer Idee

>»Nicht von Anfang an haben die Götter
>den Sterblichen alles gezeigt, sondern im
>Lauf der Zeit finden sie durch Forschen
>das Bessere.«
>
> XENOPHANES

>»Die Welt scheint sich lange auf die
>Ankunft des Menschen vorbereitet zu
>haben, wie oft bemerkt worden ist; und
>dies ist in einem gewissen Sinne durchaus
>wahr; denn er verdankt seine Entstehung
>einer langen Reihe von Vorfahren.«
>
> CHARLES DARWIN

1 Die Idee und ihre Begründung

Der Glaube an die kosmische Weltordnung und die Unabkömmlichkeit eines Weltarchitekten

Es ist immer wieder interessant, darüber zu spekulieren, wie der prähistorische Mensch die Welt um ihn herum wahrgenommen und, vor allem, in Ermangelung der uns heute vertrauten wissenschaftlichen Erklärungsmodelle verschiedene Phänomene erklärt hat: die täglich scheinbar um die Erde kreisende Sonne, den Mond, Regen und Schnee, Blitz und Donner. Der Mensch ist ein von Natur aus »erklärungsbedürftiges« Lebewesen. Einmal zum Bewußtsein seiner selbst und der Welt um ihn herum erwacht, hat er sich schon in grauer Vorzeit ein wenn auch noch so einfaches Weltbild zusammengezimmert. Die Elemente des prähistorischen Weltbildes sind uns freilich nur schwer zugänglich, unsere Vorstellungen davon vielleicht falsch. Kühn ist daher die Vermutung, »daß der Urmensch mit allen Eigenschaften ausgestattet war, welche die Geistseele benötigt, um einerseits den Kampf ums Dasein zu führen, andererseits den Willen des Schöpfers zu erfüllen« (Koppers 1949, S. 117). Der »Kampf ums Dasein«, so behaupte ich, war wichtiger als die Erkenntnis eines allfälligen »Willens des Schöpfers«, und sollte einer unserer Vorfahren seine Zeit mit metaphysischen Reflexionen zugebracht haben, dann währte diese Zeit nicht lang, denn er war jenen seiner Artgenossen unterlegen, die Pflanzen sammelten und Tiere jagten und sich um ihre Fortpflanzung kümmerten. Die Zahl der prähistorischen Hominiden, die von anderen Lebewesen einschließlich ihrer eigenen Artgenossen getötet wurden, verhungerten oder sich bei der Jagd das Genick brachen, dürfte um einiges größer sein als die Zahl derer, die aus metaphysischer Verzweiflung zugrunde gingen.

Da aber Weltbilder keineswegs nur der Metaphysikbedürftigkeit dienen, sondern durchaus auch der Orientierung im Alltag, ist anzunehmen, daß unsere prähistorischen Vorfahren schon eine gewisse Vorstellung davon hatten, was die Welt zusammenhält.

Zu vermuten ist, daß diese Vorstellung stark von eigenen Erfahrungen betreffend Ursache-Wirkung-Beziehungen und die Möglichkeit absichtsvollen Handelns geprägt war. Sollte also ein Blitz nicht durch ein menschenähnliches, allerdings ungleich mächtigeres Wesen auf ähnliche Weise verursacht werden wie die Funken durch zwei Steine, die man aneinanderreibt? Sollte ein Gewitter mit Blitz und Donner nicht den Zorn eines (menschenähnlichen) Gottes ausdrücken, der Gewalt auszuüben vermag im Himmel und auf Erden? Diese Vorstellung eines menschenähnlichen Gottes hat sich wahrscheinlich auf die eine oder andere Art und Weise schon auf prähistorischem Niveau etabliert, weil sie bei den Völkern mit schriftlicher Überlieferung von vornherein bekannt ist. Daß dabei Götter gelegentlich auch eine Tiergestalt oder die Gestalt eines Tier-Menschen annehmen, spielt keine große Rolle, zumal manchen Tieren — etwa den Bären — immer schon besondere Eigenschaften zugeordnet worden sind.

Da den Menschen seit alters auch der Ursprung, die Entstehung der Dinge interessiert, begleiten Schöpfungs- und Wandlungsmythen die Geschichte aller Völker und Kulturen. Dabei sah man sich vielfach genötigt, auch die Götter entstehen zu lassen, sofern man nicht an einen ewigen Gott dachte. So liest sich beispielsweise ein babylonisches Schöpfungsepos folgendermaßen (zit. bei Winckler 1907, S. 91 f):

> Als oben der Himmel noch nicht war
> Unten die Erde noch nicht bestand,
> Indem Apsu und neben ihnen waltend ihr Erzeuger
> Mummu, (und) Tiamat ihrer aller Mutter
> Ihre Wasser in einem vereinigten,
> Als ein Rohrgeflecht noch nicht zusammengefügt,
> Rohrdickicht noch nicht entsprossen,
> als von den Göttern noch keiner geschaffen war,
> kein Wesen lebte, kein Schicksal bestimmt war,
> da entstanden die Götter inmitten ...
> Luchmu und Lachamu entstanden ...
> Lange Zeiten verstrichen ... Unschar und Kischar entstanden.

Das Christentum hat es etwas leichter, es kennt *einen* allmächtigen und ewigen Gott, der die Welt mit allen ihren Geschöpfen innerhalb einer Woche aus dem Nichts entstehen ließ. Nicht uninteressant ist, daß, wie das Alte Testament überliefert, Gott selbst seine Schöpfung als gut befand:

> Dann sprach Gott: »Es sollen wimmeln die Gewässer von Lebewesen, und Vögel am Himmelsgewölbe fliegen über der Erde!« Gott schuf die großen Seeungetüme und alle sich regenden lebendigen Wesen, von denen nach ihren Arten das Wasser wimmelt, und alle geflügelten Vögel nach ihren Arten. Und Gott sah, daß es gut war. Gott segnete sie und sprach: »Seid fruchtbar, mehrt euch und erfüllt das Wasser in den Meeren! Die Vögel aber mögen sich vermehren auf Erden!« ... Da sprach Gott: »Die Erde bringe lebende Wesen nach ihrer Art hervor: Vieh, Kriech- und Feldtiere nach ihren Arten!« Und es geschah so. Gott bildete die Feldtiere, das Vieh und alle Kriechtiere des Erdbodens jeweils nach ihren Arten. Und Gott sah, daß es gut war (1 Mose 1, 20–25).

Solche Schöpfungs- und Wandlungsmythen stehen im Vorfeld der Evolutionsidee, sie aber damit zu verwechseln wäre völlig falsch, denn sie sind *Entstehungsgeschichten ohne Evolution* (Mayr 1984). Wie Evolution im engeren Sinne zu verstehen ist, werden wir noch sehen; aber es wird uns auch nicht verborgen bleiben, daß das vorevolutionäre Denken in mancher moderneren Evolutionstheorie seinen Platz gefunden hat.

Man muß einräumen, daß die Götter in der Antike nicht nur das metaphysische Erklärungsbedürfnis des Menschen zu stillen hatten, sondern dem einzelnen auch über die Last und die Ungerechtigkeiten des Daseins hinweghelfen mußten, daß also »die Quelle des Flusses der Erkenntnis«, wie Herbig (1991, S. 26) meint, »im Aufbegehren gegen soziale Verhältnisse [liegt], die ohne die Idee eines göttlichen Rechts unerträglich erschienen waren«. Zumindest für die frühen griechischen Philosophen — im 6. vorchristlichen Jahrhundert — war dieser soziale Faktor für die Konstruktion von mit Göttern besiedelten Weltbildern sicher nicht unmaßgeblich. Die Absichten der Götter hatten das irdische Jammertal erträglich zu machen, den Menschen zu beruhigen und ihm zu verdeutlichen, daß letztlich alles seine Ordnung habe.

Aber noch viele Jahrhunderte später galt es als ausgemacht, daß der Natur und dem menschlichen Leben ein großartiger Schöpfungsplan zugrunde liegt und der Mensch sich als Endzweck der Schöpfung begreifen darf. Kant (1790/1968 VIII, S. 559) sagte:

> Wenn ... die Dinge der Welt, als ihrer Existenz nach abhängige Wesen, einer nach Zwecken handelnden obersten Ursache bedürfen, so ist der Mensch der Schöpfung Endzweck; denn ohne

diesen wäre die Kette der einander untergeordneten Zwecke nicht vollständig gegründet; und nur im Menschen, aber auch in diesem nur als Subjekte der Moralität, ist die unbedingte Gesetzgebung in Ansehung der Zwecke anzutreffen, welche ihn also allein fähig macht, *ein* Endzweck zu sein, dem die ganze Natur teleologisch untergeordnet ist.

Kant, der Königsberger Weltweise, ein wichtiger Repräsentant der Aufklärung, soll hier nicht mit den Doktrinen der frühen griechischen Philosophie in einen Topf geworfen werden. Aber sein Werk spiegelt eine alte Idee, die Idee einer kosmischen Weltordnung, derer viele Menschen aus höchst profanen Gründen bedürfen: um ihren Platz in einer nicht sehr lebensfreundlichen Welt zu finden, Hoffnungen schöpfen zu können, sich als Zweck der Natur begreifen zu dürfen. Die Idee bedeutet, kurzum, daß diese Welt von einem »Architekten« geplant sei, der nicht unbedingt menschliche Züge tragen muß, sondern auch abstrakt, etwa als »Wesen der Natur« gedacht werden darf. Ein solcher Weltarchitekt begleitet als zentrale Denkfigur die Geistesgeschichte der Völker und Kulturen und erschien lange unentbehrlich. Auch heute ist diese Denkfigur natürlich nicht verschwunden, sie findet sich — unterschiedlich akzentuiert — in Religionen bzw. Ideologien und ist grundlegendes Element des »privaten Denkens« vieler Menschen, denen es unmöglich ist, sich eine Welt ohne ein, wie auch immer geartetes höheres Wesen vorzustellen. Die Evolutionstheorie hat diese Vorstellung zwar, wie wir noch sehen werden, erschüttert, aber nicht eliminiert. Ja, für manchen ist Evolution nichts anderes als die Realisierung eines (göttlichen) Schöpfungsplans.

Mit Fortschrittsdenken hat der Glaube an einen Weltarchitekten zunächst nicht viel zu tun, aber ich werde erläutern, warum ich diesen Glauben hier an den Anfang meiner Betrachtungen stelle. Ein statisches Weltbild, in dem die Welt, so wie sie *jetzt* ist, vom Schöpfer gewollt war, bedarf der Idee des Fortschritts nicht, im Gegenteil. Diese Idee ist ihm abträglich (denn es soll alles so bleiben, wie es *jetzt* ist). Das mag auch der Grund dafür sein, daß in der Antike der Begriff des Fortschritts nur während einer sehr kurzen Periode lebendig war, sich nach dem 5. vorchristlichen Jahrhundert so gut wie alle Philosophenschulen ablehnend oder zumindest skeptisch dem Fortschritt gegenüber verhielten und ihn nur für die Entwicklung der Naturwissenschaft gelten lassen wollten (vgl. Dodds 1977). Auch das Mittelalter braucht den Fortschrittsbegriff kaum, jedenfalls braucht es ihn nicht im Sinne der Veränderung irdischer Zustände. Andererseits konzentriert sich das christliche Denken, das im Mittelalter seine ersten und vielleicht stärksten Blüten entfaltete, auf jenes mystische Ereignis der Fleischwerdung Gottes, welches zusammen mit der Aussicht auf das Jüngste Gericht, die Auferstehung der Toten und die Trennung der Bösen von den Guten eine Entwicklung beschreibt, die eine Welt im Fortschritt mit sich bringt.[1]

Der Hauptgrund, den Glauben an einen Weltarchitekten hier kurz zu erörtern, liegt aber darin, daß dieser Glaube wohl am besten jenes illusionäre Denken markiert, welches auch der Ort des Fortschrittsdenkens ist. Zu den ältesten Illusionen der Menschheit gehört der Glaube, daß jeder einzelne mit dem Kosmos schicksalhaft verbunden ist, so daß sich neben dem Gottglauben — besser vielleicht: als Teil davon — früh die Astrologie als Deutung des Einflusses etablierte, welchen die Gestirne vermeintlich auf das menschliche Leben haben. Das alte Mesopotamien liefert hierfür bereits ausdrucksvolle Belege (vgl. Bastian 1955, Winckler 1907) und demonstriert zugleich, wie eine Kultur sich als Mittelpunkt des Universums begreift. Diese Annahme, daß die eigene Kultur Mittelpunkt der Welt sei, ist als *Kultur-* oder *Ethnozentrismus* von praktisch allen Völkern zu allen Zeiten bekannt (vgl. z. B. Winkler und Schweikhardt 1982) und hat wiederholt — bis in die Gegenwart! — zu verheerenden Konsequenzen geführt. Der Fortschrittsgedanke hängt damit, worauf noch zurückzukommen sein wird, auf verhängnisvolle Weise zusammen.

Alle diese Denkfiguren — der Glaube an einen Weltarchitekten (Gott, Schöpfer), an den Mittelpunkt der eigenen

---

1 Dabei ist der Mensch bekanntlich die Krone der Schöpfung, ihm wollte sich Gott offenbaren; und alle übrigen Wesen wurden um des Menschen willen geschaffen. Zu diesem Anthropozentrismus tritt auch wiederholt die Vorstellung einer teleologisch (zweckmäßig) sich entfaltenden Menschheitsgeschichte, verbunden mit der Hoffnung, daß der Mensch letztlich sein Heil finden würde. Ferner finden sich im Mittelalter die Idee, daß alles, was in dieser Welt geschieht, prädestiniert, also von Gott vorherbestimmt sei, das Postulat, daß das Ziel des menschlichen Lebens in der Erkenntnis Gottes gesucht werden müsse usw. Natürlich sind die mittelalterlichen Denkwege viel weiter verzweigt, als diese wenigen Hinweise suggerieren, aber es kann hier nicht bezweckt werden, Details dazu zu präsentieren. Richtig ist jedenfalls, daß das mittelalterliche Weltbild in besonderer Weise von der Idee eines Schöpfers beeinflußt ist, auf den sich letztlich alles konzentriert. (Siehe im übrigen zum antiken und mittelalterlichen Fortschrittsbegriff auch Oeing-Hanhoff 1981.)

Kultur in der Welt, an Fortschritt und Erlösung – sind im Grunde nichts weiter als ein Ausdruck der menschlichen Sehnsucht nach Geborgenheit in einem unermeßlichen oder zumindest unermeßlich scheinenden Universum, welches offenbar nach bestimmten Gesetzmäßigkeiten strukturiert ist. Man sage nicht, daß diese Sehnsucht in unserer heutigen (westlichen) Zivilisation verloren gegangen sei. Selbst der hartgesottene Topmanager, der von der Berechenbarkeit dieser Welt überzeugt und gewaltige Finanztransaktionen binnen Minuten zu erledigen gewohnt ist, wird spätestens nach seinem zweiten Herzinfarkt in die Knie gezwungen und auf seine Erbärmlichkeit zurückgeworfen und sieht dann womöglich ein, daß er von den Gesetzen des Universums, des Lebens, nichts verstanden hat. Mit rührender Naivität klammert er sich vielleicht an eines jener Weltbilder, die in seiner üblicherweise von Kosten-Nutzen-Rechnungen, von Profit und Kapital dominierten Vorstellungswelt überhaupt keinen Platz haben (Zen-Buddhismus, Hopi-Religion usw.), und wird von der Hoffnung beseelt, doch noch den Sinn seines Lebens zu finden. Betrüblich wird für ihn allerdings die Einsicht — so er jemals zu ihr gelangt —, daß solche Weltbilder bloße Konstruktionen sind, entsprungen den gleichen unbewußten Sehnsüchten, die er zuvor mit seinem Mobiltelefon zu befriedigen suchte: den Sehnsüchten, eine Rolle in dieser Welt zu spielen, sich zu »verwirklichen«, Befriedigung zu finden. (Allerdings sollte zugegeben werden, daß etwa der Zen-Buddhismus mehr zur physischen und psychischen Gesundheit beiträgt als das Geschäft an der Börse.)

Die Unabkömmlichkeit eines Weltarchitekten ist aber damit auch — und primär — ein psychologisches Problem. Vor allem, wenn es jemandem schlecht geht oder er wiederholt Unrecht erfahren hat, wird er in der Hoffnung Zuflucht suchen, daß es da noch »etwas« geben muß, z. B. eine höhere Gerechtigkeit, einen tieferen Sinn des Lebens oder eine Erlösung von den irdischen Qualen im Jenseits. Es sollte uns daher nicht wundern, wenn gerade heute wieder Sektierer verschiedenster Art gefragt sind, weil sie den Suchenden, den Leichtgläubigen in einer immer brutaler werdenden Welt Sehnsüchte zu erfüllen versprechen, die eben diese Welt nicht zu befriedigen vermag. Im Schoß eines Propheten fühlen sich viele nun einmal geborgener als im harten Wettbewerb um einen Arbeitsplatz. Die von den modernen Propheten verursachten seelischen Störungen vor allem bei jungen Menschen sind allerdings auch nicht zu übersehen. Aber es ist bezeichnend — und unterstreicht die im Menschen tief verwurzelte Metaphysikbedürftigkeit (vgl. Wuketits 1987 a) —, daß heute im Westen, nachdem die traditionellen Religionen an Einfluß verloren haben, viele in anderen Religionen und Pseudoreligionen Zuflucht suchen und sich von allerlei Scharlatanen und Demagogen verführen lassen, um einen, wenn auch noch so vordergründigen, Lebenssinn zu finden und um abermals ein wenig Geborgenheit zu erfahren, wenn es sein muß, sogar um den Preis der eigenen Identität.

Die große Kette des Seins

Wir wollen uns nun etwas konkreter unserem Thema zuwenden. Zu den faszinierendsten Ideen der abendländischen Geistesgeschichte gehört die von Lovejoy (1936) brillant beschriebene »große Kette des Seins« (*Great Chain of Being*), die alle Wesen der Erde miteinander verbindet und einen *Aufstieg* der Lebewesen vom Einfachen zum Komplexen zum Ausdruck bringt. Darüber hinaus umfängt diese Idee auch anorganische Gegenstände und umfaßt alle Sphären des Kosmos; himmlische Wesen stehen am oberen Ende der Kette. Die ihr zugrunde liegende Vorstellung vom stufenartigen Aufbau der Welt hat in einer bis ins 19. Jahrhundert vielfach variierten *scala naturae* oder *Stufenleiter* (Tab. 1) ihren Niederschlag gefunden und die Erkenntnis der Evolution schließlich erleichtert (vgl. Mayr 1984, Stripf 1989, Wuketits 1989 a, Zimmermann 1953). »Die Kette des Universums«, so schrieb der Schweizer Naturhistoriker Charles Bonnet (1720–1793), »schließt alle Wesen zusammen, verbindet alle Welten, umfängt alle Sphären« (zit. nach Zimmermann 1953, S. 212) und betonte damit das auch von Gottfried W. Leibniz (1646–1716) verfochtene *Kontinuitätsprinzip* in der Natur, wonach alle Gegenstände, belebte wie unbelebte, miteinander zu verknüpfen wären (vgl. Aster 1932).

Schon Aristoteles (384–322 v. Chr.) hatte die Stufenanordnung der Dinge erkannt und zwischen drei Naturreichen unterschieden, und daher (in aufsteigender Reihenfolge) anorganische, pflanzliche und tierische Gebilde auseinandergehalten. Die neuzeitliche Naturgeschichte war, insbesondere im 18. Jahrhundert, von der Idee der Stufenleiter entscheidend beeinflußt. Während aber der illustre französische Naturforscher Georges L.L. de Buffon (1707–1788) den Menschen aus der Stufenanordnung der Naturdinge herausnahm, fügten andere Naturhistoriker seiner Zeit den Menschen als erstes und oberstes Glied in die Tierreihe ein: Bonnet plazierte ihn unmittelbar nach dem Orang-Utan (was ja nicht so falsch war).

Tab. 1 Die *Echelle des êtres naturels* (Stufenleiter der irdischen Dinge) nach den Vorstellungen des Naturforschers Bonnet im 18. Jahrhundert.

L'HOMME	MENSCH
Orang-Outan	Orang-Utan
Singe	Affe
QUADRUPÈDES	VIERFÜSSLER
Ecureuil volant	Fliegendes Eichhörnchen
Chauvesouris	Fledermaus
Autruche	Strauß
OISEAUX	VÖGEL
Oiseaux aquatiques	Wasservögel
Oiseaux amphibies	Amphibische Vögel
Poissons volans	Fliegende Fische
POISSONS	FISCHE
Poissons rampans	Kletternde Fische
Anguilles	Aale
Serpens d'eau	Wasserschlangen
SERPENS	SCHLANGEN
Limaces	Nackte Schnecken
Limaçons	Schnecken mit Schale
COQUILLAGES	MUSCHELN
Vers à tuyau	Röhrenwürmer
Teignes	Schaben
INSECTES	INSEKTEN
Gallinsectes	Gallinsekten
Taenia, ou Solitaire	Bandwurm

Polypes	Polypen
Orties de Mer	Aktinien
Sensitives	Sinnpflanzen
PLANTES	PFLANZEN
Lychens	Flechten
Moisissûres	Schimmel
Champignons, Agarics	Pilze
Truffes	Trüffeln
Coraux et Coralloides	Korallen
Lithophytes	Fossilien
Amianthe	Asbest
Talcs, Gyps, Sélénites	Talk, Gips, Selenit
Ardoises	Schiefer
PIERRES	STEINE
Pierres figurées	Geformte Steine
Crystallisations	Kristalle
SELS	SALZE
Vitriols	Vitriole
MÉTAUX	METALLE
DEMI-MÉTAUX	HALBMETALLE
SOUFRES	SCHWEFEL
Bitumes	Erdpech
TERRES	ERDEN
Terre pure	Reine Erde
EAU	WASSER
AIR	LUFT
FEU	FEUER
Matières plus subtiles	Feinere Materien

Interessant an der Idee der Stufenleiter oder großen Kette des Lebens ist vor allem im Zusammenhang mit unserem Thema die bereits angedeutete Erkenntnis, daß es einfache und komplizierte Organismen gibt. Diese Einsicht bedarf freilich keiner sehr tiefgreifenden Reflexion, da schon auf dem Niveau der Alltagserkenntnis beispielsweise ein Regenwurm als einfaches, primitives

Tier eingestuft wird, das man nie etwa mit einem Hund oder einer Katze, die offensichtlich viel komplexer organisiert sind, ernsthaft vergleichen würde. Allerdings ist die Idee der Stufenleiter eine über die Alltagserkenntnis hinausgehende Abstraktion. Sie will eine kontinuierliche Schöpfung zu immer größerer, im Menschen gipfelnder Vollkommenheit zum Ausdruck bringen. Darauf kommen wir noch zu sprechen.

Tatsächlich waren die Stufenleitern des 18. Jahrhunderts wichtige Konzeptionen im Vorfeld des Evolutionsdenkens. Wenngleich zunächst statisch gedacht, ließen sie schließlich die Frage zu, ob die einzelnen Stufen miteinander verbunden, die komplexeren aus den einfachen Organismen hervorgegangen sind. Die positive Beantwortung dieser Frage war eine Grundvoraussetzung für die Evolutionstheorie. Die in der Idee der Stufenleiter implizit oder explizit ausgesprochene Vorstellung vom Fortschritt bahnte sich denn auch ihren Weg durch das evolutionäre Denken des 19. und 20. Jahrhunderts. Doch davon handelt das nächste Kapitel. Im dritten Kapitel werden wir dann sehen, daß die Idee der Stufenleiter auch in der Interpretation der Kulturgeschichte der Menschheit ihre Rolle gespielt hat.

Johann G. Herder (1744–1803) hat in seinen *Ideen zur Philosophie der Geschichte der Menschheit* (1784), dem Evolutionsdenken schon sehr nahe, das stufenweise Auftreten der anorganischen und organischen Körper sowie die Ausrichtung der Stufenleiter zum Menschen präzise in folgende Worte gefaßt:

> Vom Stein zum Kristall, vom Kristall zu den Metallen, von diesen zur Pflanzenschöpfung, von den Pflanzen zum Tier, von diesen zum Menschen sahen wir die Form der Organisation steigen, mit ihr auch die Kräfte und Triebe des Geschöpfs vielartiger werden und sich endlich alle in der Gestalt des Menschen, sofern diese sie fassen konnte, vereinen. Bei dem Menschen stand die Reihe still; wir kennen kein Geschöpf über ihm, das vielartiger und künstlicher organisiert sei; er scheint das Höchste, wozu eine Erdorganisation gebildet werden konnte (vgl. Herder 1885 IV, S. 141).

Die Idee der Stufenleiter führt also zur Idee vom kontinuierlichen Aufstieg des Lebens, das letztlich im Menschen gipfelt. Die bis ins 19. Jahrhundert von der Schöpfungslehre beeinflußte Vorstellung des stufenweisen Auftretens von Lebewesen läßt den Menschen als Krone der Schöpfung erscheinen und reserviert den himmli-

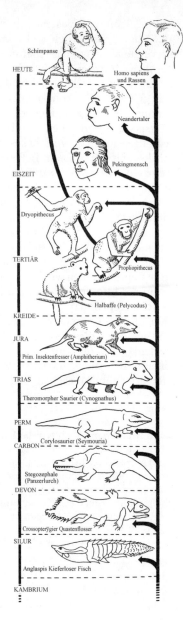

Abb. 1: Auch im 20. Jahrhundert dominiert weitgehend die Idee eines Aufstiegs und einer stufenweisen Höherentwicklung der Organismen. Hier ein illustratives Beispiel aus einem im Jahre 1940 erschienenen Buch über Evolution, dessen Autor sich vor allem darum bemühte, den Menschen als notwendigen Endpunkt der Entwicklung des Lebens darzustellen (aus Frieling 1940).

schen Wesen ihren Platz in der entweder tatsächlich vorgenommenen oder zumindest imaginären »Verlängerung« der Stufenleiter nach oben. Gut verträgt sich damit der Gedanke, daß der Mensch letztendlich seinen Weg zu Gott, in den Himmel, finden wird, zumal wenn er schon auf Erden gottesfürchtig war.

Wenngleich also die Vorstellung einer Stufenleiter im Vorfeld des Evolutionsdenkens anzusiedeln ist, so ist in ihr doch vor allem die Idee des *Aufstiegs* besonders wichtig. Der christlichen Religion zugeneigte Denker haben damit auch zu einer Zeit, als der Evolutionsgedanke längst eine respektable Verbreitung erfahren hatte und viele hinsichtlich irgendwelcher spiritueller Faktoren in der Entwicklungsgeschichte des Lebens skeptisch geworden waren, einen Aufstieg zu Gott, letztlich also die Erlösung des Menschen assoziiert (vgl. z. B. Drummond 1891, 1897). Die Stufenleiter war eben keineswegs bloß eine graphische Repräsentation der wahrgenommenen Unterschiede zwischen einfachen und komplexen Lebewesen, sondern vielmehr eine in die Natur projizierte Idee: eine Idee der Kontinuität (*natura non facit saltus*[2]), des Fortschritts und des Aufstiegs. Welchen Einfluß diese Idee aber auch auf graphische Repräsentationen von stammesgeschichtlichen Entwicklungsvorgängen, also noch im Rahmen der Evolutionstheorie hatte, läßt sich an vielen Beispielen zeigen (vgl. Abb. 1), auch wenn die zweite Hälfte des 19. Jahrhunderts deutlich neue Akzente setzte (vgl. O'Hara 1991). Schließlich rechnen, worauf wir noch im nächsten Kapitel zurückkommen werden, auch viele Evolutionstheoretiker mit einer graduellen, stufenweisen Entwicklung des Lebens auf der Erde.

Gewiß, im Rückblick auf die Entwicklungsgeschichte des Lebens müssen wir auch aus heutiger Sicht daran festhalten, daß diese Geschichte niemals unterbrochen wurde, daß trotz aller Naturkatastrophen der »Lebensfaden« nie abgerissen ist. Aber wir projizieren diese Kontinuität gerne auch in die Zukunft — weil es uns einfach schwer fällt zu glauben, daß die Erde einmal wieder wüst und leer sein könnte, wie sie dereinst in grauer Vorzeit war. Also erwarten wir ein Fortschreiten des Lebens für alle Zukunft, wiewohl wir uns andererseits auch vor der Apokalypse fürchten.

---

2 »Die Natur macht keine Sprünge.« Diese Formulierung des Kontinuitätsprinzips geht auf das 17. Jahrhundert zurück und wurde insbesondere von Leibniz, später aber z. B. auch von Darwin (siehe S. 104) verwendet.

Einstweilen aber vermag es uns zu trösten, daß zumindest bislang die Natur sich schrittweise zu ungeahnter Höhe aufschwang. Die Faszination, die von der Idee der großen Kette des Seins ausgeht, hat daher sicher auch psychologisch erklärbare Wurzeln. Die Idee vermittelt *Ordnung*, sie gibt zu verstehen, daß alles seinen Platz habe, und hilft uns, ein Gefühl der Geborgenheit in dieser Welt zu entwickeln.

Zwecke, Absichten, Ziele

Die Annahme eines Weltarchitekten steht nicht nur sehr gut mit einer Vorstellung vom stufenartigen Aufbau der Welt im Einklang, sondern führt geradezu zwingend auch zu dem Postulat, daß alles, was wir in der Natur beobachten, zweckvoll organisiert und absichtsvoll geplant sei und daß letztlich die Naturvorgänge einem bestimmten Ziel untergeordnet sind. Eine mechanische bzw. mechanistische Interpretation der Natur, vor allem der Lebewesen, läßt dieses Weltbild freilich nicht zu. In diesem Sinne meinte auch Kant (1790/1968 VIII, S. 516):

> Es ist ... ganz gewiß, daß wir die organisierten Wesen und deren innere Möglichkeit nach bloß mechanischen Prinzipien der Natur nicht einmal zureichend kennen lernen, viel weniger uns erklären können; und zwar so gewiß, daß man dreist sagen kann, es ist für Menschen ungereimt, auch nur einen solchen Anschlag zu fassen, oder zu hoffen, daß noch etwa dereinst ein Newton aufstehen könne, der auch nur die Erzeugung eines Grashalms nach Naturgesetzen, die keine Absicht geordnet hat, begreiflich machen werde: sondern man muß diese Einsicht den Menschen schlechterdings absprechen.[3]

Und doch: Einige Jahrzehnte später ist ein »Newton des Grashalms« aufgestanden, nämlich in der Gestalt Charles Darwins, und sah sich in der Lage, die Ordnung und Vielfalt des Lebenden nach einem mechanisch wirkenden Naturprinzip zu erklären. Aber davon mehr im nächsten Kapitel.

Die Vorstellung einer zweckgerichteten Weltordnung (*Teleologie*) hat das abendländische Denken seit der Antike stark domi-

---

3 Mit den »organisierten Wesen« meinte Kant die Lebewesen.

niert und vor allem in der Biologie (und ihrer Philosophie) tiefe Spuren hinterlassen (vgl. z. B. Mayr 1984). Bis ins 20. Jahrhundert zieht sich sozusagen die Auffassung, daß Lebewesen teleologisch, auf bestimmte Ziele hin, organisiert seien, wofür vielfach spezielle Vitalkräfte strapaziert werden (zur Übersicht siehe Wuketits 1985, S. 58 ff.). Dieser *Vitalismus* geht also davon aus, daß »ein *autonomer, nicht* aus einer Kombination anderer Agentien resultierender, sondern in sich elementarer Naturfaktor« (Driesch 1928, S. 284) die Lebewesen beeinflußt, ihnen den Lebensantrieb gibt, die »Lebensschwungkraft« (*élan vital*), wie sich Bergson (1921) ausgedrückt hat, ja, sie gleichsam erst zum Leben erweckt.

Nun ist es offenkundig, daß zwischen Lebewesen und unbelebten Objekten Unterschiede bestehen, Unterschiede, die dem Auge des noch so oberflächlichen Beobachters nicht entgehen können. Wir sehen Lebewesen sich fortbewegen, wir sehen, wie sie Nahrung aufnehmen und kopulieren (wobei die Natur besonders einfallsreich ist), wir beobachten zumindest bei den uns am besten vertrauten Tieren, den Säugetieren, eine Vielfalt des Ausdrucks (Furcht, Aggression usw.) und anderes mehr. Vor allem aber erscheint jedes Lebewesen »irgendwie« zweckvoll organisiert, »sinnvoll gebaut«, und in seinem Verhalten vielfach zielstrebig. Die Katze, die einer Maus auflauert, verfolgt offensichtlich einen bestimmten Zweck, so wie der Auerhahn, der seine Balzlaute ausstößt, oder der Löwe, der einer Antilope nachläuft. Außerdem gibt es erstaunliche Anpassungsleistungen, wie uns diejenigen Tiere zeigen, die ihre Körperfarbe dem Untergrund entsprechend verändern können oder irgendwelchen anderen Objekten oder Lebewesen zum Verwechseln ähnlich sehen.

Doch auch in der anorganischen Natur entdecken wir überall Struktur und Ordnung, und der nächtliche Sternenhimmel erscheint uns geradezu als Inbegriff von Ordnung und Harmonie; die Planeten kreisen um die Sonne, die Position von Gestirnen verändert sich regelmäßig, der Mond begleitet unablässig die Erde. Soll das alles »zwecklos« geschehen? Ist es nicht naheliegend, daß eine Absicht dahintersteckt?

Der Glaube an eine universelle Zweckmäßigkeit hat allerdings auch skurrile Blüten getrieben, denn er erklärt einfach alles und nährt die trügerische — und erkenntnislogisch unsinnige — Vorstellung, daß wir in der besten aller möglichen Welten leben. Voltaire hat diese Vorstellung in seinem Roman *Candide oder*

Der Glaube an die beste der Welten glänzend parodiert. Sein Dr. Pangloß, Hauslehrer und Hofmeister auf dem Schloß des Barons von Thunderdentronck, beweist immer wieder, daß der Baron das allerschönste Schloß in dieser besten aller denkbaren Welten habe. Er sagt:

> Es ist erwiesen, daß die Dinge gar nicht anders sein können, als sie sind. Denn sintemal alles zu einem ganz bestimmten Zweck geschaffen ist, so ist alles notwendigerweise zum allerbesten Zweck erschaffen. Merkt also wohl auf: die Nasen sind zum Brillentragen da, und so tragen wir denn Brillen. Offensichtlich sind die Beine dazu geschaffen, daß man Strümpfe, Schuhe und Hosen daran trägt, und somit haben wir Schuhe, Strümpfe und Hosen an. Die Steine sind gewachsen, damit man sie behauen und daraus Schlösser erbauen kann, und deswegen hat der gnädige Herr ein wunderschönes Schloß. Der fürnehmste Baron in der ganzen Provinz muß auch die schönste Wohnstatt haben. Und dieweil die Schweine dazu gemacht sind, daß man sie aufißt, so essen wir auch Schweinefleisch jahraus, jahrein. Demzufolge sind alle, die behaupten, alles sei hienieden vortrefflich eingerichtet, samt und sonders Dummköpfe. Sie hätten nämlich sagen müssen, alles sei aufs vortrefflichste bestellt (Voltaire 1759/1971, S. 177).

Während Dr. Pangloß frei erfunden ist, gab es zumindest einen Philosophen, der in Wirklichkeit ganz ähnlich argumentierte und gegen den sich Voltaires Polemik wandte. Das war Leibniz. In seiner *Theodicee* aus dem Jahre 1710 versuchte er zu überzeugen, daß unsere tatsächlich die beste aller möglichen Welten sei. Man hätte ja, meinte er, unsere Welt auf unendlich viele Arten mit Leben füllen können, und überhaupt müsse es unendlich viele mögliche Welten geben, »von denen Gott die beste gewählt haben muß, da er nichts thut, ohne dabei der höchsten Vernunft gemäß gehandelt zu haben« (Leibniz 1710/1883 I, S. 168).

Das sind genau die »Argumente«, die ich schon auf Seite 16 kritisiert und zurückgewiesen habe, die uns aber immer wieder begegnen, so absurd es auch ist, die Existenz irgendeines Gegenstandes damit begründen zu wollen, daß er existieren *muß*, ein Ereignis deswegen als gut zu befinden, weil es eingetreten ist. Lebten wir tatsächlich in der besten aller möglichen Welten, dann wären wohl auch Kriege, Hunger, Epidemien und Dummheit in Ordnung, von Gott gewollt und daher zu akzeptieren. Man ist immer wieder überrascht, daß viele Leute tatsächlich so denken,

Kriege, den Hunger in der Dritten Welt und den Ausbruch von Seuchen als Notwendigkeit betrachten (vor allem, wenn sie nicht selbst davon betroffen sind). Mit der Dummheit ist es ein wenig anders, weil sie die meisten an sich selbst erst gar nicht bemerken.

Bisweilen ist der Glaube an die Zweckmäßigkeit in der Natur allerdings äußerst erheiternd. Vor ein paar Jahren stöberte ich in einem Antiquariat ein zweibändiges Werk auf, das sofort meine Aufmerksamkeit erregte, weil sein Autor — ein gewisser Dr. Th. Zell — unter dem Obertitel *Geheimpfade der Natur* das Augenmerk des Lesers auf eine Reihe von Phänomenen lenkt, über die wir ja schon immer mehr wissen wollten: perverse Maikäfer, Vielmännerei bei Hündinnen, Eifersucht bei Störchen, die Lieblingsäffin eines Generals und den Zusammenhang zwischen Liebe und Milchmenge bei Kühen. Vor dem Hintergrund eines »Gesetzes der Zweckmäßigkeit« wird denn auch in diesem Buch jedes dieser Phänomene überzeugend erklärt, wobei praktische Erläuterungen die Erklärung jeweils noch zwingender erscheinen lassen. So wird beispielsweise das Vordringen der Schweizer in der deutschen Landwirtschaft festgestellt und bemerkt, daß es den Schweizern besser als den deutschen Mägden gelinge, den Kühen viel Milch abzunehmen. Was natürlich Gründe haben muß. Und die finden sich auch, nämlich in der Theorie, daß aufgrund der »Überskreuzregel« den Kühen Männer sympathischer sind als Frauen. »Es ist anzunehmen«, so lesen wir, »daß das Melkgeschäft mit geschlechtlichen Vorgängen im engsten Zusammenhang steht« (Zell 1926 I, S. 33). Die darauf folgende praktische Regel liegt auf der Hand: Männer (Schweizer oder andere[4]) sind besser als Frauen dazu geeignet, die Melkgeschäfte zu erledigen.

Diese »Theorie« ist in der Tat amüsant, zeigt aber auch, wie widersinnig die Idee, daß die Natur von einer durchgehenden Zweckmäßigkeit beherrscht sei, sein kann. Doch während man Figuren wie Dr. Pangloß und Dr. Zell im Kuriositätenkabinett ihren Platz zuweisen wird, wird man viele andere, vor allem in neuerer und jüngster Zeit artikulierte Vorstellungen von einer zweckmäßig eingerichteten, absichtsvoll geplanten Welt ernst zu nehmen bereit sein. Insbesondere die Vorstellung, daß wir einen

---

4 Nur der Vorsicht halber sei angemerkt, daß der Ausdruck »Schweizer« sich nicht (unbedingt) auf die Bewohner eines unserer Nachbarländer bezieht, sondern allgemein einen »Kuhpfleger« bezeichnet.

festen Platz in diesem Universum einnehmen, daß dieses Universum unsere »Wohnstätte« ist und wir mit ihm daher in vielfältiger Weise verbunden sind, stößt heute nach wie vor auf große Sympathie. Mancher spricht vom »kosmischen Erbe«, welches der Mensch auf sich genommen habe und welches den Menschen zu moralisch richtigem Handeln verpflichten würde (Chaisson 1988), und das in neuerer Zeit häufig diskutierte *anthropische Prinzip* (vgl. z. B. Breuer 1983) bringt einen engen Zusammenhang zwischen dem Kosmos, den Naturgesetzen und der menschlichen Existenz zum Ausdruck und nährt die Hoffnung, daß der zu Beginn der Neuzeit verlorene Mittelpunkt wiedergewonnen werden könnte. Der von Monod (1971) festgestellten Einsamkeit des Menschen in einem teilnahmslosen Universum und der These, daß unsere Welt grundsätzlich eine lebensfeindliche sei (Wuketits 1985), steht mithin die hoffnungsvolle Perspektive gegenüber, das Universum als zusammenhängendes System begreifen zu können, in dem alle Teile einen gesetzesartig bestimmten Platz haben und der Mensch »als Ausdruck der hohen schöpferischen Kraft der Natur zu sehen [ist], die zumindest über eine lange Zeit in der Lage ist, Komplexität aufzubauen« (Kanitscheider 1993, S. 206 f).

Der alte Traum darf also wieder geträumt werden. Wir suchen nach wie vor — in gewisser Hinsicht sogar intensiver als vorher — nach einem Prinzip, das die Welt zusammenhält und dem Menschen einen bequemen Platz in der Welt sichert. Die Philosophie und die Wissenschaften beteiligen sich an dieser Suche, deren treibende Kraft der Wunsch ist, »Natur, Menschheit und Universum in einer integrierten Gesamtschau zu begreifen, die dem menschlichen Leben und Streben eine Bedeutung gibt« (Laszlo 1993, S. 29). Zwecke, Absichten, Ziele — sie sind nach wie vor gefragt, zumal unsere Zivilisation an einem Punkt angekommen ist, der viele Menschen nicht mehr metaphysisch zu befriedigen vermag. Die Hoffnung, eins zu sein mit einem zweckvoll organisierten Universum, beginnt bei manchen Menschen die Fesseln unserer Konsumgesellschaft zu sprengen. Das ist nicht nur verständlich, sondern in gewisser Hinsicht sogar erfreulich, doch lauern hier wieder neue Gefahren.

Es fällt vielen Menschen offensichtlich schwer, ihr Leben »für sich« als sinnvoll zu betrachten, ohne es mit einem übergeordneten Zweck in Verbindung bringen zu müssen; es fällt ihnen schwer zu erkennen, daß es keinen endgültigen Sinn des Lebens gibt, und gleichzeitig daran zu glauben, daß man ein sinnvolles Leben führen kann (vgl. Provine 1988). Wäre das so einfach, dann hätten sich kaum Religionen (in ihren traditionellen Formen) entwickelt und kaum ein Guru hätte eine Chance, Gehör zu finden. Camus zeichnet in seiner packenden Erzählung *Der Fremde* das Leben eines jungen Mannes, der teilnahmslos, ohne Bindung, ohne Glauben dahinlebt und sich scheinbar einer völlig freien Existenz erfreut — bis er infolge eines dummen Zufalls kläglich scheitert und erkennen muß, daß Leben *Mitleben* heißt, daß ihm die Welt, in der er lebte, sehr ähnlich war. Zum Tode verurteilt, erkennt er, daß er in dieser Welt glücklich war und immer noch ist. Das einzige Problem, so könnte man daraus folgern, ist für jeden Menschen, seine Rolle in dieser Welt zu finden, einen Lebenssinn im Weltganzen, vor dessen Hintergrund selbst der eigene Tod einen tieferen Sinn haben muß. Dies würde aber, wie bereits angedeutet wurde, für den Menschen auch eine Verpflichtung bedeuten.

Tatsächlich hören wir nicht selten, daß heute gerade die Naturwissenschaften mit ihrer Anwendung in der Technik den Menschen nicht nur über seine Möglichkeiten in dieser Welt belehren, sondern ihm auch »seine Aufgabe an der Mitgestaltung des Kosmos« zuweisen (Sachsse 1981). Sicher kann diese Aufgabe nur dann formuliert werden, wenn der Kosmos als solcher sinnvoll, von Zwecken und Absichten durchzogen ist. Zwecke und Absichten werden daher *a priori* angenommen, die Frage *Wozu?* erscheint als Grundfrage jeder Reflexion über die Struktur dieser Welt und unsere Position in ihr (vgl. Spaemann und Löw 1981). In unserem Leben sind wir gewohnt, bestimmte Zwecke zu verfolgen und Absichten zu haben, so daß wir uns schwer vorstellen können, daß es in der Natur, im Kosmos keine Zwecke und Absichten gibt. Dieser *Anthropomorphismus* ist allerdings dazu angetan, uns nicht nur über die Natur, sondern auch über uns selbst zu täuschen. Denn unser Handeln wird keineswegs nach streng rationalen Prinzipien vollzogen, sondern wir folgen vielfach unbewußten Motiven, und viele unserer Handlungsweisen sind schon entschieden, bevor wir rational darüber nachdenken, was zu tun wäre. Dieser Umstand — oder besser: seine Verkennung — hat schon viel Unheil angerichtet. Politiker und »Staatsmänner« haben es immer wieder geschafft, »ihren« Völkern einzubleuen, daß sie eine bestimmte Rolle in dieser Welt wahrzunehmen haben, die Geschichte mitbestimmen müssen und dergleichen mehr. Die Resultate waren (und sind) Revolutionen und Kriege, ein endloses Blutvergießen, ungezählte Menschenopfer. Trotzdem beteiligen sich nach wie vor viele gerne am Diskurs über die Aufgabe »ihrer« Nation, »ihres« Volkes in der Gegenwart und in der Zukunft, und Politiker werfen mit Worthülsen herum, wenn sie ihre Wähler (und Nichtwähler) von deren Aufgabe überzeugen wollen, an der Gestaltung beispielsweise eines »neuen Europa« mitzuwirken. Mehr als bloße Schlagwörter kommen dabei naturgemäß nicht heraus — aber das macht nichts, Hauptsache wir haben ein noch so diffuses Ziel.

In diesem Ziel bzw. dem Streben danach ist der Gedanke an den Fortschritt enthalten. Wozu sollten wir denn ein bestimmtes Ziel anstreben, wenn danach nicht einiges »besser« wird? Für die Welt »da draußen«, Pflanzen, Tiere, Planeten und Sterne gilt für den »Teleologen« ebenso, daß sich alles zum Besseren entwickelt, was aber in einem zweckmäßig organisierten Universum anders gar nicht gedacht werden kann. Über den *Endzweck* kann man natürlich nur rätseln, jedoch gilt es auch als Zeichen für Fortschritt, wenn wir uns der Lösung dieses Rätsels nähern. Das kann dann etwa zu folgender Einsicht führen:

> Das Ziel der Schöpfung wurde vervollständigt durch die Fleischwerdung des ewigen Wortes, was von Anfang an in Gott war und was Gott war: was diesem kleinen Planeten einen universalen Wert verliehen hat, und dieser kurzen Zeitspanne den Wert der Ewigkeit. Die Lehre von der Fleischwerdung aber gehört der Offenbarung an und ich habe den engsten Bereich der ewigen Vernunft nicht verlassen ... ›daß Gott, die erste Ursache und das letzte Ziel aller Dinge, auf Grund der Schöpfung mit Sicherheit erkannt werden kann durch das natürliche Licht der menschlichen Vernunft‹ (Whittaker 1955, S. 90).

Der Autor dieser Zeilen war kein Theologe, sondern — Mathematiker und Physiker.[5] Seine Botschaft ist einfach zu inter-

---

5 Es ist interessant, daß sich vor allem unter den Vertretern der sogenannten exakten Wissenschaften viele finden, die ihr Werk durch solche metaphysische Spekulationen krönen. Ein Beispiel ist auch Carl Friedrich von Weizsäcker, dessen Verdienste um die Physik unbestritten sind und dessen philosophische Arbeit sich zweifelsohne durch seine Sachkenntnis ausweist. Unverkennbar ist er indes bestrebt, dem christlichen Glauben durch sein Werk einen Weg zu bahnen (vgl. z. B. Weizsäcker 1976). Biologen sind scheinbar weniger anfällig für Gedanken über Gott. Sie stehen dem Leben näher

pretieren: Die menschliche Vernunft ist der Gipfelpunkt der Entwicklung irdischer Wesen, ihr Ziel besteht in der Einsicht in den Grund der Schöpfung, in der Erkenntnis der Wege und Ziele der Schöpfung, deren Ziel es wiederum gewesen sein muß, ein vernunftbegabtes Wesen hervorzubringen, welches nun eben ihre Wege und Ziele erkennt...

Solche Zirkelschlüsse waren offenbar kein Hindernis für den Glauben an eine zweckgerichtete Weltordnung. Im Gegenteil, dieser Glaube wurde durch andere Konzepte noch verstärkt.

Vervollkommnung und Vollkommenheit

Zu diesen Konzepten gehört die Vorstellung, daß die Dinge nach Vollkommenheit streben. Die vollkommene Familie, der vollkommene Mensch, die vollkommene Liebe usw. sind Konstrukte, von denen die Weltliteratur ebenso zehrt wie das Werbefernsehen und von denen Naturhistoriker und Philosophen fasziniert waren. Die Idee der Stufenleiter spiegelt die Vorstellung, daß es vollkommene und weniger vollkommene Dinge (Lebewesen) gibt, und im teleologischen Denken kommt dem erkennenden Menschen, sofern er auch moralisch richtig handelt, die Rolle eines vollkommenen Lebewesens zu. Selbstverständlich hängt all das wieder mit der Erwartung von Fortschritt zusammen.

Die Idee der Vervollkommnung hat ihre Wurzeln in der Antike und entstand dort im Zusammenhang mit dem Ursprung der Vorstellung von der großen Kette des Seins (vgl. Lovejoy 1936). Die Grundthese ist, daß die Fülle denkbarer Gegenstände (vor allem Lebewesen) in diesem Universum erschöpfend verdeutlicht wurde und daß keine genuine Möglichkeit des Seins unausgeführt bleibt. »Das Ausmaß und die Fülle der Schöpfung muß so groß sein wie die Möglichkeit der Existenz und im Einklang stehen mit einer ›perfekten‹ und schier unerschöpflichen Quelle« (Lovejoy 1936, S. 52).

Faszinierend ist in der Tat die enorme Fülle von Lebewesen auf diesem Planeten. Viele Millionen von Organismenarten bevölkern die Erde, und es will scheinen, daß keine denkmögliche

---

und bedürfen nicht so sehr des geistigen Substituts. Zumindest scheint das für die Mehrzahl der heutigen Biologen zu gelten, wobei freilich Ausnahmen die Regel bestätigen.

»Lebensform« vom Schöpfer — oder von der Evolution — ignoriert wurde. Selbst in unwirtlichen Regionen der Erde, in Wüsten, im Hochgebirge, in Schnee und Eis, trotzen viele Lebewesen den Elementen das Leben ab. Auf und unter der Erde, im Wasser und in der Luft hat sich eine Fülle von Arten ausgebreitet und anscheinend perfekt an die jeweiligen Lebensbedingungen angepaßt. Wir kommen darauf später noch zurück. Diese Fülle von Lebewesen mit all ihren Spezialanpassungen ist dem Menschen natürlich schon früh aufgefallen, und in der Antike begann man sich systematisch damit zu beschäftigen, sie zu beschreiben und zu ordnen, wobei Aristoteles besondere Erwähnung verdient.[6]

Wir sind geneigt, bei einzelnen Lebewesen bzw. Arten von Lebewesen Vollkommenheit in der Anpassung zu suchen. Zwar ist man traditionellerweise davon überzeugt, daß der Mensch das vollkommenste Lebewesen ist — oder doch zumindest jenes Lebewesen, das die besten Chancen hat, einst vollkommen zu werden —, doch stellt man eine »relative Vollkommenheit« auch an anderen Arten fest. Ein schönes Beispiel ist meines Erachtens der Ameisenbär (Abb. 2), ein merkwürdig aussehendes Geschöpf, das mit Bären, abgesehen von seinem Namen, nichts gemein hat, sondern zur Ordnung der Zahnarmen gehört, in Südamerika verbreitet ist und sich von Ameisen und Termiten ernährt. Genau die Ernährungsweise ist es, die dieses Tier als ein auf seine Weise vollkommenes Lebewesen erscheinen läßt; einige mit der Ernährung in Zusammenhang stehende anatomische Merkmale unterstreichen noch diese Vollkommenheit. Der Kopf eines Ameisenbären läuft in einer röhrenförmigen Schnauze mit winziger Mundöffnung und zahnlosen Kiefern aus; die Zunge ist bis zu einem halben Meter lang, und der klebrige Speichelüberzug erlaubt es, Insekten aufzulecken. Bei seinen täglichen Beutezügen — und hier kommt das eigentlich Erstaunliche — bricht ein Ameisenbär mehrere Ameisen- oder Termitennester auf, frißt an jedem nur kurze Zeit und zieht dann zum nächsten. Auf diese Weise vermeidet er die irrever-

---

[6] Aristoteles wird oft überhaupt als der erste Biologe gesehen, was nicht so unberechtigt ist, wenn auch der Ausdruck »Biologie« erst zwei Jahrtausende später in Gebrauch kam. Seine Systematik der Tiere erfüllt zwar nicht die strengeren Kriterien moderner biologischer Systematik, enthält aber interessante Details über verschiedene der damals bekannten Arten und darf als erste mehr oder weniger systematische Beschreibung und Bestandsaufnahme der Tierwelt gelten. (Einzelheiten dazu finden sich bei Mayr 1984, Oeser 1974 und Zimmermann 1953.)

Abb. 2: Großer Ameisenbär (*Myrmecophaga tridactyla*).

sible Schädigung eines Ameisen- oder Termitennestes. Würde er sich andererseits an einem einzigen Nest vollfressen und täglich ein Nest zerstören, dann wären in seinem Lebensraum bald sämtliche Ameisen- und Termitenpopulationen vernichtet und er käme in ernsthafte Schwierigkeiten. So »klug« ist also ein Ameisenbär. Wir dürfen zwar sicher sein, daß er nicht bewußt so umsichtig vorgeht, sondern daß der einzige Grund für sein relativ schnelles Verlassen eines Ameisen- oder Termitenhügels seine Empfindlichkeit gegen die Bisse seiner Beutetiere ist. Aber in gewissem Sinne ist hier wirklich alles optimal, und Dr. Pangloß würde sagen, daß das Freßverhalten der Ameisenbären ein weiterer Beweis dafür sei, daß diese Welt insgesamt optimal, die beste aller möglichen Welten ist. Man wird zugleich an Goethes *Metamorphose der Tiere* (1806/1982, S. 355 f) erinnert, wo es heißt:

> Zweck sein selbst ist jegliches Tier, vollkommen entspringt es
> Aus dem Schoß der Natur und zeugt vollkommene Kinder.
> Alle Glieder bilden sich aus nach ew'gen Gesetzen.
> Und die seltenste Form bewahrt im geheimen das Urbild.

So ist jeglicher Mund geschickt, die Speise zu fassen,
Welche dem Körper gebührt, es sei nun schwächlich und zahnlos
Oder mächtig der Kiefer gezahnt, in jeglichem Falle
Fördert ein schicklich Organ den übrigen Gliedern die Nahrung.

Während in diesen Zeilen einerseits der Gedanke an Vollkommenheit mit der Idee einer zweckvoll organisierten Welt verbunden ist, kommt andererseits zum Ausdruck, daß *alle* Geschöpfe vollkommen sind, jedes für sich auf seine Weise zweckvoll und vollkommen ist. Gewiß würde man unter vielerlei Gesichtspunkten die Ameisenbären nicht als hochentwickelte Geschöpfe würdigen; sie müßten auf der Stufenleiter des Lebens tief unter vielen anderen Säugetieren, vor allem tief unter den Menschen ihren Platz zugewiesen bekommen. Solange man aber dem Schöpfungsgedanken verhaftet bleibt, kann man sich nur schwer damit anfreunden, daß der Schöpfer unvollkommene Geschöpfe erschaffen haben soll. Naheliegend erscheint es mithin, niedere von höheren Lebewesen zu unterscheiden, ihnen allen aber eine »relative Vollkommenheit« zuzubilligen. Aber es scheint unterschiedliche Grade der Vollkommenheit zu geben. Abermals ist es der Mensch, der die höchste Sprosse auf dem Weg zur Vervollkommnung erklommen zu haben scheint, denn im Gegensatz zum Ameisenbären *weiß* er, was er tut, und kann sein Handeln bewußt planen und lenken. Zumindest scheint es so zu sein. Der Mensch befindet sich im Zustand des Erkennens und hat daher, wie man meint, auch Verantwortung zu übernehmen für diese Welt. Eine Aufgabe muß der Mensch haben — das lehren uns Religionen, davon versuchen uns allerlei Institutionen zu überzeugen. Auch Staaten und Nationen müssen, wie bereits gesagt, eine bestimmte Aufgabe haben, ihre Rolle in der Geschichte spielen. Die bloße Existenz also ist scheinbar nicht genug.

Hier ist auf jene Ansätze in der Biologie zu verweisen, die — auch noch im 20. Jahrhundert — nicht ohne die Annahme auskommen, daß sich hinter den wahrnehmbaren Gestalten der Lebewesen Kräfte verbergen, die unserer sinnlichen Wahrnehmung nicht zugänglich sind. Beispielsweise betonte der Botaniker Troll (1942, S. 3), die Gestalt jedes Lebewesens würde »zugleich ein Urbild zur Darstellung« bringen, »das in ihr enthalten ist, obgleich es als solches nicht unmittelbar in Erscheinung zu treten braucht«. Und der Zoologe und Anthropologe Portmann (1956,

S. 113) ließ uns mit der nicht minder kryptischen Bemerkung zurück: »Die klaren Gestalten, die um uns leben, sie sind die Zeugen der Gestaltungen, welche größer sind als das auf Erden Sichtbare.« Es ist interessant zu sehen, daß viele Naturwissenschaftler (von Philosophen ganz zu schweigen) sich bis in die neuere Zeit daran beteiligt haben, die Welt sozusagen zu verdoppeln, hinter den sichtbaren Dingen noch »etwas Anderes«, das »Eigentliche« zu vermuten.[7] Demnach wären es aber doch geheime Kräfte, die das Leben, die einzelnen Lebewesen zur Vervollkommnung treiben. Der Mensch, der allerdings über ein selbstreflexives Bewußtsein verfügt, wird nicht so sehr von den Kräften getrieben, sondern hat (bewußt) Verantwortung zu übernehmen, sich moralisch »richtig« zu verhalten, sich Gott zuzuwenden, um eben vollkommen zu werden. Doch gemahnt er sich dabei auch zur Bescheidenheit, denn sogar seine Vollkommenheit kann nur eine relative sein, vollkommen ist nur Gott. Das ist eigentlich eine unerfreuliche Situation: Da bemühen wir uns einerseits um Vollkommenheit, müssen aber andererseits kleinlaut zugeben, daß wir gar nicht vollkommen sein können. Aber was wäre das menschliche Denken ohne die vielen in ihm enthaltenen Widersprüche!

Vollkommenheit wurde allerdings auch zu einer ästhetischen Kategorie; davon legen Adonis, Apollo und Venus Zeugnis ab. Wie Grassi (1980) zur Theorie des Schönen in der Antike ausführt, waren Schönheit und Vollkommenheit eng miteinander verknüpft und Schönheit der Natur ein wesentliches Element bei antiken Denkern. Der Mensch wurde aber von den anderen (natürlichen) Stufen der Wirklichkeit unterschieden, als Wesen, das seine eigene spezifische Gesetzmäßigkeit und Ordnung suchen muß und daher gezwungen ist, die Wirklichkeit zu verwandeln und sich selbst gestalterisch zu entfalten. »Dieses der menschlichen Natur entsprechende Leben ist das Herstellen einer ebenso ›natürlichen‹ Ordnung und Vollendung, wie sie in den vormenschlichen Stufen bereits waltet und herrscht.« Dabei spielen stets Prinzipien der *Symmetrie* eine hervorragende Rolle. Hahn (1989) hat diesem Thema ein imposantes Werk gewidmet

---

[7] Das ist der starke Einfluß von Platon (427–347 v. Chr.) und seiner Ideenlehre, der zufolge wir nur Schatten der Wirklichkeit wahrnehmen, Dinge, hinter denen sich noch ein Wesen, eine *Essenz* oder eine *Idee* als eigentliche Realität, verbirgt. Popper (1961, 1962) bezeichnete diese mächtige Geistesströmung treffend als *Essentialismus*.

und eindrucksvoll demonstriert, welche Rolle der Symmetrie — durchaus im Sinne unserer Erwartung von Harmonie, Schönheit und Vollkommenheit — in Natur und Kultur zukommt. Es läßt sich wahrscheinlich machen, daß die Erwartung von Symmetrie und die damit verbundene Intention, Artefakte symmetrisch zu gestalten, bereits auf der Stufe unserer prähistorischen Vorfahren zu finden sind (vgl. Toth 1990). Daß daher die biologische Morphologie bis ins 20. Jahrhundert von der Idee der Vervollkommnung beseelt war, braucht uns nicht weiter zu überraschen. Die Idee der vollkommenen Form hat etwas Faszinierendes und befriedigt unser psychologisch tief verwurzeltes Bedürfnis nach Harmonie und Ordnung. Gerne übersehen wir dabei den Umstand, daß die Natur auch nach ganz anderen Prinzipien organisiert sein kann und sich nicht darum kümmert, was unser Auge erfreut, sondern uns gegenüber gleichgültig ihren Weg geht. Doch sieht man das einmal ein, dann sind viele Illusionen dahin, Illusionen, die seit alters den menschlichen Geist beflügelt haben.

Wenn aber Vollkommenheit hier auf Erden nicht erzielt werden sollte, dann bleibt dem Suchenden immer noch die Hoffnung auf das Jenseits, wo endlich wahres Glück, Freiheit und Gerechtigkeit allen Menschen, die im irdischen Jammertal gelitten haben, garantiert werden. Nach Küng (1982) ist daher der Glaube an das ewige Leben nicht nur *keine* Illusion, sondern auch dazu angetan, die Welt zum Besseren zu verändern. Vollkommenheit wird demnach allerdings erst im Jenseits erreicht sein; erst »dort« wird die Welt aus ihrem Provisorium in das Stadium der Vollkommenheit eingetreten, die Menschwerdung des Menschen abgeschlossen sein und die Geschichte ihr Ziel erreicht haben. Diese Aussicht sollte uns also optimistisch stimmen und dazu veranlassen, unser Leben im Diesseits entsprechend zu gestalten, Sinn in allem zu erkennen, selbst im Leiden und im Sterben.

Vom Frosch zu Apollo: Transformationen zum Höheren

Die irdischen Stufen auf dem Weg zur Vollkommenheit wurden von Naturhistorikern, Philosophen und Künstlern immer wieder nachvollzogen und eindrucksvoll illustriert. Noch bevor der Evolutionsgedanke salonfähig wurde, glaubte man, *Metamorphosen* annehmen zu können, Verwandlungen niederer in höhere Lebewesen. Ästhetische Komponenten spielten dabei ebenso ihre Rolle wie diskriminierende und rassistische Vorstellungen.

Der niederländische Anatom Petrus Camper (1722–1789) studierte die Physiognomien von Tieren und Menschen und versuchte auf dieser Basis die Formentwicklung von niederen Tieren über Affen zum Neger und Europäer (!) darzustellen. Mit Hilfe einer geometrischen Methode begründete er eine Theorie des Gesichtswinkels und stellte die Höherentwicklung der Arten aufgrund der Zunahme des Gesichtswinkels dar (Abb. 3). Die Physiognomie als Mittel zur Menschenkenntnis und zur Erkenntnis der Entwicklungshöhe wurde aber vor allem durch die Studien des Schweizer Schriftstellers und Philosophen Johann Kaspar Lavater (1741–1801) populär (vgl. Winkler und Schweikhardt 1982). Auch Goethe zeigte sich von diesen Studien zutiefst beeindruckt und attestierte Lavater profunde Menschenkenntnis.

Goethe selbst hat ja die Geschöpfe der Natur unter dem Aspekt ihrer Vollkommenheit und Schönheit betrachtet und viele umfangreiche Beobachtungen der Metamorphose von Pflanzen und Tieren gewidmet. Er war beseelt von der Idee, daß es den Grundtypus der Pflanze wie des Tieres geben müsse und daß daraus jede einzelne Art ableitbar sei. Seine Naturforschung verfolgte er mit viel Pathos, die Lebewesen sah er nicht als bloße Naturobjekte. So notierte er in seinem Tagebuch: »Was ist doch ein *Lebendiges* für ein köstlich herrliches Ding. Wie abgemessen zu seinem Zustand,

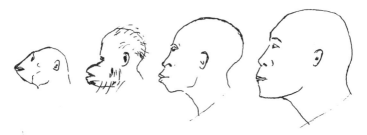

Abb. 3: Physiognomische Studie von Petrus Camper, der die Höherentwicklung der Arten darzustellen und zu begründen suchte (nach Winkler und Schweikhardt 1982).

wie wahr! wie *seiend!*« (Goethe 1786/1982, S. 361). Den Menschen sah Goethe als das vollkommenste Lebewesen, als den Gipfelpunkt der »Metamorphose«. Er glaubte, in der Fähigkeit des vollkommen freien, nur dem Wollen unterworfenen Gebrauchs aller Glieder zeige sich die Schönheit eines Lebewesens, und diese habe im Menschen, der »von den Fesseln der Tierheit beinahe entbunden« ist, ihren höchsten Ausdruck gefunden. Dem Ästheten kam Lavaters Physiognomie daher sehr entgegen.

Zu den bekanntesten Metamorphosereihen im Anschluß an Goethe und Lavater gehört sicher die in Abb. 4 wiedergegebene Entwicklung »vom Frosch zu Apollo«, die auf Franz Gräffer (1785–1858) zurückgeht, der die *Physiognomischen Fragmente* von Lavater und Goethe neu herausgab. Solche idealisierten Darstellungen der Metamorphose gaben auch Anlaß zu spöttischen Zeichnungen, die die Reihe einfach umkehrten und Apollo in einen Frosch verwandelten (Abb. 5).

Alle diese Vorstellungen, die schon an Evolution erinnern, mit einer Evolutionstheorie jedoch nicht verwechselt werden dürfen, entsprangen der im Rahmen der *romantischen Naturphilosophie*[8] verbreiteten Konzeption von Entwicklung. Entwicklung war dabei nicht ein realhistorischer Vorgang im Sinne des Evolutionsdenkens, sondern eine ideelle Verknüpfung heute lebender Organismen und ein Ausdruck »geistiger Zusammenhänge« in der Natur (vgl. etwa Zimmermann 1953). Die Vorstellung einer Stufenleiter des Lebens und die Unterscheidung höherer von niederen Organismen spiegeln sich sehr gut in den Metamorphosereihen, die eben auch der Idee der Vervollkommnung in der Natur erheblichen Raum bieten. Doch selbst außerhalb jeder romantischen Verklärung der Lebewesen suggerieren morphologische Reihen eine Transformation zum Höheren. Ein Beispiel ist die Reihe vom Fisch zum Säugetier (Abb. 6): Der Fischkörper, so elegant er sich auch im Wasser fortbewegen mag, erscheint kompakt, er ist ans Wasser gebunden, während das Säugetier offensichtlich an Bewegungsfreiheit gewonnen hat und ein höheres

---

8 Der vielleicht wichtigste Vertreter dieser Richtung war Friedrich Wilhelm Schelling (1775–1854), der eine Hierarchie der Naturkräfte (»Potenzen«) postulierte und letztlich eine Identitätsphilosophie vertrat: Die Gegensätze von Realem und Idealem, Natur und Geist, Subjekt und Objekt lösen sich im Absoluten auf, in der Identität von Realem und Idealem.

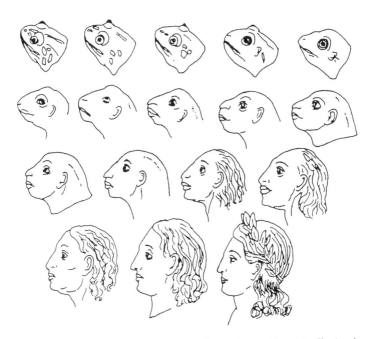

Abb. 4: Vom Frosch zu Apollo. Metamorphosereihe von Franz Gräffer (nach Zimmermann 1953).

Abb. 5: Karikatur der Entwicklungsreihen von Petrus Camper und Johann C. Lavater aus dem Jahre 1844 (nach Winkler und Schweikhardt 1982).

Abb. 6: Idealisierte Darstellung der Wirbeltierreihe, vom Fisch über den Lurch zum Säugetier.

Entwicklungsstadium darstellt; das Amphibium liegt genau in der Mitte mit gegenüber dem Fisch besseren Möglichkeiten, aber gegenüber dem Säugetier mit einem doch recht primitiven Habitus.

Die idealistische Morphologie sucht, wie erwähnt wurde, nach Urbildern, nach dem *Typus* jeder Klasse von Lebewesen und steht damit in der Tradition Goethes. Dies sei kein Zufall, meint Mayr (1984), denn diese ganze Bewegung beruhe auf einer Mischung aus Platons Essentialismus (vgl. Anmerkung 7) und ästhetischen Prinzipien. Lorenz Oken (1779–1851), »der phantasiereichste, aber auch der überspannteste Vertreter der idealistischen Morphologie« (Mayr 1984, S. 366), kam beispielsweise zu dem Schluß, daß der Wirbeltierschädel aus miteinander verschmolzenen Wirbeln besteht. Das ist zwar falsch, zeigt aber, daß die ganzheitlich-idealistische Betrachtung der Lebewesen heuristisch nicht wertlos war, denn ihre Anwendung auf das Studium der Organisation der Arthropoden (Gliederfüßer) half, den Zusammenhang von Mundpartien und anderen Kopfanhängen mit den Extremitäten zu verstehen. Trotzdem erfüllte die idealistische Morphologie in erster Linie ästhetische Bedürfnisse und die Bedürfnisse des Romantikers, der in der Natur nach Vollkommenheit sucht und nach Ideen die sich in den einzelnen Lebewesen verwirklichen. Und sie stützte die Vorstellung, wonach das Leben von primitiven zu höheren Formen fortschreitet.

Vom Frosch zu Apollo — diese Metamorphosereihe enthält, so wie alle anderen Transformationsreihen im 18. und beginnenden 19. Jahrhunderts, auch das Vorurteil über die Minderwertigkeit mancher Rassen des Menschen. Es versteht sich fast von selbst, daß Apollo nur ein Angehöriger der weißen Rasse sein kann, ein Europäer, der allen anderen Völkern überlegen ist. Auf dem Weg zu ihm kann »der Neger« mithin nur ein Durchgangsstadium sein, ein unvollkommenes menschliches Wesen, das die Höhenwege der Menschheitsentwicklung wohl auch in aller Zukunft verfehlen wird. Ziemlich dick kommt das bei Ernst Haeckel (1834–1919), dem unermüdlichen Propagandisten der Evolutionstheorie Darwins, der die »Naturvölker« oder »Wilden« näher bei den Menschenaffen wissen wollte als bei den zivilisierten bzw. Kulturvölkern (will meinen: Europäern) (vgl. Haeckel 1905). Das heißt, daß sich die Progressionsreihen des 18. und 19. Jahrhunderts, die noch nicht im evolutionären Sinne gemeint waren, ihren Weg auch durch das Evolutionsdenken gebahnt haben. Aber darauf kommen wir im nächsten und — was den Zusammenhang von Fortschrittsidee und Rassismus betrifft — dritten Kapitel ausführlicher zu sprechen.

Vom Frosch zu Apollo — diese Metamorphosereihe könnte aber auch so gedeutet werden, daß es in der Natur schier unbegrenzte Entfaltungsmöglichkeiten gibt. Der Frosch mag zwar als für sich vollkommen betrachtet werden, aber die Natur blieb nicht auf seiner Stufe stehen, sondern hat noch viele höhere Lebewesen hervorgebracht, unter anderem den Menschen, dessen Möglichkeiten die der übrigen Organismen bei weitem übersteigen und dessen Entfaltung zu noch Höherem nichts im Wege steht. Nach Oken vervollkommnen sich die Tiere »nach und nach, indem sie Organ an Organ setzen, ganz so, wie sich der einzelne Tierleib vervollkommnet« (zit. nach Zimmermann 1953, S. 366). Da der Mensch auch über einen Geist verfügt, könnte man analog dazu sagen, daß er nach und nach Ideen entwickelt, Idee an Idee setzt und damit immer neue Möglichkeiten der Höherentwicklung gewinnt, der keine prinzipiellen Grenzen gezogen sind. Wir werden dieser Vorstellung später vor einem anderen Hintergrund noch begegnen.

Die Zwangsläufigkeit des Fortschritts

Das bisher Gesagte zusammenfassend, können wir also die folgenden Ideen und Vorstellungen als maßgeblich für den Fortschrittsgedanken und seine Begründung festhalten:

1. Die Idee, daß die Welt, so wie sie ist, vom Schöpfer gewollt war, daß dieser Welt ein grandioser (Schöpfungs-)Plan zugrunde liegt und alles in ihr sinnvoll ist.
2. Den dieser Idee folgenden Glauben an eine universale Weltordnung und Zweckmäßigkeit, wonach die Annahme begründet erscheint, daß wir in der besten aller möglichen Welten leben.
3. Die Vorstellung vom stufenartigen Aufbau der Welt, der unterschiedlich komplexe Dinge, vor allem Lebewesen, erkennen läßt und höhere von primitiveren Formen scheidet (große Kette des Seins).
4. Die Idee der Vervollkommnung der Lebewesen und die Vorstellung, daß der Mensch das vollkommenste Lebewesen sei. Damit verbunden auch den Glauben an eine Erfüllung im Jenseits.

Was die Idee einer vom Schöpfer gewollten Welt und den Glauben an unsere als die beste aller möglichen Welten betrifft, so wäre, möchte man denken, ein Fortschritt eigentlich überflüssig. Denn wenn ohnedies alles bestens ist, wenn die Welt, so wie sie ist, einen göttlichen Schöpfungsplan offenbart, dann kann sich ja praktisch nichts verändern. So einfach ist die Sache freilich nicht.

Allein schon der Glaube an ein besseres Leben nach dem Tode macht deutlich, daß der Mensch die irdischen Zustände nicht als vollkommen und unveränderlich hinnehmen will. Die Probleme, die dem Menschen seine Existenz beschert, die Last dieses

Lebens, das Gefühl von Unrecht und Ungerechtigkeit nähren die Hoffnung, daß dereinst alles besser werden wird, wenn nicht hier auf Erden, dann eben im Jenseits.

Erst das 19. Jahrhundert hat — im Sog des Gedankenguts der Aufklärung und unter der Wirkung der industriellen Revolution — Fortschritt als eine diesseits gerichtete Kategorie begriffen. Dazu bemerkt der Voltaire-Biograph Besterman (1971, S. 311):

> Die Menschen richteten ihren Blick nicht länger nach oben und nach innen. Sie begannen um sich zu schauen und sahen, daß erstens nicht alles gut war und daß man zweitens gegen das Schlechte ankämpfen konnte. Der Meliorismus, der Glaube an die Verbesserungsfähigkeit der Welt, trug einen raschen und beinahe vollständigen Sieg davon.

Dieser Fortschrittsglaube ist freilich verschieden von jenem Glauben an einen Weltarchitekten, der die Fäden in seiner Hand hat und für uns nur das Beste will. Es ist ein Glaube an die *menschlichen* Fähigkeiten, an die Möglichkeit, durch unsere eigenen Aktivitäten die Welt zu verbessern.

Wir müssen also streng genommen zwischen diesen beiden Begriffen von Fortschritt unterscheiden. Der säkulare Begriff von Fortschritt und Vervollkommnung bedarf des Schöpfers nicht, er bedarf nicht einmal des Glaubens an eine kosmische Zweckmäßigkeit, denn der Mensch mit seinen Zielen und Wünschen ist sich Zweck genug. In beiden Fällen aber erscheint Fortschritt als ein zwangsläufiger Vorgang. Sowohl der Glaube an Gott als auch der Glaube an den Menschen ist der Keim für die Hoffnung, daß im Weltenlauf stets das Bessere kommen muß. Tatsächlich hat ja noch nie ein Politiker schlechte Zeiten vorausgesagt. Vielmehr ist der Hinweis auf Fortschritt und Verbesserung eines der tragenden Elemente jeder politischen Propaganda. Selbst diejenigen politischen Führer, die »ihre« Völker in den Krieg schicken, tun das ja im Dienste der Verbesserung der Situation — Fortschrittsdenken hat also nicht selten den Wahnsinn zum Paten. Und wenn schon keine Kriege geführt werden müssen, um den Fortschritt anzukurbeln, dann sind zumindest kleinere Opfer vonnöten, etwa höhere Steuern, höhere Sozialversicherungsbeiträge und Ähnliches mehr. Der Fortschritt hat eben seinen Preis; wer aber wollte freiwillig auf die Teilnahme an einer fortschrittlichen Entwicklung verzichten!

Die Überzeugung vieler Menschen, daß der Fortschritt zwangsläufig sei, hängt vielleicht damit zusammen, daß wir in allen Bereichen unserer Welt Veränderungen wahrnehmen und diese bereits den Eindruck von Fortschritt erwecken. Wer heute auf ein achtzigjähriges Leben zurückblicken kann, wird die Veränderungen, die er erlebt hat, zwar keineswegs ausschließlich als Fortschritt deuten — sondern die »gute alte Zeit« verherrlichen —, aber nicht umhinkommen zu sehen, daß vor allem auf dem Gebiet der Wissenschaft und Technik viele Veränderungen zum Guten stattgefunden haben. Zum »Guten« muß in Anführungszeichen gesetzt werden, weil diese Veränderungen auch ihre Kehrseite haben, die dann den Fortschritt doch wieder in Frage stellt. Aber wir haben uns daran gewöhnt, daß alle Veränderungen auf technischem wie auf sozialem Gebiet unter dem Vorzeichen von Verbesserungen vermarktet und angepriesen werden, und viele sind von diesen Verbesserungen auch überzeugt, die sich oberflächlich beispielsweise in kürzerer Arbeitszeit und mehr Freizeit, in preiswerten Urlaubsangeboten, im bargeldlosen Zahlungsverkehr, in schnelleren und bequemeren Transportmitteln usw. manifestieren und uns damit Möglichkeiten geben, die die Menschen früherer Generationen einfach nicht hatten. Das genügt vielen als Indikator für Fortschritt. Da nun Menschen vieler Länder jene Möglichkeiten nach wie vor *nicht* haben und am Rande des Verhungerns dahinvegetieren, wird zwar zugegeben, daß sich der Fortschritt ungleichmäßig vollzieht, früher oder später jedoch alle Menschen dieser Erde erreichen wird. Dieser Fortschrittsglaube ist naiv, erfreut sich aber weiter Verbreitung. Wenn nämlich der Fortschritt zwangsläufig ist, dann ist er sicher nicht aufzuhalten; und von seiner Zwangsläufigkeit sind viele Menschen einfach zu überzeugen, vor allem jene, denen es relativ gut geht und die Nutznießer all der Erleichterungen sind, die unsere Zivilisation ihnen beschert hat, von der sie glauben, daß sie nun dem Gipfelpunkt des Fortschritts zusteuert.

Wenn aber der Fortschritt tatsächlich zwangsläufig über uns gekommen sein sollte, dann — und hier wird es ernst — sind auch seine Folgewirkungen unabwendbar. Während wir den Fortschritt — oder eben das, was darunter landläufig verstanden wird (»Verbesserung«) — gerne hinnehmen, schließen viele von uns die Augen, wenn es um diese Folgewirkungen geht, die nach wie vor unter dem Schlagwort »ökologische Krise« am besten auf den

Punkt gebracht werden. Nun sind aber Szenarien des Weltuntergangs so alt wie die Kulturgeschichte, und Propheten der Apokalypse in früheren Jahrhunderten bedurften keiner ökologischen Krise, um zu verdeutlichen, daß es mit der Menschheit dem Ende zugeht. Doch siehe da — allen Propheten des Weltuntergangs zum Trotz steht die Welt immer noch, und vielen Menschen geht es sogar wesentlich besser als ihren Ahnen. Leicht gewinnt man daher den Eindruck, daß die Horrorszenarien, die in den Medien, aber genauso auch in wissenschaftlichen Sachbüchern regelmäßig vermittelt werden, einfach Begleiter unserer Zivilisation sind (vgl. z. B. Lübbe 1990) und nicht so ernst genommen zu werden brauchen. Aber Vorsicht! Es gibt zumindest drei Gefahren, die die Menschheit heute *zum erstenmal* ernsthaft erkennen muß und die jede Reflexion über den Weltuntergang auf ein Niveau heben, das Weltuntergangsszenarien früherer Zeiten als geradezu lächerlich erscheinen läßt (siehe hierzu auch Wuketits 1988 b): Erstens geht das Wachstum der Weltbevölkerung heute so schnell vor sich, daß seine fatalen Konsequenzen mittel- bis langfristig nicht aufzuhalten sein werden. Zweitens erkennen wir heute immer deutlicher die Möglichkeit, daß — infolge des enorm steigenden Nahrungs- und Energieverbrauchs von immer mehr Menschen — die Ressourcen eines Tages einfach ausgeschöpft sein werden. Drittens ist der atomare Holocaust eine ernsthafte Bedrohung, deren wahres Ausmaß uns nach wie vor nicht wirklich bewußt zu sein scheint. (Die Auflösung der politischen Polarität zwischen dem »Osten« und dem »Westen« hat an dieser Bedrohung bekanntlich nichts verändert.) Alle drei Gefahren gehen auf das Konto einer Entwicklung, die man gemeinhin als Fortschritt zu deuten gewillt ist. So wird man, wenn man schon von der Zwangsläufigkeit des Fortschritts überzeugt ist, seine Schattenseiten nicht übersehen dürfen.

Wie noch ausführlich darzulegen bleibt, wird der Fortschritt auch auf die organische Evolution zurückprojiziert, und von dort aus gesehen erscheint insbesondere das Auftreten des Menschen als ein zwangsläufiges Ereignis. Auch für diejenigen, die nicht mehr an einen einmaligen Schöpfungsakt glauben, sondern die evolutionäre Erklärung der Vielfalt des Lebenden (einschließlich des Menschen) akzeptieren, kann es durchaus plausibel sein, daß die Evolution nach bestimmten Naturgesetzen abläuft, die eine konstante Höherentwicklung nach sich ziehen, welche letztlich im Menschen ihren Gipfelpunkt erreicht hat. Man sage nicht, daß ein solcher Glaube nur »Evolutionsmetaphysikern« vorbehalten geblieben ist, die — wie der Jesuitenpater Pierre Teilhard de Chardin (1881–1955), der sich große Verdienste um das Studium des fossilen Menschen erworben hat — für die Evolution einen »Punkt Omega« annahmen, auf den sich die ganze Entwicklung mit dem Menschen als dem eigentlichen »Pfeil der Evolution« unablässig hinbewegt (vgl. Teilhard de Chardin 1974). Auch ein so klarer Denker wie Julian Huxley (1887–1975) sah im Menschen die letzte Stufe biologischen Fortschritts und meinte, aus seiner Evolution sei auch die Bestimmung bzw. die Aufgabe des Menschen auf diesem Planeten ableitbar (vgl. Huxley 1947, 1953). Weitere Beispiele werde ich im nächsten Kapitel erörtern.

Eines ist jedenfalls klar: Spätestens seit dem 19. Jahrhundert hat die Idee des Fortschritts Naturhistoriker, Philosophen, Kulturanthropologen und Sozialwissenschaftler gleichermaßen fasziniert. Die vielen skeptischen Stimmen und Zwischenrufe vermochten die Lobpreisungen des Fortschritts nicht ernsthaft zu unterbrechen. Wir verstehen auch warum: Es geht bei dem Glauben an Fortschritt nicht bloß um die Überzeugungskraft einer wissenschaftlichen Theorie, sondern auch und vor allem um die Befriedigung von Hoffnungen. Da hilft es scheinbar wenig, darauf hinzuweisen, daß die Aufgabe der Wissenschaften nicht darin besteht, gute Nachrichten zu bringen (Fox 1989). Denn es ist nicht zu übersehen, daß viele Wissenschaftler ihr Leben lang an Utopien gebastelt haben, die dazu angetan sind, pseudowissenschaftliche Irrlehren (wie die, daß wir in der besten aller möglichen Welten leben oder daß die Zukunft auf jeden Fall besser sein wird, als es die Vergangenheit war) in den Rang seriöser wissenschaftlicher Theorien zu erheben. Somit haben sich auch die Wissenschaften nicht selten in den Dienst von Utopien gestellt oder haben neue Utopien geschaffen. Der Fortschritt hat dabei immer irgendeine — wenn auch nicht immer rühmliche — Rolle gespielt.

Es mag überflüssig sein zu betonen, daß ich mit diesem Buch keine guten Nachrichten zu bringen gedenke. Dabei finde ich jenen Voyeurismus verabscheuungswürdig, den die modernen Medien so gerne befriedigen, nach dem Motto: »Nur eine schlechte Nachricht ist eine gute Nachricht.« Die Befriedigung, die viele Menschen in Anbetracht von Katastrophen, die sie nicht selbst betreffen, empfinden, sagt einiges über die Abgründe unserer Seele aus. Den Menschen ein Paradies vorgaukeln zu wollen, ist aber ebenso unverantwortlich, auch wenn es die Abgründe unserer Seele erhellt. Anders gesagt: Es geht hier darum, eine Illusion als solche zu entlarven und ihr als Alternative ein sinnvolles Leben ohne vorgegebenen Sinn und ohne die Aussicht auf Fortschritt gegenüberzustellen.

2 Fortschrittsglaube und Naturgeschichte

Der Weltarchitekt wird entbehrlich

»Wenn wahr wäre«, meinte Buffon, »daß der Esel nur ein entartetes Pferd wäre, dann gäbe es keine Grenzen mehr für die Allmacht der Natur« — und dann, ja, dann könnte man »vermuten, daß sie mit der Zeit aus einem einzigen Wesen alle anderen organisierten Wesen herauszuziehen wußte« (zit. nach Zimmermann 1953, S. 230). Aber — man schrieb das Jahr 1753 — nein, das wäre Blasphemie, und so schränkte Buffon auch sofort ein, daß es durch die Offenbarung sicher sei, »daß alle Tiere gleicherweise an der Gnade der Schöpfung teilgenommen haben, daß die zwei ersten von jeder Art und von allen Arten vollkommen ausgebildet aus den Händen des Schöpfers hervorgegangen sind« (zit. nach Zimmermann 1953, S. 230). Keine Frage, der Evolutionsgedanke hing um die Mitte des 18. Jahrhunderts bereits in der Luft, nur ausgesprochen sollte er nicht werden. Was Buffon ernsthaft in Betracht zog, war die *Möglichkeit der Natur*, einzelne Lebewesen auseinander hervorzubringen, womit in letzter Konsequenz freilich der Weltarchitekt, der Schöpfer, entbehrlich wäre. Aber noch mußten einige Jahrzehnte verstreichen, bis ein derartig gefährlicher Gedanke in deutlichere Worte gekleidet werden durfte.

Buffons Landsmann und Freund Jean B. de Lamarck (1744–1829) nahm das Risiko auf sich und muß als der erste Evolutionstheoretiker im engeren Sinn gewürdigt werden. Ausgehend von der Idee der Stufenleiter gelangte er zur Vorstellung, daß die einzelnen Lebewesen nicht einfach nacheinander, sondern *auseinander* entstanden sind und daß sich ihre Bedürfnisse aufgrund der sich wandelnden Verhältnisse ändern,

> daß der Zustand, in dem wir alle Tiere antreffen, einerseits das Ergebnis der wachsenden *Ausbildung* der Organisation ist, die anstrebt, eine *regelmäßige Stufenfolge* herzustellen, und andererseits die Folge der Einflüsse einer Menge sehr verschiedenartiger Verhältnisse, die ständig bemüht sind, die Regelmäßigkeit in der

Abb. 7: Jean B. de Lamarck (1744–1829), der erste Evolutionstheoretiker.

Stufenfolge der wachsenden Ausbildung der Organisation zu zerstören (Lamarck 1809/1990 I, S. 177).

Lamarcks Evolutionstheorie, von der besonders die These von der Vererbung individueller Eigenschaften bekannt wurde und geblieben ist, ist häufig als spekulativ zurückgewiesen worden und hat sich auch nicht durchgesetzt. Den wirklichen Durchbruch verdankt der Evolutionsgedanke dem Werk Darwins (siehe unten). Das aber ändert nichts an der Tatsache, daß Lamarck — deutlicher als seine Zeitgenossen und Gegner — zwei Dinge klar erkannt hatte: Erstens die Veränderung der Organismen in langen erdgeschichtlichen Zeiträumen;[1] zweitens die natürlichen Ur-

---

1 Die Möglichkeit von Evolution hing nicht zuletzt von langen Zeiträumen ab, die man sich zunächst nicht denken konnte. Auf der Basis des biblischen Schöpfungsberichts ereiferte man sich vielmehr, das genaue Schöpfungsdatum herauszufinden, und kam — wie im 17. Jahrhundert der Erzbischof und Primas von Irland, James Ussher — zu dem (verblüffenden) Resultat, die Schöpfung müsse in der Nacht zum 23. Oktober des Jahres 4004 v. Chr. stattgefunden haben. Es gab noch andere Berechnungen mit ähnlichem

sachen dieser Veränderungen. Dabei steht hier nicht zur Debatte, daß er bei der Ursachenanalyse des Evolutionsgeschehens Fehler machte und Irrtümer beging; wichtig ist vielmehr seine Auffassung, daß die Entwicklung des Lebenden auf der Erde überhaupt auf *natürliche* Ursachen zurückzuführen sei. Die Annahme eines Weltarchitekten wurde also entbehrlich.

Für unser Thema ist Lamarcks Werk vor allem deshalb von Interesse, weil es der Idee des Fortschritts viel Raum widmet. Lamarcks Vorstellung einer langsamen, linear ablaufenden Addition von Veränderungen ist geradezu das Musterbeispiel für eine Theorie evolutiven Fortschritts und wird daher in diesem Kapitel noch des öfteren Beachtung finden. Das gilt selbstverständlich auch für die Theorie Darwins.

Wie entbehrlich ein Weltarchitekt ist, wurde einer breiten — schockierten — Öffentlichkeit ja ohnehin erst mit Darwin bewußt, der dem Evolutionsdenken zum endgültigen Durchbruch verhalf. Charles Darwin (1809–1882), Sohn eines wohlhabenden und bekannten Arztes, hat, nach einem mißglückten Versuch, auf Wunsch seines Vaters Medizin zu studieren, merkwürdigerweise nur ein Studium in Theologie erfolgreich zu Ende gebracht. Eine Ironie, wenn man bedenkt, welche Wunden er dem Christentum (und überhaupt jeder Religion) zugefügt hat, auch wenn das nicht die erklärte Absicht dieses zurückhaltenden und vorsichtigen Forschergeistes war. Seine Botschaft war gleichwohl erschütternd:

> So geht aus dem Kampfe der Natur, aus Hunger und Tod unmittelbar die Lösung des höchsten Problems hervor, das wir zu fassen vermögen, die Erzeugung immer höherer und vollkommenerer Thiere. Es ist wahrlich eine grossartige Ansicht, dass der Schöpfer den Keim alles Lebens, das uns umgibt, nur wenigen oder nur einer einzigen Form eingehaucht hat, und dass, während unser Planet den strengsten Gesetzen der Schwerkraft folgend sich im Kreise geschwungen, aus so einfachem Anfange sich eine endlose Reihe der schönsten und wundervollsten Formen entwickelt hat und immer noch entwickelt (Darwin 1859/1988, S. 565).

Ergebnis und noch größerer Präzision. John Lightfood, Vizekanzler der Universität Cambridge, will sogar die Uhrzeit der Schöpfung gewußt haben: 9 Uhr am Morgen, 17. September 3938 v.Chr. Mit wesentlich größeren Zeiträumen rechnete aber schon Buffon, der bereits die Evolution zu ahnen begonnen hatte. Nach Buffon müssen allein dreißigtausend Jahre verstrichen sein, als sich die Erde nach ihrer Entstehung abkühlte.

Man täusche sich hier nicht bezüglich des Gebrauchs des Wortes »Schöpfer«: Darwin folgte damit nur dem üblichen Sprachgebrauch und hatte sich, als er diese Zeilen niederschrieb, vom Glauben an die biblische Schöpfungsgeschichte und Gott als Erzeuger der Welt und der Lebewesen längst befreit.

Ernster zu nehmen sind an diesem Zitat jedoch Ausdrücke wie »höher«, »vollkommen« und »endlose Reihe«, weil sie davon Zeugnis ablegen, daß Darwin, ähnlich wie Lamarck, an einer Auffassung festhielt, die Evolution als einen sehr langsamen, in unendlich vielen kleinen Schritten sich abspielenden Vorgang interpretiert, und daß in dieser Auffassung dem Fortschritt ein hoher Stellenwert zukommt.

Was Darwins Abkehr vom Schöpfungsglauben betrifft, so spricht sein Konzept der *natürlichen Auslese* oder *Selektion* klare Worte. Darwin beobachtete, daß in der Natur stets mehr Nachkommen erzeugt werden als überleben bzw. selbst zur Fortpflanzungsreife ge-

Abb. 8: Charles Darwin (1809 –1882), der Begründer der Selektionstheorie, die unsere Vorstellungen von Evolution maßgeblich prägen sollte.

langen können, daß jedes Individuum einmalig ist (daß also jede Organismenart aus sehr vielen individuellen Varianten besteht) und daß die Ressourcen, vor allem die Nahrungsmittel, begrenzt sind. Im Wettbewerb ums Dasein, so meinte er, könnten nicht alle überleben, es komme zur Auslese und zum Überleben der Tauglichsten (*survival of the fittest*), wobei die Selektion analog zum (menschlichen) Züchter wirke, der stets darauf bedacht ist, bestimmte Rassen zu erhalten bzw. zu verbessern. In der Natur gibt es freilich keinen Züchter, sehr wohl aber eine »mechanisch« wirkende Kraft, die manche Varianten eliminiert, andere aber fördert, so daß es langfristig zu Veränderungen der Organismen (Evolution) kommt. Wichtig ist hier also zu erkennen, daß Darwins Konzept keiner, wie auch immer gearteten übernatürlichen Kraft bedarf, sondern damit auskommt, was in der Natur de facto geschieht.

Diese wenigen Bemerkungen zu Darwins Theorie mögen an dieser Stelle vorläufig genügen. Die Literatur über Darwin und die Selektionstheorie ist überaus umfangreich. Praktisch alle biologiehistorischen Werke (z. B. Mayr 1984) und natürlich alle Bücher zur Geschichte des Evolutionsdenkens (z. B. Eiseley 1958, Stripf 1989, Zimmermann 1953) sowie Darstellungen der alten und gegenwärtigen Evolutionskontroversen (z. B. Ruse 1982, Wuketits 1988 a) enthalten ausführliche Kapitel über Darwins Theorie. Eine Fülle von Biographien (besonders umfangreich und interessant und auf dem neuesten Stand der »Darwin-Forschung« ist das Buch von Desmond und Moore 1994) sowie Einzelarbeiten zu den geistesgeschichtlichen und erkenntnistheoretischen Grundlagen und philosophischen Konsequenzen der Lehre Darwins (z. B. Farrington 1982, Oldroyd 1986, Peters 1972, Richards 1992, und viele andere) geben — mit im Detail nicht immer übereinstimmenden Ergebnissen und Schlußfolgerungen — Aufschluß über eine welterschütternde Theorie und ihren Urheber. Selbstverständlich sind auch die Konsequenzen des »Darwinismus«[2] für die Religion häufiger Gegenstand von Diskussionen (siehe etwa Durant 1985).

Nach dem landläufigen Verständnis der Theorie Darwins hat vor allem die These von der »Affenabstammung des Menschen«

---

2 Der Ausdruck »Darwinismus« ist vieldeutig und mißverständlich. In diesem Zusammenhang verwende ich ihn nicht zur Kennzeichnung der (Selektions-)Theorie Darwins als einer »rein« naturwissenschaftlichen Theorie, sondern als Bezeichnung der philosophischen und religiösen Implikationen dieser Theorie.

ihren hervorragenden Stellenwert. Man kann damit auch heute noch viele Menschen verärgern (vgl. Seite 20). Genauer betrachtet hat Darwin sozusagen etwas viel Schlimmeres getan: Er hat das teleologische Weltbild verabschiedet. Er benötigte keine universelle Weltordnung oder Zweckmäßigkeit und beseitigte, wie Mayr (1979, S. 226) sagt, »das große Hindernis, die Absicht«. Tatsächlich kann es in einer Welt, in der »Hunger und Tod«, der »Kampf der Natur« über Leben und Überleben entscheiden, keine Absichten geben, auch keinen Schöpfer, der alles von vornherein geplant hat. Man versteht, warum Darwin sich einem Freund anvertraute und sagte, »es sei, ›als gestehe man einen Mord‹« (Desmond und Moore 1994, S. 11). Er hatte mit der Tradition gebrochen und war Materialist geworden.

Nun ist es ein Gemeinplatz, daß die Entstehungsgeschichte und die Rezeption von wissenschaftlichen Theorien nicht unabhängig sind vom jeweiligen Zeitgeist. Der Theorie Darwins kam der im Viktorianischen England herrschende Zeitgeist durchaus entgegen. Es herrschte Aufbruchstimmung, das Zeitalter der Dampfmaschinen war angebrochen, geistige, soziale und wirtschaftliche Veränderungen schienen unaufhaltsam. Man erlaubte sich, an der göttlichen Ordnung zu zweifeln, und richtete — im Sinne der Aufklärung — den Blick auf die Fähigkeiten des Menschen. Ein neuer Liberalismus kündigte sich an, der die Macht der Kirche nicht mehr als gottgewollt akzeptierte und auch dazu führte, daß die Sklaverei von manchen Intellektuellen und Gentlemen des Besitzbürgertums verurteilt wurde. Auch Darwin, wenngleich keineswegs von der Gleichwertigkeit der Weißen und Schwarzen überzeugt, sprach sich immer wieder gegen die Haltung von Sklaven aus.

An solchen aufklärerischen Umtrieben hatte sich schon Darwins Großvater väterlicherseits, Erasmus Darwin (1731–1802), beteiligt. Der furchteinflößenden Gestalt dieses Arztes, Erfinders und Schriftstellers konnte Darwin persönlich zwar nicht mehr begegnen, sein Geist aber blieb ihm nicht verborgen. Es war ein Freigeist, der sich zu naturwissenschaftlichen Lehrgedichten verstieg, die eine Welt ohne Schöpfung und die Allmacht der Natur predigten:

Von der Sonne Wärme umhegt,
Das Leben sich aus dem Meer erhebt ...
Erzeugt ohne Eltern, entsteht von allein
Im Nebel der Vorzeit organisches Sein.

Diese Zeilen (zit. nach Desmond und Moore 1994, S. 17) machen deutlich, daß schon in der zweiten Hälfte des 18. Jahrhunderts ein neuer Wind zu wehen begann. Im 19. Jahrhundert glich dieser Wind einem Sturm, der mit dem Erscheinen von Darwins Werk *On the Origin of Species* seinen ersten Höhepunkt erreichen sollte.

Die Idee, die aber weiterlebte, ja sogar neuen Auftrieb erhielt, war die Idee des Fortschritts. Angestachelt von der allgemeinen Aufbruchstimmung, der Besinnung auf die Naturkräfte und die Kräfte des Menschen, konnte sich diese Idee neu entfalten und gewann viele Anhänger.

Die Entwicklung der Lebewesen ohne Schöpfungsplan

Evolution bedeutet somit in der Biologie die Entstehung und Entwicklung von Organismenarten in relativ langen Zeiträumen aufgrund natürlicher Faktoren, wobei nach wie vor insbesondere der Selektion große Bedeutung beigemessen wird und Darwin mithin im Wesentlichen Recht bekommt. Ich muß mich hier auf einige Hauptpunkte, die für unser Thema relevant sind, beschränken. Im übrigen gibt es ja eine große Zahl von einführenden und umfassenden Darstellungen des Themas »Evolution«. Futuyma (1990) gibt eine sehr profunde und umfangreiche Übersicht über die Probleme und Ergebnisse der modernen Evolutionsbiologie; umfangreich und mit einer ausführlicheren Diskussion auch der philosophischen Aspekte des Evolutionsdenkens, wird das Thema von Dobzhansky et al. (1977) behandelt; kürzere Einführungen sind z. B. Ridley (1990) und Wuketits (1989 a); Erben (1988) gibt einen sehr schönen Überblick über die Abläufe und Mechanismen der Evolution aus der Sicht des Paläontologen; die gegenwärtigen Streitpunkte und Kontroversen und die daraus resultierenden *Evolutionstheorien* finden sich bei Ruse (1982) und Wuketits (1988 a). Die vielen Autoren, die hier nicht genannt sind, mögen mir verzeihen, der eine oder andere wird sich aber in diesem Buch noch wiederfinden.

Worum es, in erkenntnistheoretischer Hinsicht, bei der Entdeckung der Evolution ging, das war nicht zuletzt die Vorstellung, daß die Stufenleiter verändert werden könne. Aus dem bloßen Übereinander einzelner Organismengruppen wurde daher ein *Auseinander* (Abb. 9). Zugleich wurde deutlich, daß die einzelnen heute lebenden Organismengruppen ein unterschiedliches stammesgeschichtliches Alter aufweisen. Freilich ließ diese Einsicht noch die Interpretation zu, daß die einzelnen Gruppen bloß nacheinander entstanden sind. Die genealogische Verknüpfung der verschieden alten Stämme und Klassen war daher ein weiterer wichtiger Schritt.

Das 19. Jahrhundert hatte schon eine Fülle von *Fossilien* ans Tageslicht befördert (vgl. Abb. 10), was für sich allein noch nichts mit einer Evolutionstheorie zu tun haben mußte. Fossilien kannte man schon früher, deutete sie aber als Launen der Natur,

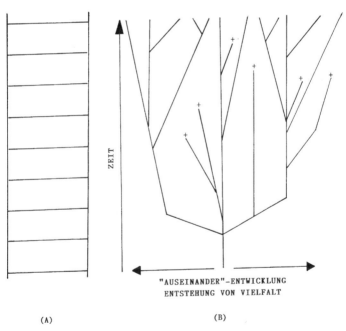

Abb. 9: Vereinfachte Darstellung des Unterschieds zwischen statischen Denkweisen in einer Stufenleiter (A) und dem Evolutionsdenken, d. h. der Auffassung von der Auseinanderentwicklung der Organismen (B).

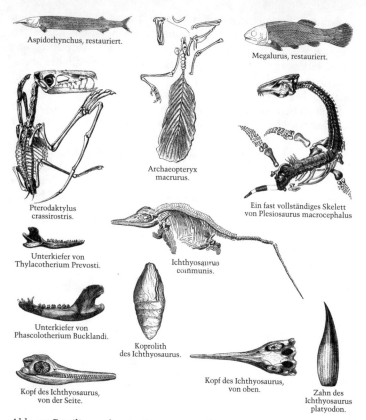

Abb. 10: Fossilien und restaurierte ausgestorbene Tiere in einer Enzyklopädie des 19. Jahrhunderts.

und nichts sprach dagegen, sie als Spielereien des Schöpfers zu interpretieren. Selbst als das Evolutionsdenken praktisch schon unvermeidlich geworden war, mußte man sich nicht unbedingt genötigt sehen, Fossilien mit einer Evolutionstheorie in Verbindung zu bringen, und konnte sie systematisch studieren, ohne damit die Lehre Darwins stützen zu wollen oder diese Lehre umgekehrt als Interpretationsbasis für die fossile Überlieferung heranzuziehen (siehe hierzu Desmond 1982, Rieppel 1984). Paläontologie und Biologie konnten getrennt voneinander betrieben werden. Dennoch ist die Verbindung beider Gebiete in geistesgeschichtlicher und erkenntnistheoretischer Hinsicht für die Evolutionslehre von großer Bedeutung gewesen.

Wenn man sich nicht damit begnügen wollte, Fossilien als Launen der Natur oder Spiele Gottes links liegen zu lassen — und damit konnte man sich in der Tat nicht begnügen —, dann war eine Verbindung der Paläontologie oder, allgemeiner, der Erdwissenschaften[3] mit einem biologischen Konzept der Evolution dringend vonnöten. Charles Lyell (1797–1875), einer der Pioniere der modernen Geologie und Wegbereiter des Evolutionsdenkens — Darwin war von seinem Werk zutiefst beeindruckt —, kann in diesem Zusammenhang nicht unerwähnt bleiben. Seine *Geologie* ist eine Fundgrube paläontologischer Gelehrsamkeit. Sie schließt mit den Worten:

> Die bis jetzt gesammelten Beweise für eine genaue Analogie zwischen den erloschenen und rezenten Spezies gestatten uns nicht mehr zu zweifeln, daß dieselbe Harmonie der Theile und Schönheit der Einrichtungen, welche wir in der lebenden Schöpfung bewundern, die organische Welt auch in den fernsten Perioden der Vergangenheit in gleichem Maaße charakterisiert hat. Indem wir so unsere Kenntniß der unerschöpflichen Mannigfaltigkeit, welche sich in der lebenden Natur entfaltet, vermehren und die unendliche Weisheit und Macht, die sie entwickelt, bewundern, wird diese Bewunderung noch durch den Gedanken erhöht, daß wir nur die letzten aus einer Reihe vorher lebender Schöpfungen vor uns sehen, deren Zahl oder Grenze in der Vergangenheit sich nicht einmal abschätzen läßt (Lyell 1858 II, S. 527).

Damit stellte sich Lyell deutlich gegen die unter dem Einfluß des französischen Naturforschers Georges de Cuvier (1768–1833), des eigentlichen Begründers der Paläontologie, seinerzeit sehr populäre *Katastrophentheorie*, wonach in der Vergangenheit wiederholt plötzliche universale Katastrophen alles Leben auf der Erde

---

[3] Mit »Erdwissenschaften« werden vielfach die Disziplinen Mineralogie, Geologie und Paläontologie bezeichnet, die historisch und logisch eng miteinander verknüpft sind (siehe hierzu den umfangreichen Band von Hölder 1960, der auch dem Wandel der Interpretation von Fossilien breiten Raum widmet). Da sie sich aber mit ausgestorbenen *Lebewesen* beschäftigt, ist die Paläontologie zugleich ein Teilgebiet der Biologie. Als *Paläobiologie* rekonstruiert sie das Aussehen, die Lebensweise und die Umwelt der Organismen früherer Epochen der Erdgeschichte (vgl. Erben 1988).

vernichtet hätten.[4] Nach Lyell haben im Laufe der Erdgeschichte immer die gleichen, auch heute wirkenden Kräfte zur langsamen Umbildung der Erde und ihrer Bewohner geführt *(Aktualitätsprinzip)*, so daß die Kontinuität des Lebens gewährleistet war. Diese Auffassung widersprach auch der »Sintfluttheorie«, die Fossilien durchaus als Reste einstiger Lebewesen akzeptierte, zugleich aber dem biblischen Schöpfungsbericht voll Rechnung trug: Die Sintflut hat alle Organismen — bis auf die, die Noah auf seine Arche mitnahm, also von jeder Art ein Paar — vernichtet, ihre Überreste finden sich eben nun als Versteinerungen. Also noch ein Hinweis darauf, daß Fossilien allein nicht viel bezeugen; je nach vorgegebener Überzeugung können sie als Belege sowohl für den Schöpfungsbericht als auch für die Evolutionslehre herangezogen werden.

Interessant ist im übrigen hier auch der Umstand, daß das *Aussterben* einzelner Organismenarten in der Erdgeschichte für die Evolutionstheoretiker des frühen 19. Jahrhunderts keineswegs eine Selbstverständlichkeit war. Lamarck lehnte die Möglichkeit des Aussterbens schlichtweg ab; für ihn gab es nur allmählichen Artenwandel, nur die Verwandlung einzelner Arten in andere und niemals das Ende einer Stammeslinie. Damit war Lamarck ein ausgesprochener Vertreter des Kontinuitätsprinzips in der Evolution, während die »Katastrophentheoretiker« praktisch nur Diskontinuität kannten, was wiederum eine Evolutionstheorie im engeren Sinne verhinderte. Erst mit Lyell konnten diese unüberwindlichen Gegensätze beseitigt werden. Seine Auffassung sprach zwar für Kontinuität, stand aber nicht im Widerspruch zur Möglichkeit des Aussterbens einzelner Arten.

Wie man sieht, so eindeutig waren die Auffassungen über Evolution im 19. Jahrhundert nicht. Auch wäre man im Irrtum zu glauben, daß das Evolutionsdenken ziemlich abrupt die Schöpfungslehre abgelöst habe. Vielmehr müssen wir ein über Jahrzehnte ausgetragenes »Kampfgespräch« zwischen den Anhängern des Schöpfungsglaubens und der Abstammungslehre annehmen,

---

4 Cuvier selbst dachte allerdings nicht daran, daß eine Katastrophe stets *alle* jeweils existierenden Lebewesen vernichtet habe, sondern sprach von lokalen Katastrophen (Kataklysmen), die zur teilweisen Zerstörung des Lebens auf der Erde geführt haben sollen. Die einmal geschaffenen Arten sah er als unveränderlich, sie konnten zerstört, aber nicht durch Evolution verändert werden. Seine Theorie war daher im schroffen Gegensatz zum beginnenden Evolutionsdenken konzipiert (Zirnstein 1981).

wobei letztere nur allmählich den Sieg davontrug (aber nicht vollständig, weil es sonst längst keine Vertreter jenes Glaubens und keine »Kreationisten« mehr geben dürfte). Die Geschichte von Ideen ist immer ein sehr kurvenreicher Weg.

Diejenigen, die der Abstammungslehre gefolgt sind, sind natürlich nicht immer Darwin gefolgt. Soweit ich sehe, hat aber doch die Mehrzahl der Biologen im 20. Jahrhundert Darwins Selektionstheorie als Plattform genommen und von da aus die Entwicklungsgeschichte der Lebewesen auf der Erde erklärt. Jedenfalls konnte sich die Theorie Darwins in ihrer vor allem um genetische Befunde erweiterten Form auf breiter Basis durchsetzen. Meist wird Evolution daher als ein Vorgang verstanden, bei dem die Selektion aus der Fülle der ungerichteten (zufällig durch genetische Rekombination und Mutationen entstandenen) Varianten die jeweils tauglichsten fördert und die anderen eliminiert. Selektion ist also kein bloß eliminierender, zerstörender Faktor — Evolution wäre ja durch bloße Elimination nicht möglich —, sondern hat sozusagen auch eine kreative Komponente. Mit Schöpfungskraft hat sie indes nichts gemein.

Der Umstand, daß sich viele Leute auch jetzt noch dagegen sträuben, die Vielfalt des Lebenden als Resultat von Evolutionsprozessen zu sehen, hat aber wohl nicht nur mit dem nie wirklich abgebrochenen Einfluß des Schöpfungsglaubens auf das menschliche Denken zu tun. Ein Grund dafür, daß die Evolution in der Geistesgeschichte so spät entdeckt wurde und auch heute von vielen Menschen nicht begriffen wird, liegt gewiß darin, daß sie sich unserer unmittelbaren Wahrnehmung weitgehend entzieht. »Evolution läßt sich nicht ... beobachten wie physikalische Erscheinungen, etwa ein fallender Stein oder kochendes Wasser oder irgendein anderer Vorgang von kurzer Dauer« (Mayr 1984, S. 247). Vielmehr lehrt uns die Erfahrung, daß eine Hündin nur kleine Hunde zur Welt bringt, eine Katze wieder nur Katzen, daß aus einem Hühnerei noch nie ein Steinadler geschlüpft ist usw. Kurzum, wir erleben die *Konstanz* der Arten. Allenfalls wissen Tier- und Pflanzenzüchter, daß man eine Art innerhalb relativ kurzer Zeit variieren kann (man denke z. B. an die vielen Hunderassen), aber Evolution im Großen sehen wir nicht. Auch gibt es keine Experimente, die aus einem Fisch ein Amphibium oder aus einem Reptil einen Vogel bzw. ein Säugetier machen könnten, um so Ereignisse, die sich vor vielen Jahrmillionen abgespielt haben, zu wiederholen. Damit befindet sich die Abstammungslehre in einer ähnlichen Situation wie die Geschichtswissenschaft, nur kann sie nicht alte Bauwerke, Hieroglyphen und Totenmasken als Dokumente heranziehen, sondern schließt aus dem Vergleich der Anatomie und des Verhaltens rezenter Organismen, aus dem Vergleich ihres chemischen Aufbaus, aus den Resten ausgestorbener Lebewesen usw. auf jene Kräfte, die heute wie ehedem die Evolution gleichsam antreiben und zugleich die *Einheit,* d. h. die realhistorische Verwandtschaft alles Lebenden begründen. Überläßt man die Vielfalt der Organismenarten einem Schöpfergott, dann hat man es vielleicht in mancher Hinsicht leichter — man erspart sich viel Knochen- und auch Kopfarbeit —, aber man bleibt im bloßen Glauben verhaftet. Der Paläontologe Simpson (1963, S. 25) fand dafür deutliche Worte: »Möglicherweise macht man einige Kinder mit dem Glauben an den Weihnachtsmann glücklich, aber Erwachsene sollten das Leben in einer Welt der Realität und der Vernunft bevorzugen.«

Selbstverständlich sollte es auch Erwachsenen erlaubt sein, an den Weihnachtsmann zu glauben (oder an die Erschaffung der Welt am Morgen des 17. September im Jahre 3928 v. Chr.), und niemand hat das Recht, ihnen diesen Glauben verbieten zu wollen. Aber man sollte, zumal als erwachsener Mensch, doch zumindest den Unterschied zwischen der Welt der Märchen und Mythen und der Welt naturwissenschaftlicher Erkenntnis deutlich vor Augen haben. Letztere zeigt uns, »daß es uns aufgrund einer langen Serie vergangener Naturereignisse gibt, die sich in nichts von jenen Ereignissen und Vorgängen unterscheiden, welche die Millionen anderer, uns umgebender Organismenarten hervorgebracht haben« (Dobzhansky et al. 1977, S. 1). Wir sind also keine Kinder Gottes, sondern das Ergebnis der Evolution durch natürliche Auslese — und wir dürfen uns nicht einmal einbilden, von dieser beabsichtigt gewesen zu sein, weil die Evolution keine Absichten kennt.

Diese Einsicht änderte allerdings nichts — oder jedenfalls nicht viel — am Glauben an den Fortschritt. Sie war nur das Ergebnis von Überlegungen, die letztlich dazu führten, dem Fortschritt in der organischen Evolution den Schleier des Geheimnisvollen zu nehmen (Desmond und Moore 1994). Belege für den Fortschritt sahen Evolutionstheoretiker im 19., aber nicht minder auch im 20. Jahrhundert in sehr vielen Phänomenen, die noch in diesem Kapitel zu diskutieren sein werden. Wie Richards (1988)

plausibel macht, hatte die Idee evolutiven Fortschritts im
19. Jahrhundert auch eine moralische Grundlage. Sowohl Darwin
als auch beispielsweise Herbert Spencer (1820-1903) — der den
bislang wohl umfassendsten Versuch der Begründung eines evolutionären Weltbildes unternahm — hatten ihre Visionen von einer moralischen Weiterentwicklung des Menschen. Diese Visionen waren vom Christentum geprägt, das sie in ihrer Kindheit und
Jugend beeinflußt hatte und von dem sie sich später lossagen
sollten. Wenn nun aber kein Schöpfer dem Menschen seine hütende Hand reichen und ihn auf den rechten Weg bringen konnte,
dann müßte doch die Evolution dafür sorgen können, daß es mit
dem Menschen aufwärts geht. In der Tat bemerkte Darwin (1871/
1966, S. 159 f) folgendes:

> Ein Ausblick auf fernere Geschlechter braucht uns nicht fürchten
> zu lassen, daß die sozialen Instinkte schwächer werden; wir können im Gegenteil annehmen, daß die tugendhaften Gewohnheiten
> stärker und vielleicht durch Vererbung noch befestigt werden. Ist
> dies der Fall, so wird unser Kampf zwischen den höheren und niederen Impulsen immer mehr von seiner Schwere verlieren, und
> immer häufiger wird die Tugend triumphieren.

Die Vervollkommnung des Menschen auch in moralischer und
geistiger Hinsicht als eine Konsequenz der Evolution und der ihr
innewohnenden Tendenz zum Fortschritt: Das war eine zentrale
Figur im Denken vieler Evolutionstheoretiker von Darwin und
Spencer über Chapman (1873) und Haeckel (1900, 1902, 1905) bis
Huxley (1953) und Lorenz (1963).

Der Schöpfer war im Lichte des Evolutionsdenkens zwar entbehrlich geworden, nicht entbehren wollte und will man aber Hoffnungen. Es nimmt uns nicht wunder, daß die Evolutionslehre stets
vom Fortschrittsgedanken durchdrungen war (Ruse 1988) und geradezu die Funktion einer Religion erfüllen mußte (Midgley 1985),
weil in sie Hoffnungen projiziert wurden, vor allem Hoffnungen
hinsichtlich einer Verbesserung des Menschengeschlechts. Der
Umstand, daß eine Evolutionstheorie als naturwissenschaftliche
Theorie streng genommen nur die Aufgabe hat, die Abläufe und
Mechanismen von Evolutionsvorgängen zu rekonstruieren und
kausal zu erklären, hat diesen Hoffnungen keinen Abbruch getan.
Evolution bedeutete stets mehr als eine bloß naturwissenschaftliche Angelegenheit und hat keinen Denker unberührt gelassen.

Richtende und lenkende Naturkräfte

Daß aber die natürliche Auslese als eine mechanisch wirkende Kraft auf der Basis von zufällig entstandenen Variationen von Lebewesen hinreicht, um die Evolution, die Entstehung und Entwicklung von organismischer Vielfalt und insbesondere den evolutiven Fortschritt zu erklären, ist immer wieder bestritten worden. Darwins Selektionstheorie könne, so meinte man, »in ihrem Bannkreis nur ein unfruchtbares Grübeln entwickeln« (Pauly 1905, S. 15), sie würde die zweckmäßige Organisation und die ebenso zweckmäßigen Verhaltensweisen der Organismen nicht wirklich erklären. Vielmehr müsse man die »schöpferisch planende Aktivität der Organismen selbst« (Meyer-Abich 1950, S. 5) in Betracht ziehen, den Organismus »als eine organische Einheit oder ein System mit gerichteten Lebensäußerungen« (Russell 1952, S. 196). Worum es dabei also geht, sind »innere Mechanismen« im Evolutionsgeschehen (zur Übersicht siehe Riedl 1975, S. 89). Diese wurden manchmal im buchstäblich vitalistischen Sinne (vgl. Seite 39) postuliert, als unbekannte, geheime Kräfte; manchmal wurde ein innerer Faktor aber bloß als Ergänzung zum Selektionsprinzip Darwins angenommen. So oder anders: An der Spitze solcher Postulate stand (und steht) die Überzeugung, daß die Lebensprozesse insgesamt gerichtet seien und somit auch die Evolution einer nicht bloß mechanischen Lenkkraft bedürfe.

Die in diesem Zusammenhang oft recht vehement geführte Kontroverse hat tiefe, d. h. weit in die Geistesgeschichte zurückreichende Ursachen. Bereits in der Antike standen einander mechanistische und vitalistische bzw. ganzheitsorientierte Auffassungen von Lebewesen gegenüber und haben seither wiederholt zu einer Spaltung in der Biologie bzw. Biophilosophie geführt (vgl. Wuketits 1985). Die Frage war stets: Sind Lebewesen etwas Besonderes, oder lassen sie sich mit den Methoden der Physik und Chemie hinreichend beschreiben und erklären? In der Tat haben viele diese Frage leidenschaftlich verneint, während andere ebenso leidenschaftlich darum bemüht waren, physikalische, mechanische Ursachen für das Lebensgeschehen zu finden.

Daß nun die Annahme geheimer Kräfte keinerlei Erklärungsleistungen bringt, ist einzusehen. So verglich Huxley (1942) Bergsons Postulat eines *élan vital* treffend mit der »Erklärung« der Bewegung einer Eisenbahn durch die Annahme eines *élan loco-*

motif. Dabei war Huxley kein »Mechanist«, sondern vielmehr ein Forscher voll der Bewunderung für die belebte Natur, die Vielfalt ihrer Formen und die Eigenart jeder lebenden Struktur. Nur genügten ihm als Erklärung die im Rahmen der Theorie Darwins und der darauf aufbauenden *Synthetischen Theorie*[5] analysierten Faktoren: Selektion, genetische Rekombination, Mutation. Viele andere ausgezeichnete Geister wollten sich damit nicht zufrieden geben und meinten, es müsse noch »etwas Anderes« geben, einen Faktor, den die künftige Forschung erhellen wird, der aber auch für alle Zeiten dem naturwissenschaftlichen Methodenapparat verborgen bleiben könnte. Ich behaupte, daß die Vermutung dieses »Anderen« nicht allein aus der Unzufriedenheit mit der Selektionstheorie aus sachlichen Gründen zu erklären ist. Vielmehr ist es meines Erachtens eine typisch menschliche Eigenschaft, hinter den wahrnehmbaren Phänomenen noch unseren Sinnen verborgene Kräfte anzunehmen. Die Faszination des Okkulten begleitet alle Etappen der Geistesgeschichte (beinahe hätte ich Geistergeschichte geschrieben). Auch heutzutage ist es oft erstaunlich, wie begeistert viele ansonsten durchaus rational argumentierende und handelnde Menschen von der Esoterik sind, wie attraktiv vielen die fernöstliche Mystik erscheint und wie bereitwillig mancher sein Weltbild mit einem Obskurantismus speist.

Ich behaupte nicht, daß diejenigen, die lenkende und richtende Naturkräfte postuliert haben, allesamt Mystiker waren, aber ich meine, daß zumindest von Fall zu Fall der Hang zum Mystischen solche Postulate erleichtert hat. Schließlich fällt es vielen tatsächlich schwer, sich vorzustellen, »daß allein die Selektion aus störenden Geräuschen das ganze Konzert der belebten Natur hervorgebracht haben könnte« (Monod 1971, S. 149). Und wenn der Natur eine Tendenz zum Fortschritt innewohnen sollte — was manche Denker stillschweigend als Prämisse angenommen haben —, dann erscheint es, ganz gleich, was Darwin und andere

---

5 Die Synthetische Theorie stellt eine vor allem um genetische Aspekte erweiterte Selektionstheorie dar; sie entspricht in ihren Hauptargumenten der Theorie Darwins, berücksichtigt aber stärker das Zusammenwirken mehrerer Evolutionsfaktoren und stützt sich auf Ergebnisse in praktisch allen biologischen Disziplinen (daher *Synthetische* Theorie). Erstmals hat Huxley (1942) diese Theorie auf breiter Basis umfassend präsentiert; in der Folge wurde sie zur einflußreichsten Evolutionstheorie, hatte aber stets auch zahlreiche Opponenten. Viele ihrer Vertreter waren für den Fortschrittsgedanken empfänglich, manche haben ihm einen hohen Stellenwert beigemessen.

Evolutionstheoretiker dazu sagten, doch unwahrscheinlich, daß die Selektion allein die entscheidende Triebkraft der Evolution sei. Eine wie auch immer konkret wirkende Kraft, stärker als die Selektion und mit bloß mechanischen Begriffen nicht faßbar, gewann daher rasch an Attraktivität. Eine solche Kraft muß eines Schöpfers zwar nicht bedürfen, sie kann der Natur gleichsam unterlegt werden, als eben *natürliche* Kraft, doch stellt sich die Frage, ob nicht am Ende der Schöpfer triumphiert. Man muß sich ja diesen nicht als personifizierten Gott vorstellen, man kann die Natur als solche etwa pantheistisch deuten, man kann sich die Natur als grandiose Schöpferin denken. Etwas Geheimnisvolles bleibt uns dann aber erhalten, und mancher findet wieder seinen geistigen Frieden.

Man hätte sich wohl nicht so sehr auf die Existenz von höheren spirituellen oder auch natürlichen Kräften festgelegt, hätten diese nicht über die Erklärung von Phänomenen des Lebenden hinaus noch wichtige Funktionen zu erfüllen; hätten sie nicht insbesondere *moralische* Funktionen bzw. würden sie helfen, moralisch richtiges Verhalten zu begründen. Eine Evolutionsmetaphysik war stets eng verbunden mit den ethischen Überzeugungen ihrer Urheber. Konnte denn das Prinzip der Selektion eine Ethik *begründen*? Darwin hat das zwar nie behauptet, glaubte aber, wie wir gesehen haben, daß die Evolution durch natürliche Auslese durchaus auch zu moralischem Fortschritt führe und in Zukunft unsere Sympathien für andere verstärken würde. Noch einfacher ist es freilich, wenn man gleich eine Naturkraft annimmt, die von vornherein die Erfüllung ethischer Forderungen gewährleistet, eine Naturkraft, die sozusagen viel treffsicherer als die Selektion in Richtung Moral wirkt und so die moralische Höherentwicklung garantiert. Das Problem kann folgendermaßen formuliert werden: Wie ist eine Evolutionstheorie zu konzipieren, die die Evolution als eine moralische Triebkraft erfaßt?

Eine Antwort darauf gibt Herbert Spencers Evolutionstheorie, die besonders markante Elemente des Fortschritts enthält und mehr als andere Evolutionstheorien des 19. Jahrhunderts die moralischen und politischen Überzeugungen ihres Urhebers spiegelt (vgl. Richards 1987, 1988). Näheres möchte ich dazu weiter unten, in dem Abschnitt über Höherentwicklung und gerichtete Evolution, ausführen. Eine andere Antwort geben all jene, die an lenkende und richtende Naturkräfte glauben und diesen Kräften die

Bewirkung von moralischem Fortschritt unterstellen. So groß mag der Unterschied zwischen diesen beiden Antworten zwar nicht sein, aber man bedenke nochmals, daß die Anhänger der Selektionstheorie stärker gefordert sind: Sie müssen zeigen, daß — wenn ihre moralischen Vorstellungen nicht im Dschungeldarwinismus untergehen sollen — eine Evolution, die von keiner Absicht getragen ist, sondern durch die Mechanik der Selektion abläuft, nicht nur keinen Widerspruch zu ethischen Forderungen bedeutet, sondern in diesen Forderungen und ihrer Erfüllung ihren Gipfelpunkt findet. Da ist man dann gut beraten, wenn man der Evolution von vornherein Fortschritt unterstellt und die Selektion letztlich als eine positive Kraft sieht. Wie uns Darwin (1859/1988, S. 565) zu verstehen gibt: »Da die natürliche Zuchtwahl nur durch und für das Gute eines jeden Wesens wirkt, so wird jede fernere körperliche und geistige Ausstattung desselben seine Vervollkommnung zu fördern streben.«

Ob man nun eine das Gute fördernde Selektion annimmt oder eine andere Naturkraft, die das Gute nur um so mehr bewirkt — stets geht es hier um den, ich möchte sagen, krampfhaften Versuch, dem Menschen den Ausblick zu ermöglichen, daß dereinst alles besser sein wird und vor allem seiner eigenen Vervollkommnung (in geistiger und moralischer Hinsicht) nichts im Wege steht.

Von diesen Höhenflügen nun aber zurück in die Niederungen des Studiums der Bauprinzipien der Organismen — welches uns jedoch, wie wir sogleich sehen werden, auch so manchen Höhenflug erlaubt.

Baupläne

Einer eindrucksvollen Metapher zufolge ist jede Organismenart nach einem bestimmten Bauplan konstruiert. Den Botanikern und Zoologen ist es heute kaum noch bewußt, daß es sich hierbei um eine Metapher handelt, weil ihre Lehrbücher ausdrücklich und selbstverständlich die Baupläne der Pflanzen und Tiere erläutern, wobei der Ausdruck »Bauplan« oft synonym mit der systematischen Kategorie des Stammes (Phylum) verwendet wird. Man spricht auch von Organisationstypen des Tier- und Pflanzenreichs, was in kritischen Ohren vielleicht weniger verdächtig klingt. Auch der Ausdruck »Bauplan« klingt unverdächtig, solange man sich nicht bewußt macht, daß er historisch stark von der idealistischen Morphologie beeinflußt ist, die, wie schon auf Seite 54 bemerkt wurde, von der Idee eines Urbilds der Organismen bzw. ihrer Gestalten beseelt war. Damit allerdings möchten heute nur noch wenige Biologen etwas zu tun haben. Wenn daher ein modernes Zoologiebuch die *Baupläne der Tiere* (Zissler 1980) vorstellt, dann ist sein Autor lediglich bemüht, die Grundlagen der Organisation der Tiere verschiedener Stämme darzustellen, das jeweils Typische dieser Organisation herauszuarbeiten, die jeweilige Position der Organe im Tierganzen zu verdeutlichen und so das Wesentliche im Tierbau zu vermitteln (vgl. Abb. 11). Dem Bauplan wird kein Architekt im Sinne des Schöpfers vorgeordnet, sondern dieser Begriff faßt eine bestimmte Anzahl von Arten zusammen, die aufgrund *gemeinsamer Abstammung* auch zusammengehören (vgl. Riedl 1975), also auf identische Ursprünge zurückführbar sind (wie beispielsweise alle Klassen der heutigen Wirbeltiere).

Die Erkenntnis dieser Zusammengehörigkeit war auf dem Weg der Entdeckung der Evolution, vor allem der Verwandtschaft der Lebewesen sehr wichtig:

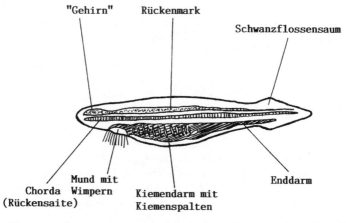

Abb. 11: Bauplan eines Lanzettfischchens (*Branchiostoma lanceolatum*). Dieses an den Küstenzonen von warmen Meeren vorkommende Tier zeigt modellhaft den ursprünglichen Organisationstyp der Chordatiere, zu denen auch die Wirbeltiere gehören (nach verschiedenen Autoren).

Organismen ganz verschiedener Lebensweise zeigen einen übereinstimmenden Bau bis in viele Einzelheiten des Körpers hinein. Maulwurf, Fledermaus, Wal, Pferd und Mensch lassen einen gemeinsamen Bauplan (Typus) in Skelett, Nervensystem, Blutgefäßsystem, Genitalapparat usw. erkennen. Diese Gemeinsamkeiten waren von den Anforderungen der Umwelt und der Lebensweise her nicht zu erklären. Das gleiche gilt für Insekten, Blütenpflanzen und viele andere Baupläne (Storch und Welsch 1989, S. 15 f).

Wie sind denn solche Gemeinsamkeiten zu erklären? Gott hat sie gewollt, war lange Zeit die naheliegendste Antwort. Sie sind als Resultat gemeinsamer Abstammung der betreffenden Organismen zu erklären, lautet die Antwort der Evolutionslehre.

Die *abgestufte Ähnlichkeit* der Organismen ist eine triviale Tatsache, die sich schon einer oberflächlichen Beobachtung offenbart: Haushuhn und Rebhuhn sind voneinander zwar verschieden, gegenüber einem Strauß zeigen sie jedoch ihre große Ähnlichkeit; dem Strauß sind aber beide immer noch viel ähnlicher als einem Reptil. Solche Ähnlichkeiten und Unterschiede in einem stammesgeschichtlichen Sinne zu deuten, war ursprünglich keineswegs so einfach; heute gehört diese Deutung zu den biologischen Selbstverständlichkeiten (vgl. Abb. 12). Wie erstaunlich nahe schon Kant dieser Deutung kam, belegt folgendes Zitat aus seiner *Kritik der Urteilskraft* (1790/1968 VIII, S. 538 f):

> Es steht nun dem *Archäologen* der Natur frei, aus den übriggebliebenen Spuren ihrer ältesten Revolutionen, nach allem ihm bekannten oder gemutmaßten Mechanism derselben, jene große Familie von Geschöpfen (denn so *müßte* man sie sich vorstellen, wenn die genannte durchgängig zusammenhängende Verwandtschaft einen Grund haben soll) entspringen zu lassen. Er kann den Mutterschoß der Erde, die eben aus ihrem chaotischen Zustande herausging (gleichsam als ein großes Tier), anfänglich Geschöpfe von minder-zweckmäßiger Form, diese wiederum andere, welche angemessener ihrem Zeugungsplatze und ihrem Verhältnisse untereinander sich ausbildeten, gebären lassen; bis diese Gebärmutter selbst, erstarrt, sich verknöchert, ihre Geburten auf bestimmte fernerhin nicht ausartende Spezies eingeschränkt hätte, und die Mannigfaltigkeit so bliebe, wie sie am Ende der Operation jener fruchtbaren Bildungskraft ausgefallen war.

Es ist fast bedauerlich, daß Kant die Bedeutung dieser Zeilen in einer Fußnote an gleicher Stelle einschränkt und die von ihm zum Aus-

Abb. 12: Ähnlichkeiten und Unterschiede zwischen verschiedenen Organismen in stammesgeschichtlicher Deutung. Haushuhn und Rebhuhn gehören zu einer engen Verwandtschaftsgruppe, zusammen mit dem Strauß bilden sie eine größere Verwandtschaftsgruppe. Die Reptilien bilden demgegenüber eine eigene Klasse, sind aber mit den Vögeln ebenso stammesgeschichtlich verwandt, da diese von Vorläufern der heutigen Reptilien abstammen. Die punktierten Linien weisen auf die stammesgeschichtlichen Beziehungen hin.

druck gebrachte Möglichkeit stammesgeschichtlicher Verwandtschaft der Organismen als »gewagtes Abenteuer der Vernunft« abtut, da die Erfahrung zeige, daß Lebewesen immer nur ihresgleichen hervorbringen (*generatio homonyma*). Doch man erinnert sich (vgl. Seite 73), daß ein Hindernis für die Abstammungslehre darin bestand, daß ihr unsere Alltagserfahrung keine Stütze bietet. Bei Kant kam obendrein noch der Teleologie große Bedeutung zu, so daß er den Evolutionsgedanken, zumal in seiner ihm von Darwin verliehenen Form, doch nicht ernsthaft in Erwägung ziehen konnte.

Indessen ging die Suche nach den *Archetypen* der Lebewesen intensiv weiter und erreichte im Viktorianischen England einen ihrer Höhepunkte (vgl. Desmond 1982). Eine zentrale Rolle spielte dort der Anatom Richard Owen (1804–1892), der — wie manche Biologen seiner Zeit — den Übergang von einer idealistischen zu einer evolutionären Betrachtung der Lebewesen markiert. Owen hatte die Bedeutung der *Homologie* als einer starken morphologischen Ähnlichkeit erkannt, einer Ähnlichkeit also, die nicht durch bloße Umwelteinwirkungen verschiedenen Organismen eine ähnliche Körperform verleiht *(Analogie)*, sondern auf einen »inneren Zusammenhang« hinweist.[6] Nach Owen besteht die Hauptaufgabe der Anatomie — etwa bei der Untersuchung des Skeletts der Wirbeltiere — in der Suche nach einem Grundplan; es gehe darum, »das typische Beispiel oder die ursprüngliche Idee zu entdecken«, also einen Archetyp zu finden, »dem man alle die mannigfaltigen Abänderungen der Klassen, Gattungen oder Arten unterordnen kann« (zit. nach Zimmermann 1953, S. 453). Obwohl Owen auf dem besten Weg war, die Evolution zu entdecken — er hatte auch die Bedeutung des Urvogels oder *Archaeopteryx* erkannt und den Ausdruck »Dinosaurier« geprägt (Desmond 1979) —, blieb sein Archetypus letztlich ein Relikt aus der Periode romantischer Naturphilosophie, mehr an Platons Idee als an stammesgeschichtliche Zusammenhänge erinnernd. So blieb noch Platz für einen göttlichen Schöpfungsplan. Und schließlich hatte Owen mit seiner Anatomie auch ein moralisches Ziel vor Augen: »zu beweisen, daß der Mensch zum Zeitpunkt der Schöpfung im göttlichen Bewußtsein war« (Desmond 1982, S. 47).

Thomas H. Huxley (1825–1895), genannt »Darwins Bulldogge«, ein im Gegensatz zu Darwin sehr streitbarer Geist — dessen Depressionen ihn aber wieder Darwin ähnlich erscheinen lassen —, wurde gerade deswegen zum großen Gegner Owens, weil er alle anatomischen und paläontologischen Phänomene im strikt phylogenetischen Sinne interpretiert wissen wollte. Huxley zu Darwins Bulldogge zu degradieren ist freilich unfair, weil er seine Aufgabe nicht nur darin sah, den allen öffentlichen Auseinandersetzungen aus dem Weg gehenden Darwin zu verteidigen, sondern ein selb-

---

6 Unter Homologie versteht man heute Organe oder auch Verhaltensweisen von Organismen, deren Ähnlichkeit aus stammesgeschichtlich identischen Wurzeln erklärbar ist. Klassisches Beispiel: Extremitäten der Wirbeltiere. Ihre vielfältige Differenzierung (Fischflossen, Vogelflügel, Säugetiergliedmaßen) haben diese Wurzeln, wie genauere anatomische Untersuchungen zeigen, nicht verdeckt (vgl. auch Coates 1993).

ständiges und imposantes Werk schuf und in manchen Ideen (etwa der von der Abstammung des Menschen) seinem älteren Freund zuvorkam.[7] Die Animositäten zwischen Owen und Huxley liefern eine Erklärung dafür, daß diesem jede Fortschrittsidee verdächtig war, denn er sah sie als direkte Folge der Annahme eines göttlichen (Bau-)Plans, die er vehement bekämpfte. Erst als er die Überzeugung gewann, daß jene Idee unabhängig von der Schöpfungslehre vertreten und verteidigt werden konnte, folgte er der Tradition seiner Zeitgenossen und wurde so ein weiterer Advokat der progressiven Evolution (vgl. Lyons 1989). Er verglich die Stammesgeschichte mit der Entwicklung des Individuums und meinte, daß beide von einfachen zu komplexeren Stadien fortschreiten, daß die stammesgeschichtlich älteren Lebewesen an Embryonen erinnern und ihre Nachkommen allmählich an Komplexität zugenommen haben.

Worin sich Huxley jedoch von vielen seiner Zeitgenossen unterscheidet, ist seine Haltung zur Frage nach dem Zusammenhang von Evolution und Moral. Diesen Zusammenhang stellte er nämlich erst gar nicht her, sondern betonte, daß wir *gegen* die Natur und die in ihr wirkenden Prinzipien eine Moral entwickeln müßten, die uns eine würdige Zivilisation zu entwerfen erlauben würde (Huxley 1894). Die Evolution strapazierte er also nicht nur nicht aus moralischen Gründen, sondern sah jede Fundierung von Moral abgekoppelt von seinen Einsichten in die Baupläne der Natur und die Entwicklungsgeschichte der Lebewesen durch natürliche Zuchtwahl. In dieser Hinsicht war Huxley einer der ersten und wenigen Denker, die die Evolutionslehre von der Aufgabe befreit haben, eine Heilslehre sein zu müssen, dem Menschen seinen vermeintlich ausgezeichneten Platz in der Natur zu bewahren und seine (moralischen) Pflichten vorzuzeichnen.

Was nun die Baupläne betrifft, die auch heute noch jedes gute Biologiebuch zieren,[8] läßt sich nicht leugnen, daß sie der Idee des Fortschritts sehr zugute kommen. Zumindest vermitteln diese

---

7 Huxleys wissenschaftliches Werk wird von Di Gregorio (1984) umfassend dargestellt und gewürdigt.
8 Allerdings nicht im gleichen Ausmaß wie früher. In den letzten Jahrzehnten wurden vergleichende Anatomie und Morphologie in den Lehrbüchern der Biologie zugunsten solcher Disziplinen wie Genetik und Molekularbiologie stark reduziert. Ohne diese Disziplinen in ihrer Bedeutung auch nur im geringsten schmälern zu wollen, finde ich diese Entwicklung doch bedauernswert, weil damit der Eindruck entsteht, daß die Kenntnis *ganzer* Organismen mit ihren »Makrostrukturen« unbedeutend sei. Das aber kann nicht der Fall sein.

Grundpläne der Organismen den Eindruck, daß in der Pflanzen- und Tier-»Reihe« die Komplexität zunimmt. Der Grundplan eines Einzellers ist nun einmal einfacher als der eines Regenwurms, dieser einfacher als der einer Honigbiene, dieser wiederum einfacher als der eines Reptils. Und so erscheint der Fortschritt als Steigerung der Komplexität als ein fundamentaler Wesenszug der »Strategie des Lebens« (Grobstein 1974).

Wir dürfen allerdings nicht übersehen, daß die Baupläne Abstraktionen sind, die als solche nichts über mögliche und tatsächliche Modifikationen (auch Vereinfachungen) aussagen. Ich empfehle der interessierten Leserin und dem interessierten Leser beispielsweise einmal im *dtv-Atlas zur Biologie* (Vogel und Angermann 1984 I, S. 112 ff) nachzuschlagen. Auf fünfzehn Tafeln werden dort die Grundtypen der Pflanzen und Tiere anschaulich präsentiert. Die Organisation der Hauptgruppen der Pflanzen und Tiere wird schematisch dargestellt, und man erkennt gewissermaßen die »Logik« im Aufbau von Lebewesen, die Position und den Zusammenhang von Organen, die Ordnung, die jeden Grundplan auszeichnet. Wer es weniger prosaisch liebt, kann etwa auch den zweiten Band von Haeckels *Natürlicher Schöpfungsgeschichte* (1902) zur Hand nehmen. Da wie dort kann man die Organisationstypen der Lebewesen in idealisierter Form betrachten und die Bauprinzipien kristallklar erkennen. Das ist wohl auch der Grund dafür, daß ich seinerzeit im anatomischen Praktikum Schwierigkeiten hatte, manche Organe in einem aufgeschnittenen Tier genau dort zu finden, wo sie dem Plan zufolge hätten sein müssen. Wenn man nämlich zuerst theoretisch, vom Reißbrett her den Plan kennt, dann kann man leicht Probleme mit dem konkreten Objekt bekommen. Studiert man zuerst den Aufbau vieler einzelner Pflanzen und Tiere, dann wird einem deren Grundplan nur nach und nach einsichtig.

Eine Schwierigkeit, die der idealistischen Morphologie zu verdanken ist, besteht in der Vorstellung, daß Baupläne starre Wesenheiten seien. Das sind sie eben in unserem heutigen Verständnis nicht. Die Bedeutung des Bauplan-Konzepts liegt heute vielmehr in der Einsicht, daß jede Organismengruppe ihre eigenen charakteristischen Konstruktionsbedingungen und Veränderungsmöglichkeiten hat (Müller und Wagner 1991). Das Vorhandensein eines Systems wie z. B. des Innenskeletts der Wirbeltiere gestattete diesen Tieren — wie man an ihren einzelnen Klassen von Fischen bis zu den Säugetieren sieht — einerseits mannigfache Abwandlungen, beschränkt aber zugleich die Entwicklungsmöglichkeiten. Man kann Organismen daher im allgemeinen durchaus mit großen Bauwerken vergleichen, wie das Gould und Lewontin (1979) überzeugend demonstriert haben. Eine große Kathedrale etwa kann man nicht beliebig ohne Einsturzgefahr umbauen, bauliche Veränderungen läßt ihr »Organisationsplan« nur in beschränktem Maße zu. Gleiches gilt für Lebewesen. So zeigen gerade die Wirbeltiere eine erstaunliche Vielfalt, ihr Skelettsystem erlaubte eine schwimmende und kriechende ebenso wie eine fliegende und grabende Fortbewegungsweise. Aber auf ein dreibeiniges Wirbeltier mit Pferdehufen und Vogelflügeln werden wir lange warten müssen.

Die Apostel des Fortschrittsglaubens und die Anhänger der Vervollkommnungsidee müssen hier keinen Widerspruch zu ihren Überzeugungen sehen. Im Gegenteil, die Abwandlung von Bauplänen können sie als Indikator für evolutiven Fortschritt nehmen, und die morphologischen Entwicklungseinschränkungen dürfen ihnen als Hinweis darauf dienen, daß jedes Lebewesen eine *a priori* sinnvoll geordnete Struktur aufweist, die zur Vollkommenheit tendiert, falls sie nicht schon vollkommen ist. Hier ist es dann in der Tat sehr schwierig, *gegen* den Fortschritt in der Evolution stichhaltig zu argumentieren, vor allem, weil seine Verteidiger zu wissen glauben, daß es ihn gibt und daß sich verschiedenste Phänomene im Bereich des Organischen nur durch Fortschritt erklären lassen.

Die Bestätigung von Erwartungen

Wer glaubt, daß die Evolutionslehre[9] durch eine Anhäufung von Fossilien, durch akribisch vergleichende Studien an rezenten Organismen und durch weitere ebenso sorgfältig durchgeführte Untersuchungen in verschiedenen Disziplinen der Biologie etabliert wurde, befindet sich auf dem Holzweg. *Keine* wissenschaftliche Disziplin oder Theorie wurde auf diese Weise etabliert. Das darf

---

9 Hier wie an vielen anderen Stellen dieses Buches verwende ich den Ausdruck *Evolutionslehre* anstelle von *Evolutionstheorie*, weil er neutraler ist und weil es streng genommen keine einheitliche Evolutions*theorie* gibt.

nicht heißen, daß all die von emsigen Naturforschern im Freien oder auch im Labor geleisteten Arbeiten unwesentlich seien. Aber sie sind bei weitem nicht alles. Das Salz in der Suppe machen die Vorurteile und Erwartungen aus, vor denen kein Gelehrter in seiner Arbeit sicher sein kann — und wovor sich mancher erst gar nicht schützen will. Vielmehr zeigt gerade die Geschichte des Evolutionsgedankens, daß seine Konstrukteure keine unbedarften, bloß der Wahrheit verpflichteten Geister waren, sondern ihre eigenen, persönlichen Interessen bzw. die Interessen ihrer Weltanschauungen verfolgten. Ist einmal eine Disziplin oder Theorie etabliert, dann gewinnt man leicht den Eindruck, daß dabei systematisch Wissen angehäuft wurde und daß keiner der Beteiligten je etwas anderes im Sinn hatte, als zur Konsolidierung und Ordnung dieses Wissens beizutragen, allein der Objektivität — und eben der Wahrheit — verschrieben. Ein Blick hinter die Kulissen belehrt uns eines Besseren.

Als Richard Owen den Ausdruck »Dinosaurier« prägte, lag seine erklärte Absicht keineswegs in einer Vermehrung paläontologischen Wissens bzw. einer Ergänzung biologischer Terminologie. Er wollte vielmehr aus den seinerzeit nicht sehr üppig vorhandenen Belegen fossiler Reptilien eine neue Ordnung dieser Wirbeltierklasse konstruieren — und keineswegs bloß ausgestorbene Tiere *re*konstruieren (vgl. Desmond 1979, 1982). Etwas salopp gesagt, reimte er sich einen Dinosaurier so zusammen, wie er ihn brauchte (vgl. Abb. 13). Diese Vorgangsweise war natürlich »unseriös«, aber keineswegs ungewöhnlich. Außerdem hatte ja Owen nicht unrecht, was die Gruppe der Dinosaurier betrifft; inzwischen kennt man sogar mehrere Ordnungen der Saurier, unzählige Arten, von denen viele zu ungeahnter Popularität

Abb. 13: Owens Rekonstruktion eines *Megalosaurus* (nach Desmond 1979).

aufgestiegen sind (und schon von Kindern im Vorschulalter eifrigst bewundert und studiert werden).

Gerade was die Idee des Fortschritts in der Evolution anlangt, haben wir es weniger mit Erfahrungserkenntnissen als vielmehr mit *Erwartungen* zu tun, die man bestätigt wissen wollte und will. Das Studium von Fossilien im 19. Jahrhundert stand mithin ganz entscheidend unter dem Aspekt jener Idee (siehe auch Bowler 1976); und im 20. Jahrhundert hat sich diese Situation nur allmählich etwas verändert. Besonders delikat war dabei immer die Untersuchung und Rekonstruktion der Stammesgeschichte des Menschen, wo man aufgrund stärkerer emotionaler Betroffenheit noch viel mehr mit Vorurteilen und Erwartungen gearbeitet hat, die einfach bestätigt werden mußten. Wir werden auf diese Aspekte unseres Themas noch in diesem und im nächsten Kapitel näher eingehen. Nur ein besonders bemerkenswertes Beispiel sei bereits an dieser Stelle erwähnt:

Im Jahre 1912 entdeckte der Jurist und Hobby-Archäologe Charles Dawson in einer Sandgrube bei Piltdown in Südengland den Schädel eines fossilen Menschen, zusammen mit einigen Tierknochen und Steinwerkzeugen. Die Sensation war perfekt: Das langgesuchte fehlende Bindeglied zwischen Menschenaffen und Menschen war gefunden! Man gab ihm, seinem Entdecker zu Ehren, den Namen *Eoanthropus dawsoni* oder sprach einfach, wegen des Fundortes, vom Piltdown-Menschen. In seinem zweibändigen Werk *The Antiquity of Man* (1929) widmete der mit vielen akademischen Auszeichnungen bedeckte Anthropologe Sir Arthur Keith dem Fund viele Seiten und war begeistert, daß er ein Wesen dokumentiert, welches zwar schon »human« sei, aber dennoch signifikante Merkmale unserer Affenvorfahren an sich zeige. Fast ein halbes Jahrhundert mußte vergehen, bevor die Anthropologen und eine breitere interessierte Öffentlichkeit wußten, daß der Fund ein eklatanter Schwindel war, Resultat einer mehr oder weniger geschickten Manipulation: Die Schädelknochen stammten zwar von einem fossilen Menschen, der Unterkiefer jedoch von einem rezenten Orang-Utan; die begleitenden Tierknochen und Steinwerkzeuge waren von anderen Orten herbeigetragen worden.

Das Interessante an diesem Betrugsfall ist, daß einigen wenigen Forschern schon sehr früh Zweifel kamen und zumindest ein Anthropologe bereits im Jahre 1913 zu der Schlußfolgerung gekommen war, daß Schädelknochen und Unterkiefer nicht ein und demselben Individuum gehören können. Warum aber wurde dann der »Piltdown-Mensch« so lange als ein wichtiges Dokument der menschlichen Stammesgeschichte gehandelt? Die Antwort darauf kann nur lauten, daß nicht wissenschaftliche Objektivität, sondern Hoffnungen, Wunschdenken und Vorurteile das Gegenteil nicht erlaubten (Gould 1982).

Eine lückenlose fossile Überlieferung der Evolution der Hominiden (Menschenartigen) und ein gut dokumentierter Übergang von Affen zu Menschen wäre freilich auch für die Idee des Fortschritts von Bedeutung. Dabei geht es gewiß nicht um irgendeine fossile Überlieferung; ich meine, daß wir ja mittlerweile unsere Stammesgeschichte ohnedies recht gut nachzeichnen können. Was unter dem Aspekt des Fortschrittsglaubens günstig wäre, wäre eine klare »Fossilreihe«, die — von Affen über »Affenmenschen« zu »echten Menschen« — eine schrittweise Verbesserung, Komplexitätszunahme und Vervollkommnung des Menschen demonstrieren würde. Danach haben viele gesucht, und so manches Fossil bedeutete denn auch die Bestätigung von Erwartungen. Nur so ist es zu verstehen, daß der renommierte Anthropologe Keith so bereitwillig auf den Schwindel von Piltdown hereinfiel. Wie Lewin (1987) in einem in vieler Hinsicht höchst aufschlußreichen Buch erzählt, war Sir Arthur von der Idee besessen, daß das Gehirn des modernen Menschen ein spezielles Organ sei, das nur durch eine sehr lange Periode sehr langsamer Evolution entwickelt worden sein könnte. Also brauchte er möglichst viele fossile Dokumente für die Hominidenevolution aus geologisch relativ alter Zeit. Der Piltdown-Fund kam ihm sehr gelegen: Ein menschlicher Vorfahre mit einem bereits relativ großen Gehirn und einem Affenunterkiefer war nachgerade notwendig, um die Idee und die ihr entsprungenen Vorurteile und Erwartungen zu bestätigen. Keineswegs also folgen Erwartungen den Erfahrungen; sehr oft werden die Erfahrungen von Erwartungen geleitet.

Gesetze der Stammesgeschichte

Läuft die Evolution nach bestimmten Gesetzen ab? Diese Frage ist sehr häufig vorurteilsvoll diskutiert worden. Viele Denker haben der Evolution des Lebendigen ein »Gesetz des Fortschritts« unterstellt. Zu ihnen zählt der schon erwähnte englische Philosoph Herbert Spencer. Spencer verfaßte eine umfangreiche Selbstbiographie, was an sich nicht auffällig wäre, hätte er damit nicht das Ziel verfolgt, seine eigene Naturgeschichte zu schreiben, die Gesetze der Evolution also auf sein eigenes Leben anzuwenden (Spencer 1904). Diese ein Jahr nach seinem Tode erschienene *Autobiography* ist nicht nur für diejenigen wichtig, die sich für Spencers Leben interessieren (ihrer gibt es heute allerdings nicht viele), sondern ist ein wertvolles Zeugnis für die Entwicklung und Untermauerung des Fortschrittsgedankens im 19. Jahrhundert.

Evolution war für Spencer ein Prozeß der Integration der Materie, in dessen Verlauf die Materie in einen Zustand »kohärenter Heterogenität« übergeht, also höhere Komplexität und insgesamt ein höheres Niveau erreicht. Nach Mayr (1984) wäre es berechtigt, Spencer in der Geschichte der Biologie völlig zu übergehen, da er nichts Positives für diese Wissenschaft geleistet habe. Das aber geht nicht — wie unvollständig Spencers biologische Kenntnisse auch gewesen sein mögen. Denn er drückt in seinem Werk besonders klar jenen Glauben aus, der von den Biologen des 19. Jahrhunderts bereitwilligst verfochten wurde (und von ihnen auch ohne Spencer verfochten worden wäre) und dem viele Biologen des 20. Jahrhunderts ebenso folgten. Gewiß war der *Sozialdarwinismus*, dem Spencer zum Durchbruch verhalf, keine Ruhmestat. Ideengeschichtlich hängt er mit dem Fortschrittsgedanken eng zusammen und zeigt, welche Blüten dieser Gedanke getrieben hat.

Wir können also Spencer nicht ignorieren — im übrigen finde ich in seinem Werk durchaus viele positive Beiträge —, sondern müssen vielmehr den Umstand ins Auge fassen, daß die Vorstellung einer gesetzesartigen, progressiven Evolution zu den Kernideen vieler Evolutionstheorien gehört.

Man unterscheidet oft zwischen zwei Evolutionsprozessen, und zwar *Höherentwicklung (Anagenese)* und *Stammverzweigung (Cladogenese)* (vgl. z. B. Dobzhansky et al. 1977, Kuhn-Schnyder 1977, Rensch 1972 u. a.). Der Höherentwicklung widme ich in diesem Kapitel einen eigenen (den nächsten) Abschnitt, weil sie direkt mit evolutivem Fortschritt zu tun hat. Mit Stammverzweigung ist jener Vorgang gemeint, der zur Aufspaltung in viele Arten führt, was in den *Stammbäumen* die Verästelungen deutlich machen (siehe auch Vogel und Angermann 1984, Wuketits 1989 a). Nach Rensch (1972) läßt die Cladogenese in der Stammesentwicklung vieler Organismengruppen drei Phasen erkennen:

1. Phase der eigentlichen Formenaufspaltung oder *Virenzperiode*.
2. Die Phase der *Spezialisierung*.
3. Die Phase der *Überspezialisierung* bzw. *Degeneration*, die schließlich zum *Aussterben* führt.

Abb. 14 soll veranschaulichen, was hier genau gemeint ist. Die Cladogenese wird oft, vor allem in ihrer Phase der Spezialisierung, als Vervollkommnung interpretiert; so z. B. von Kuhn-Schnyder (1977), der jedoch auch bemerkt, daß dies meist auf Kosten künftiger Entwicklungsmöglichkeiten geht (Überspezialisierung).

Damit ist jedenfalls gesagt, daß man der Evolution vielfach einen gesetzesartigen Verlauf unterstellt. Insbesondere hat Rensch (1961, 1968, 1972, 1988, 1991) zahlreiche *Regeln* formuliert, die zwar nicht den Status strenger physikalischer Gesetze haben, aber insgesamt doch die Determiniertheit des Evolutionsgeschehens demonstrieren sollen. Beispiele dafür sind die folgenden Regeln:

1. Die konstante Wirkung der Selektion führt üblicherweise zu immer besserer Anpassung an die jeweiligen Umweltverhältnisse.
2. Nach der Herausbildung eines neuen vorteilhaften Bauplans findet meist eine relativ rasche Entwicklung von Formen statt.
3. Durch die natürliche Auslese streben die einzelnen Arten einem Zustand optimaler Anpassung zu und erreichen dann eine relative Stabilität über längere Zeiträume.
4. In den meisten Stammesreihen findet eine allmähliche Steigerung der Körpergröße statt, besonders bei landbewohnenden Tieren.
5. Große Tierarten entwickeln häufig Exzessivbildungen, z. B. überlange Beine, übergroße Hörner usw.).
6. Landbewohnende Riesenformen von Reptilien (Dinosaurier) und Säugetiere (z. B. Elefanten) entwickeln sogenannte Säulenbeine.

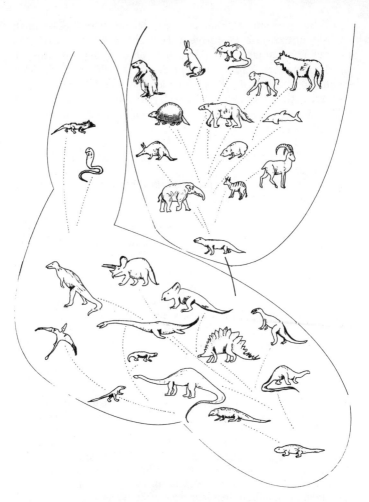

Abb. 14: Vereinfachte Darstellung der Cladogenese der Reptilien und Säugetiere. Die Klasse der Reptilien spaltete sich im Mesozoikum in zahlreiche Gattungen und Arten. Nach dem großen Sauriersterben vor knapp siebzig Millionen Jahren blieben nur wenige Reptiliengruppen über. Aus einer der fossilen Reptiliengruppen entwickelten sich die Säugetiere, die sich nun ihrerseits in zahlreiche Gattungen und Arten aufspalteten.

7. Wasserbewohnende Tiere, schnelle Schwimmer entwickeln im Laufe der Evolution einen stromlinienförmigen Körper (Torpedokonstruktion).
8. Große Wirbeltiere verfügen über eine größere Lernkapazität und ein besseres Gedächtnis als verwandte kleine Arten.

Die Liste ließe sich fortsetzen. Rensch führt insgesamt über vierzig solcher Regeln der Cladogenese an, die er — wie gesagt — nicht als strenge physikalische Gesetze sieht, sondern als Tendenzen, die sich im Rückblick auf die Evolution einzelner Klassen und Stämme rekonstruieren lassen.

Viele dieser Tendenzen sind aus den Bauplänen verschiedener Tiergruppen sowie aus den jeweiligen Umweltbedingungen verständlich. Daß beispielsweise schnell schwimmende Fische eine Stromlinienform entwickelt haben, erklärt sich aus ihren spezifischen Lebensbedingungen — die Würfelform hätte sich einfach nicht bewährt. Die Rekonstruktion der Cladogenese findet ihren Niederschlag somit in *Stammbäumen*. Die Grundidee ist, daß einem gemeinsamen Stamm viele Äste entsprießen, die dann weiter in Zweigen auslaufen. Bei Haeckel hatte dieser Stammbaum tatsächlich noch die Gestalt eines Baumes (Abb. 15), neuere Stammbaum-Modelle sind abstrakter (Abb. 16). Aber jedes Modell dieser Art macht die Entwicklung der Vielfalt des Lebenden als eine Grundtendenz der Evolution deutlich. Was liegt da näher als die Annahme, daß das Leben zur Entfaltung strebt, zur Erzeugung immer neuer Organismenformen, zur Eroberung aller verfügbaren (Lebens-)Räume auf unserem Planeten? Vielfalt (Diversität) ist die Grundlage für die Wirksamkeit natürlicher Auslese, die ihrerseits wiederum Vielfalt hervorbringt, und zwar zunächst auf dem Niveau der Art durch Bildung von Varietäten, Rassen und Unterarten, dann aber auch durch die Modifikation von Arten und die Entstehung neuer Spezies (Clarke 1975).

Fast alle Stammbaum-Modelle verdeutlichen zweierlei: Erstens, daß die »höheren« Lebewesen später auftreten als die »niederen«. Zweitens, daß also die Evolution insgesamt besser angepaßte, vollkommenere Lebewesen hervorbringt. Huxley (1962, S. 165) meint, daß die Evolution im Ganzen eine »Ausweitung des Phänomens adaptiver Ausstrahlung eines einzelnen Typs in viele Nischen zusammen mit einer effizienteren Nutzung der Umweltressourcen« repräsentiert. Also bedeutet Evolution Fortschritt. Aber, wie vielen

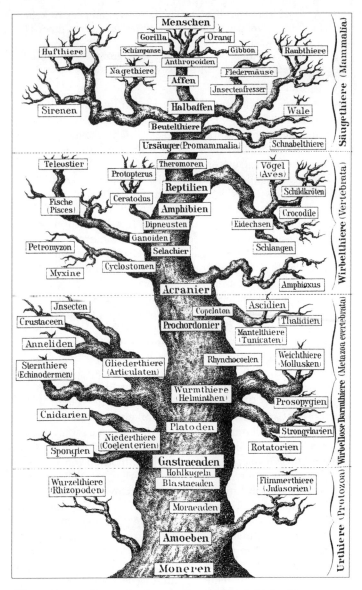

Abb. 15: Stamm-»Baum« der Organismen nach Haeckel (1891 II).

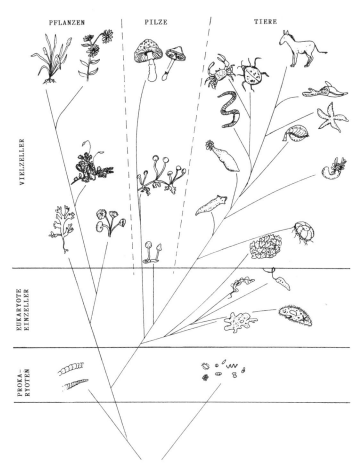

Abb. 16: Diagramm stammesgeschichtlicher Beziehungen (Stammbaum) der Organismen in moderner Sicht (nach Valentine 1978). Es ist zu beachten, daß die Pilze neben dem Pflanzen- und Tierreich ein eigenes Reich bilden. Ebenso eigene Reiche bilden die Prokaryoten (= Einzeller ohne echten Zellkern) und die eukaryoten Einzeller (= Einzeller mit echtem Zellkern).

seiner Verteidiger durchaus bewußt ist, ist eine *uneingeschränkte* Vervollkommnung oder Verbesserung ein seltenes Ereignis in der Stammesgeschichte, zumal diese Prozesse in den einzelnen Stammeslinien ein natürliches Ende finden: entweder durch das Aussterben der betreffenden Arten oder durch das Erreichen einer stabilen Phase (Huxley 1958). Aber selbst unter diesen Umständen ist gewährleistet, daß die Evolution *im Ganzen* als progressiver Vorgang abläuft, denn das Erlöschen oder der Stillstand *einzelner* Stammeslinien brauchen nicht als sehr belangvoll zu gelten.

Wenn man von Gesetzen der Evolution spricht, muß nicht notwendigerweise ein Gesetz des Fortschritts angesprochen werden. Die Konstruktions- und Funktionsbedingungen jedes Lebewesens bzw. alle Baupläne können als limitierende Faktoren gesehen werden, die bestimmte Entwicklungswege erzwingen. Zusammen mit entsprechenden Umweltbedingungen bilden sie, wie bereits angedeutet wurde, einen Rahmen, innerhalb dessen Evolution möglich ist. Erben (1981, 1988) spricht von der Einengung der evolutiven Bandbreite, die immer dann gleichsam mit Notwendigkeit erfolgt, wenn eine Organismengruppe einmal einen bestimmten Entwicklungsweg eingeschlagen hat. Denn ein Zurück gibt es in der Evolution nicht. Ein Säugetier kann nicht mehr den Weg zurückgehen, den es gekommen ist; es kann sich nicht mehr zuerst in ein Reptil, dann in einen Lurch und schließlich in einen Fisch verwandeln. Dies kann tatsächlich als eine »*gesetzmäßige* Unmöglichkeit« gesehen werden. Die Vorgänge der Evolution sind *irreversibel*, das Prinzip der *Irreversibilität* oder Nicht-Umkehrbarkeit der Stammesentwicklung hat offenbar universelle Gültigkeit. Dies aber als Fortschritt zu interpretieren, ist schon sehr gewagt. Doch wenn man an den Fortschritt glaubt... Ja, dann läßt sich jeder einzelne Evolutionsvorgang zumindest als Schritt in Richtung Vervollkommnung bzw. Vollkommenheit deuten.

Was wir besonders im Auge behalten sollten, ist die oben erwähnte Dreigliederung der Stammesentwicklung. Dieses ins 19. Jahrhundert zurückreichende Schema — dem die Entwicklung mancher Klassen und Stämme tatsächlich gut entspricht — wurde auch für die Deutung der Kulturgeschichte herangezogen. Natur- und Kulturgeschichte würden damit den gleichen gesetzesartigen Verlauf zeigen, egal, ob dieser als Fortschritt oder bloß als Richtung gesehen wird. Die Interpretation der Kulturgeschichte fand sehr klare Parallelen zur Deutung der Naturgeschichte, so daß die Erörterungen in diesem Kapitel als Vorgaben für das nächste Kapitel gesehen werden dürfen.

Höherentwicklung und gerichtete Evolution

Im Idealfall kann die Evolution beschrieben werden als cladogenetische Vervollkommnung *und* anagenetische Entwicklung, also Höherentwicklung: In einer Stammesreihe entwickeln sich mehr und mehr Arten, die auch besser und besser an die jeweiligen Umweltbedingungen angepaßt sind, und aus einer oder einigen wenigen dieser Arten gehen neue Arten mit einem neuen, komplexeren Bauplan hervor (Abb. 17). »Jedermann scheint zu wissen, daß Komplexität in der Evolution zunimmt« (McShea 1991). Darwin, Haeckel, Spencer und die meisten anderen »Evolutionisten« des 19. Jahrhunderts wußten das; und viele Evolutionstheoretiker des 20. Jahrhunderts schlossen sich ihnen an.

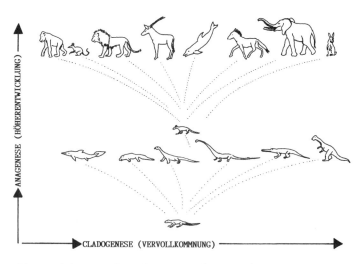

Abb. 17: Cladogenetische und anagenetische Entwicklung in ihren Zusammenhängen am Beispiel der Entwicklung der Reptilien und Säugetiere (nach Kuhn-Schnyder 1977).

Huxley (1942), Rensch (1968, 1972) und Stebbins (1971) ließen eine Zunahme der Komplexität zumindest für eine Reihe von Organen und Organsystemen (vor allem für das Gehirn) gelten. Die Nervensysteme, meinte Rensch (1958), seien ein besonders gutes Beispiel für die Komplexitätszunahme, die zusammen mit drei weiteren Merkmalen die Höherentwicklung insgesamt charakterisiere:

1. Zunahme der Rationalisierung und Zentralisierung von Funktionen.
2. Zunahme der Autonomie und daher der Flexibilität des Verhaltens.
3. Allmähliches Erreichen der Organisationsebene des Menschen als des jüngsten dominierenden Typs.

Wie schon für die Cladogenese, so führte Rensch (1968) auch für die Höherentwicklung eine Reihe von Regeln an, und zwar beispielsweise die folgenden:

1. Stammesreihen, die zur stufenweisen Höherentwicklung führen, beginnen meist mit relativ unspezialisierten Formen (»Generalisten«).
2. In der Evolution herrscht die Tendenz, Strukturen und Funktionen, die für ihre »Träger« besonders vorteilhaft sind, beizubehalten, so daß es allmählich zu einer Anhäufung vorteilhafter Merkmale kommt.
3. Die im Laufe der Evolution zunehmende Komplexität manifestiert sich in der Zunahme der Anzahl der Zellen, die zu einer Arbeitsteilung führt und damit ein rationelleres Funktionieren des Gesamtorganismus ermöglicht.
4. Insbesondere bei den Landwirbeltieren nahm die Leistungsfähigkeit des Gehirns zu, wurden die Lernkapazität, die Assoziations- und Abstraktionsfähigkeit verbessert.

Auch diese Liste ließe sich fortsetzen (Rensch führt über zehn solcher Regeln für die Anagenese an), und auch für diese Regelmäßigkeiten gilt, daß sie nicht im Sinne strenger physikalischer Gesetze zu verstehen sind, sondern Tendenzen zum Ausdruck bringen, die sich allerdings für verschiedene Stammesreihen mehr oder weniger gut belegen lassen.

Eine Zunahme der Komplexität erscheint nicht nur als ein essentielles Merkmal der organischen Evolution, sondern als Eigenschaft der Entwicklung der Materie schlechthin. Diese Entwicklung vollzieht sich offenbar von Atomen (oder noch kleineren

Teilchen) über Moleküle, Makromoleküle und Zellen zu Organismen (Abb. 18) und ist ein Hauptaspekt der *Selbstorganisation des Universums*, die von Jantsch (1979) eindrucksvoll geschildert wurde.[10] Damit gewinnt Evolution eine Richtung.

Dem Phänomen der gerichteten Evolution, auch als *Orthogenese* oder *Orthoevolution* bezeichnet, wird in allen älteren und moderneren Werken zur Evolutionsbiologie und Paläontologie Beachtung geschenkt (vgl. etwa Erben 1988, Futuyma 1990, Rensch 1972, Schindewolf 1950, Simpson 1949, 1953, Wuketits 1989a u.a.). Allerdings wurde dieses Phänomen unterschiedlich gewichtet. Aus der Sicht der Vitalisten (vgl. Seite 39) ist es ein Hinweis auf verborgene Kräfte, lenkende Prinzipien des Organismus und eine der Evolution inhärente Teleologie oder gar Prädestination. Für einen aufgeklärten Denker wie Mayr (1991, S. 57) ist es »etwas überraschend, wie viele Philosophen, Physiker und gelegentlich sogar Biologen immer noch mit dem Konzept einer teleologischen Determinierung der Evolution liebäugeln«. Vielen schien (und scheint) es »gerade so, als ob durch den Lebensgang der jeweils früheren die späteren Typen der Lebewesen einen innerlichen Fundus von biologischer Gestaltungskraft schon mitbekommen hätten« (Dacqué 1936, S. 157). Andere, wie Simpson (1953), mußten zumindest »Trends und Orientierungen« in der Evolution zugeben, auch wenn sie sich von jeder metaphysischen und mystischen Deutung der Stammesentwicklung distanziert hatten.

Eine gerichtete Evolution scheinen verschiedene paläontologisch gut dokumentierte Stammesreihen zu belegen, beispielsweise die Pferde (Abb. 19) und die Elefanten. In beiden Fällen ist vor allem die Zunahme der Körpergröße ein markantes Merkmal. In der Evolution der Pferde fällt zudem eine allmähliche Reduktion der Hufe auf, bei den Elefanten eine Verlängerung des Rüssels.

Nun wurde zwar betont, daß selbst derartig auffallende Stammesreihen aus der Kausalität von Evolutionsvorgängen erklärbar seien, »daß der Anlagekomplex des jeweils ersten Stammesvertreters die spätere Entwicklung weitgehend determiniert ... und eine

---

10 Allerdings kommt Jantsch nicht ohne fernöstliche Mystik aus, die in den USA und in Europa seit den siebziger Jahren stark in Mode ist und von vielen Physikern und einigen Biologen offenbar als Gegengewicht zu ihrer Wissenschaft gebraucht wird. Seltsame Cocktails werden da mitunter angeboten: »Westliche« Rationalität vermengt mit »östlichem« Mystizismus (ein Trend zu sogenannten *soft drinks*).

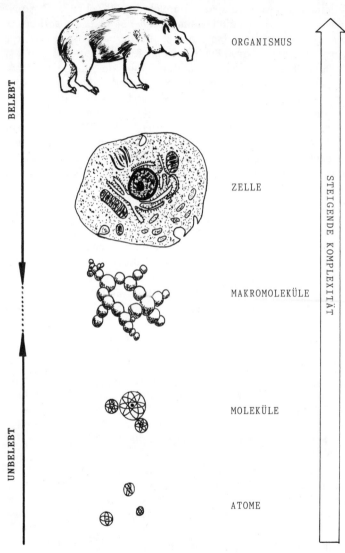

Abb. 18: Diagramm zur Veranschaulichung der Komplexitätszunahme in der Entwicklung vom Unbelebten zum Belebten (nach Grobstein 1974).

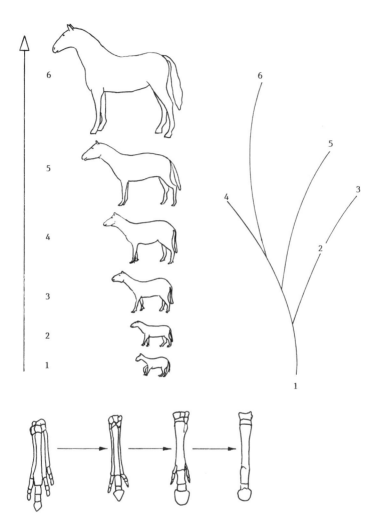

Abb. 19: Pferdereihe, ein beliebtes Beispiel zur Demonstration orthogenetischer Entwicklung. Aus einer etwa fuchsgroßen mehrzehigen Form (1) haben sich in einem Zeitraum von etwa fünfzig Jahrmillionen über verschiedene Stadien (2–5) die heutigen Pferde entwickelt. Unten: Orthogenese des Pferdefußes. Das Schema rechts zeigt aber, daß die Evolution der Pferde keineswegs geradlinig verlaufen ist, die einzelnen Pferdearten also nicht nacheinander in schöner Reihenfolge entstanden sind (kombiniert nach verschiedenen Autoren).

fortschreitende Einengung der Entwicklungspotenzen erfolgt« (Schindewolf 1950, S. 319, im Original kursiv); daß sich eine orthogenetische Entwicklung aus den Systembedingungen der Evolution bestimmter Formen erklären läßt (Remane 1988, Riedl 1975). Dennoch ist die Annahme verlockend, daß die Evolution in solchen Fällen nicht »von unten« determiniert wird, sondern »von oben«; daß die jeweiligen Endergebnisse schon in den Anfangsformen angelegt sind – daß also die Hengste der Spanischen Hofreitschule in Wien bereits vor sechzig Jahrmillionen vorgesehen waren und die ganze weitere Entwicklung der Pferde nur dazu diente, das Auftreten dieser prächtigen Tiere zu ermöglichen. (Sollten wir tatsächlich in der besten aller möglichen Welten leben, dann wäre ja auch keine andere Erklärung zulässig. Und was wäre Wien ohne die Spanische Hofreitschule! Eins fügt sich ins andere...)

Während die Fossilien im 19. Jahrhundert von vornherein als Indikatoren für evolutiven Fortschritt genommen wurden, ist es aus kritischer Sicht moderner Paläontologen gar nicht so einfach, eindeutige Kriterien für Fortschritt in einzelnen Fossilreihen zu finden (vgl. Raup 1988). Auch wird kaum ein Paläontologe heute ernsthaft die Ansicht vertreten, daß irgendeine der rezenten Organismenarten in der Fossildokumentation *vorweggenommen* worden und schon in ihren ältesten Vorfahren angelegt gewesen sei. Wenn man allerdings, wie Teilhard de Chardin (1974), an ein Endziel der Evolution glaubt, dann sieht die Sache natürlich ganz anders aus. Und immerhin definiert auch ein Genetiker wie Bresch (1977, S. 269) Evolution als »ein unaufhörlich beschleunigtes Wachstum von Mustern«. Evolution, so meint er, habe »eine erkennbare, stets gleichbleibende Richtung: Sie läuft zu immer weiter vernetzten und komplexeren Zuständen der Materie dieser Welt«. Bresch (1977, S. 285) stellt ebenso kategorisch fest:

> Evolution ist klar zielgerichtet und sehr wahrscheinlich *durchgehend* zwangsläufig. Selektion — das Sieb, durch das alle Zufälle laufen — erzwingt eine Richtung. Es gibt daher andere Planeten, auf denen sich zunächst biologische und später intellektuelle Systeme entwickeln.

Man lese aber, als »Gegengewicht«, das Buch von Erben (1984), das zur Ernüchterung einlädt.

Nun wäre in Anbetracht verschiedener stammesgeschichtlich gut dokumentierter Entwicklungslinien die Annahme einer Richtung in der Evolution durchaus angebracht oder jedenfalls nicht abwegig. Aber bedeutet *Richtung* auch schon *Fortschritt?* Nicht wirklich, wie an dieser Stelle betont werden muß. Doch selbst mit der Richtung müssen wir vorsichtig sein. Wir rekonstruieren *heute,* also mit der Kenntnis der Ergebnisse, frühere Entwicklungen. Daher gewinnen wir leicht den Eindruck, daß die Entwicklung der Reptilien *notwendigerweise* zu den Säugetieren führte, die Entwicklung der Primaten *zwangsläufig* zum Menschen. Aus der Sicht der Dinosaurier würde die Evolution schon etwas anders aussehen, und ebenso aus der Sicht der frühen Primaten. (Das Dumme ist nur, daß weder die Saurier noch die alten Primaten eine »Sicht von Evolution« hatten.) Für uns Menschen scheint es indes, wie Simpson (1949) bemerkt, unmöglich zu sein, über Geschichte nachzudenken, ohne sogleich an Fortschritt erinnert zu werden. Daher ist es auch so schwierig, sich von einer alten Illusion zu befreien.

Anpassung und Evolution in kleinen Schritten

Die erste Evolutionstheorie, die Theorie Lamarcks, gab genug Anlaß, diese Illusion zu pflegen. Die Theorie besagt, daß sich Evolution als ein Anpassungsvorgang abspielt, ein Prozeß, der allmählich dazu führt, daß einzelne Organismenarten sich besser und besser an ihre Umwelt anpassen und sich dadurch kontinuierlich verändern (will heißen: verbessern). In vielen Büchern und Aufsätzen findet sich als Beispiel dazu die Giraffe, deren Hals im Laufe der Evolution länger und länger geworden sein soll, um sich der Höhe der Bäume anzupassen, von deren Blättern die Giraffen leben. Ganz so einfach hat sich der alte Lamarck zwar die Evolution nicht vorgestellt, aber die allmähliche Verlängerung des Giraffenhalses ist das Beispiel, an dem seine Lehre heutzutage am häufigsten verdeutlicht wird. Kaum ein Beispiel eignet sich besser zur Veranschaulichung einer gerichteten Evolution, zur Veranschaulichung von evolutivem Fortschritt, zur Veranschaulichung des angenommenen Strebens der Lebewesen nach Vollkommenheit.

Die zweite Evolutionstheorie, die Theorie Darwins, steht der Lehre Lamarcks jedoch in nichts nach, auch wenn eingefleischte »Darwinianer« Lamarck gerne als spekulativen Denker erledigen und Darwins Theorie als viel besser fundiert ansehen. Tatsache ist, daß Darwin ebenso mit Anpassung gerechnet hat und von einer langsamen, kontinuierlichen Evolution überzeugt war. Er schrieb:

> Da natürliche Zuchtwahl nur durch Häufung kleiner aufeinanderfolgender günstiger Abänderungen wirkt, so kann sie keine grossen und plötzlichen Umgestaltungen bewirken; sie kann nur mit sehr langsamen und kurzen Schritten vorgehen. Daher denn auch der Canon »Natura non facit saltum«, welcher sich mit jeder neuen Erweiterung unserer Kenntnisse mehr bestätigt, aus dieser Theorie einfach begreiflich wird (Darwin 1859/1988, S. 545).

Diese als *Gradualismus* bezeichnete Vorstellung vom Ablauf der Evolution ist auch eine naturphilosophische Prämisse späterer Evolutionstheorien, vor allem der Synthetischen Theorie. Im Rahmen dieser Theorie rechnet man damit, daß die bei der Artbildung (*Mikroevolution*) analysierten Mechanismen (primär: genetische Rekombination, Mutation, Selektion) ebenso für die Entstehung und Entwicklung neuer Typen und Baupläne, also auch für das Auftreten der »höheren Kategorien« einschließlich der Klassen und Stämme (*Makroevolution*) volle Gültigkeit haben und als Erklärung ausreichen (vgl. z. B. Heberer 1943, 1980, Mayr 1991, Rensch 1972). Das also würde bedeuten, daß sich die Entstehung neuer Typen in kleinen Schritten vollzieht, als Resultat vieler kleiner Änderungen (*additive Typogenese*). Demnach kann der erste Vogel nicht aus einem Reptilienei geschlüpft sein, sondern der Übergang von Reptilien zu Vögeln wäre als ein fließender zu denken.

Selbst der Schritt von Wasser- zu Landbewohnern — ein einschneidendes Ereignis in der Evolution — ist aus der Sicht der Vertreter des Gradualismus durchaus kein »Typensprung«, sondern ein langsamer (Anpassungs-)Vorgang (der in Abb. 20 mit fehlendem Ernst dargestellt wird). Das Problem der Anpassung hat freilich die Gemüter erhitzt und gerade in neuerer Zeit (wieder) viele Debatten ausgelöst. Für die meisten Evolutionstheorien seit Lamarck gilt aber Anpassung (Adaptation) als das notwendige Ergebnis von Evolutionsprozessen. Organismen, so eine weit verbreitete Meinung, haben sich auf Gedeih und Verderb an ihre vorgegebene Umwelt anzupassen, je besser sie angepaßt sind, um so größer sind ihre Überlebenschancen. Anders gesagt: Nur die am besten angepaßten Varianten haben auch gute Überlebenschancen und Reproduktionsmöglichkeiten, alle anderen werden sich früher als später verlieren. Lamarck (1809/1990 I, S. 204) betonte,

Abb. 20: Vom Wasser ans Land. Karikaturistischer Versuch einer Darstellung des Anpassungsparadigmas.

> daß ... die Gewohnheiten, die Lebensweise und alle anderen einwirkenden Verhältnisse mit der Zeit die Gestalt des Körpers und der Teile der Tiere herbeigeführt haben. Zugleich mit der neuen Gestalt wurden neue Fähigkeiten erworben, und allmählich gelangte die Natur dazu, die Tiere so zu bilden, wie wir sie gegenwärtig vor uns sehen.

Allmähliche, graduelle Veränderung und Anpassung — diese beiden Komponenten, die also dem Evolutionsgeschehen zugrunde gelegt wurden und werden, vertragen sich gut mit dem Konzept der Höherentwicklung und der Vorstellung von der Vervollkommnung der Organismen. Die Annahme, daß auch die Entstehung neuer Baupläne ein langsamer Prozeß war, bei dem die Anpassung ebenso eine wichtige Rolle gespielt hat, führt zu dem Bild einer linearen, geradlinigen (gerichteten) Evolution von einfachen zu komplexen Lebewesen (vgl. Abb. 21). Dieses Bild verzerrt die tatsächlichen Evolutionsabläufe, aber es ist so schön, daß es gerne als wahr genommen wird.

Kaum ein Evolutionstheoretiker war je so kurzsichtig zu glauben, daß Lebewesen sich einseitig an eine vorgegebene, starre Umwelt anpassen. Denn erstens ändert sich die Umwelt der Lebewesen permanent, und zweitens ändert sie sich *unter dem Einfluß der Lebewesen.* Das will heißen, daß zwischen den Organismen und ihren Umwelten eine *wechselseitige* Beziehung besteht. Organismen sind keine passiven Objekte, die von der Umwelt geformt und, falls sie das nicht zulassen, einfach von dieser ausgemerzt werden. Sie selbst bestimmen ihre eigene Entwicklung mit. Dieser Umstand, auf den wir noch in Teil II zurückkommen werden, wird häufig übersehen. Evolutionstheoretiker, Verhaltensforscher, Anatomen und Vertreter anderer biologischer Dis-

Abb. 21: Diagramm der Auffassung, wonach die Evolution — mit dem Menschen als Endziel — ein geradliniger, gerichteter Prozeß sei. Die verschiedenen Organismengruppen wären demnach nur Durchgangsstadien zu diesem Ziel.

ziplinen sind bestrebt, die *Anpassungsvorteile* verschiedener Strukturen, Organe, Funktionen und Verhaltensweisen der Organismen zu erklären und können dabei große Erfolge verbuchen. So aber entstand der Eindruck, daß alle Organe, Verhaltensweisen usw. *ausschließlich* durch Anpassung zu erklären sind. Gould und Lewontin (1979) haben diesen überzogenen *Adaptationismus* mit Recht mit dem Glauben des Dr. Pangloß verglichen, der, davon überzeugt, daß dies die beste aller möglichen Welten sei, wohl auch jedes Merkmal irgendeines Organismus als zweckmäßig für — und angepaßt an — diese Welt interpretieren würde.

Wie stark die Vorstellung von Anpassung als Fortschritt im Denken vieler Menschen verankert ist, hört man allerdings überall aus Gesprächen über Alltäglichkeiten, und man sieht das in dem Umstand, daß tatsächlich überall »Anpasser« gefragt sind. Ein Kind, das sich in der Schule angepaßt hat, wird gelobt, und man sagt, daß es Fortschritte gemacht habe — ebenso wie der Arbeiter, der sich in einem Betrieb angepaßt hat, und der Betrieb selbst, der sich der neuen Marktlage anpaßt. Alle passen sich also an, wenn sie Fortschritte machen wollen; woran sie sich aber anpassen, ist schon nicht mehr so klar.

Ich meine, daß der Anpassungsgedanke in der biologischen Evolutionslehre zwar nicht nur, aber auch aus dem Grunde so viel Anklang gefunden hat, weil ihn unsere sozialen Systeme stets gefördert haben; weil unsere Zivilisation zwar nicht langfristig, aber doch kurzfristig diejenigen belohnt, die mit den Wölfen heulen, also jede Torheit mitmachen und den Verlust ihrer eigenen Identität nicht bemerken (so sie jemals die Chance bekamen, eine Identität zu formen). Daher wird die gesamte Evolution des Lebenden häufig mit einem Marionettentheater verwechselt. Aber wer zieht die Fäden? Die Gefahr ist gegeben, daß sich der Weltarchitekt in unserem Denken wieder einnistet, daß der Gedanke, alles habe einen übergeordneten Zweck, sogar im Rahmen der Evolutionslehre seinen Platz findet.

Der Weg zum Menschen

Keine andere Evolutionslinie erweckt so starke Assoziationen mit Fortschritt wie unsere eigene. Höherentwicklung, gerichtete Evolution, Vervollkommnung, Zunahme der Komplexität, Sinn und Zweck – alles, was jemals als Aspekt des Fortschritts unser Denken beflügelt hat, findet lebhaftesten Ausdruck in jenem vereinfachten Bild der Hominidenevolution, das mittlerweile sicher in Tausende Bücher und Aufsätze wissenschaftlichen oder populärwissenschaftlichen Charakters Eingang gefunden (Abb. 22) und unzählige Male als Vorlage für Karikaturen gedient (Abb. 23) hat und für Werbezwecke gebraucht und mißbraucht worden ist. Das Bild suggeriert die Zwangsläufigkeit des Auftretens des *Homo sapiens* und ist, wie Gould (1989a) treffend bemerkt, die Ikonographie einer Erwartung.[11] Die früheren Evolutionsstufen müssen, so die Vermutung, das Erscheinen unserer Spezies vorweggenommen haben, ein paar Affen müssen vor etlichen Jahrmillionen von den Bäumen herabgestiegen sein, um endlich den Weg zu ebnen für die vermeintlich langersehnte Krone der Schöpfung.

---

11 Ich muß zugeben, daß ich gegen das Bild auf der Umschlagseite der Taschenbuchausgabe meines Buches *Grundriß der Evolutionstheorie* (Wuketits 1989a) auch nicht protestiert habe: Es zeigt die progressive Entwicklung, Vergrößerung des Gehirns in der Hominidenreihe.

Abb. 22: Beliebtes Schema der Evolution zum *Homo sapiens* (»Hominiden-Reihe«), welches eine progressive Entwicklung nahelegt.

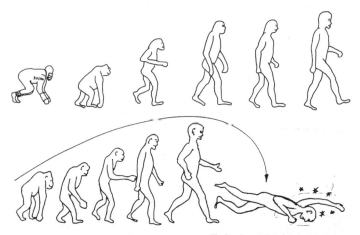

Herkunft und Zukunft des Menschen

Abb. 23: Zwei Möglichkeiten, die progressive Evolution der Hominiden karikaturistisch zu deuten (*23 a* nach Gould 1989, *23 b* nach meiner eigenen Vorstellung).

Überhaupt sehen wir es gern, wenn wir Hinweise darauf finden, daß wir letztlich doch der Mittelpunkt dieser Welt sind, daß die gesamte Evolution — sei es nun bloß durch die natürliche Auslese oder den Eingriff Gottes — auf uns zustrebe, daß unsere Spezies schon im Keim des Lebens angelegt war. Oft bedarf es solcher Hinweise gar nicht, oft genügt die Überzeugung, daß es ja gar nicht anders sein kann.

Wilhelm Bölsche (1861–1939) war ein überaus eifriger Autor guter populärwissenschaftlicher Literatur und vor allem ein unermüdlicher Aufklärer in Sachen Evolution. Manche seiner Werke finden sich heute in jedem gut sortierten Antiquariat. Rar geworden ist sein sehr umfangreiches und hervorragend illustriertes zweibändiges Werk *Entwicklungsgeschichte der Natur* (1894), das einen vortrefflichen Einblick in den damaligen Wissensstand der Geologie, Paläontologie und Evolutionslehre gibt, aber auch die alte Sehnsucht des Menschen ausdrückt, wenn schon nicht Mittelpunkt des Universums, so doch Gipfelpunkt der Evolution des Lebens auf der Erde zu sein:

> In der ungeheuren Kette, die alles Gewordene zusammenhält, greift der fernste Fixstern ein in unser eigenstes Sein. In den immer erneuten Möglichkeiten der Entwicklung schlummert in jedem alles: in der blauen Lotosblüte schläft schon der Mensch. Und im Menschen, — das ist das letzte der großen Bilder, die auf der Wahrheitssuche vage aufsteigen wie schimmernde Weltennebel der Zukunft, im Menschen schlummert zweifellos der Keim übermenschlicher Entfaltung, deren Ahnen uns gegeben ist, deren Erfüllung aber erst weit entfernte Tage genießen werden (Bölsche 1894 II, S. 794).

Also: Alles hängt mit allem zusammen, insbesondere weist die Entwicklung des Lebens auf den Menschen, der sich im Zentrum fühlen darf und noch ungeahnte Höhenflüge vor sich hat.

Viele Buchtitel suggerieren, daß die Evolution des Lebendigen insgesamt ein Weg *zum* Menschen war.[12] Die Autoren solcher Bücher sind sich oft gar nicht der Suggestivkraft des Titels bewußt und geben oft ungewollt dem Fortschrittsgedanken seinen Platz, genau gesagt der Idee, daß der heutige Mensch das *notwendige* Resultat der langen (Evolutions-)Kette des Lebens auf der Erde sei. Damit werden nur in uns tief verwurzelte Hoffnungen und Erwartungen bestätigt, und mancher fühlt sich abermals darin bestärkt, daß er am Zielpunkt der Evolution steht.

Krampfhaft hat man daher versucht, die Verwandtschaft des Menschen mit den Menschenaffen zu leugnen, unabhängig davon,

---

[12] Nur zwei Beispiele seien hier angeführt: *Die Entwicklung* zum *Menschen* (Dobzhansky 1958) und *Der Weg* zum *Menschen* (Laskowski 1968). Viele weitere Beispiele ließen sich anführen. Dabei war zumindest der Genetiker Dobzhansky keineswegs ein blinder Befürworter des Fortschrittsgedankens.

daß diese Verwandtschaft schon durch die frappierende Ähnlichkeit zwischen uns und jenen Geschöpfen sich förmlich aufdrängt. Der schwedische Naturforscher Carl von Linné (1707–1778), der Altvater biologischer Systematik und Klassifikation, sah indes — obwohl er sich zum Evolutionsgedanken noch nicht wirklich bekennen konnte — den Menschen als eine Spezies der Primaten und stellte ihn korrekt neben den Orang-Utan und den Schimpansen. Freilich hatte Linné, wie Abb. 25 zeigt, eine seltsame Vorstellung von den Menschenaffen, dem »Orang Outang von Java« und dem »Chimpanzer von Africa«. Diese aber, so meinte er,

> erscheinen uns in so hohem Grade ähnlich, daß man kaum ein natürliches Unterscheidungsmerkmal zwischen dem Menschen und seinem Nachahmer, dem Affen nämlich, aufzeigen kann. Denn sie sind so sehr mit dem Menschen und den Affenarten verwandt (zit. nach Zimmermann 1953, S. 205).

Abb. 24: Carl von Linné (1707–1778), schwedischer Naturforscher und Pionier der biologischen Systematik.

Abb. 25: Carl von Linnés Vorstellung von den Menschenaffen (»Orang Outang von Java« und »Chimpanzer von Africa«).

Bemerkenswerterweise sind hier die Menschenaffen unsere »Nachahmer« — was auch heute noch dem (gesunden?) Volksempfinden entspricht und so dazu beiträgt, die »Affenabstammung« des Menschen anzuzweifeln. Manche Zoobesucher mögen den Eindruck gewinnen, in den Käfigen der Menschenaffen seien ihre eigenen Karikaturen zur Schau gestellt (wie das wohl umgekehrt aus der Sicht der Affen aussieht?).

Im übrigen war Linnés Naturbild teleologisch orientiert. Seiner Auffassung nach würde die Kenntnis der Lebewesen dazu beitragen, die Größe der göttlichen Schöpfung zu erfassen. Auch wiederholte er immer wieder den uns schon bekannten Ausspruch, daß die Natur keine Sprünge mache.[13] Seine Auffassungen über die Stellung des Menschen in der Natur waren allerdings

---

13 Details zum Weltbild Linnés finden sich z. B. bei Querner (1980) und Zimmermann (1953).

moderner als so manche der späteren diesbezüglichen Vorstellungen. Linné sah zwar einen großen moralischen Unterschied zwischen dem Menschen und den Tieren, betonte aber immerhin die geringen körperlichen Unterschiede zwischen *Homo sapiens* und seinen Vettern, den Affen.

Viele Biologen des 20. Jahrhunderts, für die die Abstammung des Menschen von affenartigen Wesen längst kein Problem mehr ist, kommen nicht umhin, das Auftreten des Menschen als evolutiven Fortschritt zu deuten, oder doch zumindest als den bisher größten Wurf der Evolution. »Der biologische Vorrang des Menschen«, meint Dobzhansky (1958, S. 385), »ist einzigartig und unerreicht; keine andere Art ist in der Lage, ihm diesen strittig zu machen.« Alle anderen Organismenarten würden in Zukunft ihre Existenz allein »der Duldung durch den Menschen verdanken«. Und Huxley (1953, S. 149) gibt zu verstehen, der Mensch könne sich nun »als das einzige Agens weiterer evolutiver Verbesserung auf diesem Planeten sehen«, ja sogar als »eines der wenigen Instrumente des Fortschritts im Universum überhaupt«. Des weiteren lesen wir bei Rensch (1970, S. 36), es gehöre zu den Merkmalen der durch kausale und logische Gesetzlichkeit bestimmten Evolution, daß sie derzeit auf der Erde »in der Herausbildung des sich selbst erkennenden und über alle diese Zusammenhänge reflektierenden Menschen gipfelt«.

Alle diese Denker — und viele weitere ließen sich hier anführen — sind, wohlgemerkt, fest in der Tradition Darwins verankert und haben (im Rahmen der Synthetischen Theorie) die Evolution des Menschen als einen Prozeß gesehen, der durch die auch für die Stammesentwicklung aller anderen Lebewesen analysierten Faktoren (genetische Rekombination, Mutation, Selektion) erklärbar sei. Dennoch ist eine Verbeugung vor der Erhabenheit des Menschen unverkennbar. Wird auch hundertmal beteuert, *Homo sapiens* habe sich nach denselben Prinzipien wie alle anderen Arten entwickelt und sei eine biologische Spezies, die der Ordnung der Primaten angehört, so ist es vielen andererseits doch ein Anliegen, die Sonderstellung dieser Spezies (Hofer und Altner 1972) hervorzuheben. Einige Biologen formierten sogar noch in neuerer Zeit eine (kleine) Front gegen zu »materialistische« Auffassungen der Evolution des Menschen. Zu ihnen gehört Illies (1979, S. 94 f):

Es hat diese *Aszendenz*, die sich Deszendenzlehre nennt, wirklich gegeben! Der Logos *ist* Fleisch geworden, die Materie belebte sich und entwickelte sich hinauf, immer weiter... Die Höherentwicklung führte sie in den Raum des zunehmend Unwahrscheinlicheren, des immer Vergänglicheren, immer Kostbareren, in die Selbstdarstellung einer immer weiter wachsenden Innerlichkeit (Seele), die schließlich das Ziel erreichte, das von Anfang an angestrebt war: den *Menschen*.

So weit kommt man nur, wenn man nicht bloß an Gott glaubt und die Bibel wörtlich nimmt, sondern auch die Evolutionslehre — der sich ein Biologe des 20. Jahrhunderts nun wirklich schwer entziehen kann — um jeden Preis theistisch interpretieren will.

Aber die Idee vom *Aufstieg*, von der Aszendenz des Menschen hat Biologen, Anthropologen und Philosophen auch dann fasziniert, wenn nicht ausdrücklich Gott ins Spiel gebracht wurde. Eine dreizehnteilige BBC-Dokumentation über die Entwicklungsgeschichte des Menschen Anfang der siebziger Jahre trug den Titel *The Ascent of Man*, also *Der Aufstieg des Menschen* (Bronowski 1973).[14] Natürlich sind in der Evolution der Hominiden einige stammesgeschichtliche Trends unverkennbar. Besonders markant ist die Gehirnvergrößerung (*Cerebralisation*). Aber nur allzu bereitwillig lassen sich viele von uns zu dem Glauben hinreißen, daß unsere Stammesgeschichte ein linearer, gerichteter Prozeß gewesen sei, an dessen Ende notwendigerweise *wir* stehen, wir, die wir nun das Privileg genießen, über all das nachzudenken (und unsere Erwartungen und Wünsche in die Evolution zurückzuprojizieren). Eine genauere Betrachtung der Fossilgeschichte des Menschen macht deutlich, daß auch diese Evolutionslinie keineswegs geradlinig verlaufen ist, daß vielmehr einzelne Arten nebeneinander gelebt (vielleicht auch einander bekämpft) haben und die Fackel, die den Weg nach oben beleuchten soll, nicht einfach von der einen zur anderen Art weitergereicht wurde.[15] Aber alte Vorurteile sind schwer auszurotten.

Vorurteile sind auch für den Glauben verantwortlich, daß nicht alle Angehörigen unserer Spezies auf dem Weg zur Vollkommenheit bereits das gleiche Niveau erreicht haben wie wir.

---

14 Ein Buch gleichen Titels, allerdings mit »spirituellem Hintergrund«, wurde schon vor einhundert Jahren veröffentlicht (Drummond 1897).
15 Eine knappe, populärwissenschaftliche Übersicht dazu gab jüngst z. B. Bräuer (1994).

Noch heute spricht man oft pauschal von *Naturvölkern*, denen man geringere Fähigkeiten unterstellt und die man gerne einer niedrigeren Stufe der Hominidenevolution zuordnet. Bezeichnend dazu ist die folgende Passage bei Darwin (1871/1966, S. 273):

> Mein Erstaunen beim ersten Anblick einer Herde Feuerländer an einer wilden und zerklüfteten Küste werde ich nie vergessen; denn ganz plötzlich fuhr es mir durch den Kopf: so waren unsere Vorfahren. Diese Menschen waren absolut nackt und mit Farbe beschmiert, ihre langen Haare waren durcheinander gewirrt, ihr Mund schäumte vor Erregung, und ihr Ausdruck war wild, erschreckt und mißtrauisch.

Darwin sprach und schrieb die Sprache seiner Zeit. Aus der Sicht eines Gentleman des 19. Jahrhundert waren die Feuerländer und alle anderen »Naturvölker« eben keine vollentwickelten Menschen. Die eigene Verwandtschaft mit den Affen war im Zeitalter der aufblühenden Naturwissenschaften für manche eine geringere Beleidigung, als es eine auch nur angedeutete Gleichsetzung mit den »Wilden« gewesen wäre. So meinte Darwin (an gleicher Stelle wie oben): »Wer einen Wilden in seiner Heimat gesehen hat, wird sich nicht mehr schämen, anzuerkennen, daß in seinen Adern das Blut noch niedrigerer Kreaturen fließt.«

Der Fortschritt in der Evolution des Menschen scheint also ein einseitiger zu sein. So wie der Fortschrittsgedanke im allgemeinen impliziert, daß es niedrige und höhere Lebewesen gibt, so schließt er auch die Annahme in sich, daß nicht alle Völker das gleiche Entwicklungsniveau erreicht haben und mithin unter den anderen, hochentwickelten Völkern stehen. Aber diese Idee wird uns im nächsten Kapitel noch ausführlicher beschäftigen. Hier sind zuvor noch einige allgemeine naturphilosophische Konsequenzen des Fortschrittsgedankens in der Evolutionslehre von Interesse.

Teleologie durch die Hintertür

Die Erkenntnis der Evolution, so wird oft behauptet, habe die Annahme einer universellen Zweckmäßigkeit oder Teleologie überflüssig gemacht. Um keine Mißverständnisse aufkommen zu lassen, hat man den Begriff der Teleologie schon vor Jahrzehnten aus der Biologie verbannt und durch den Ausdruck *Teleonomie* ersetzt (vgl. z. B. Hassenstein 1980, Mayr 1979, 1984, 1991, Osche 1975, Wuketits 1980, 1982, 1985). Damit wird angezeigt, daß Organismen zwar nach einem Plan funktionieren, dieser jedoch aus ihren genetischen Programmen hergeleitet werden kann. Ein genetisches Programm aber ist mechanistisch zu erklären: als Resultat der Evolution durch natürliche Auslese. Diese verfolgt keinerlei Absichten oder Ziele, daher wäre der Glaube an eine universelle Teleologie nicht nur unnötig, sondern auch falsch.

Die Sprache des Biologen erlaubt natürlich die Frage »Wozu?« und die Antwort »um zu«, aber diese Redeweisen müssen kein Bekenntnis zur Teleologie ausdrücken. »Wozu bellt ein Hund?« Diese Frage wäre je nach konkretem Anlaß etwa so zu beantworten: »Um einen Dieb in die Flucht zu schlagen.« Die Erklärung eines solchen Verhaltens bedarf des Rückgriffs auf eine höhere Zweckmäßigkeit nicht. Sie lautet: Die Selektion hat Hunden die Fähigkeit zu bellen angezüchtet, weil sie entscheidende Vorteile mit sich bringt, und zwar für die Kommunikation. Das Vertreiben von Gelddieben war in der Evolution der Hundeartigen nicht vorgesehen, das ursprünglich anderen Zwecken dienende Bellen kann aber sekundär auch dazu verwendet werden, Subjekte, die mit fragwürdigen Motiven das Territorium eines Haushundes betreten, in die Flucht zu schlagen. Für jede Verhaltensweise nicht nur der Hunde, sondern auch aller anderen Tiere findet sich also eine kausale Erklärung; vorausgesetzt, man akzeptiert den Mechanismus der Selektion.

Wenn jedoch die Evolution nicht teleologisch verläuft, bleibt die Frage, wie dann der Fortschrittsgedanke mit ihr zusammenpaßt. Können denn so erstaunliche Phänomene wie Höherentwicklung und Vervollkommnung tatsächlich rein mechanisch erklärt werden? Ist nicht auch der Prozeß der Anpassung, der in verschiedenen Evolutionstheorien eine so wichtige Rolle spielt, letztlich ein teleologischer Akt? Und wenn die Selektion, wie Darwin meinte, zum Wohl der Lebewesen wirkt (vgl. Seite 79) — wäre da nicht wiederum eine Teleologie im Spiel, eine Absicht, ein höheres Ordnungsprinzip?[16]

---

16 Darwin, der die Biologie von der Teleologie befreien wollte, konnte sich, wie eine neuere Studie (Lennox 1993) zeigt, offenbar selbst nicht ganz davon befreien.

Ich denke, daß jede Evolutionstheorie, die mit Fortschritt operiert, die Ideen von der Höherentwicklung und Vervollkommnung zuläßt, die Teleologie nicht wirklich verabschieden kann. Zumindest kommt, nach einem kurzen Abschied, die Teleologie durch die Hintertür wieder herein. Der Grund dafür ist, daß viele — wenn nicht die meisten — Evolutionstheoretiker scheinbar Angst vor den letzten Konsequenzen ihrer Gedanken haben. Wenn man Fortschritt in der Evolution bloß mit den Bedingungen des Überlebens in Zusammenhang bringt (Thoday 1975), dann hat man die Fortschrittsidee entzaubert, und es bedarf keiner Teleologie. Wenn man aber Fortschritt — wiederum — als Höherentwicklung und Vervollkommnung begreift, dann sieht man sich gezwungen, zumindest im Geheimen an Absichten zu denken, der Teleologie diskreten Zutritt in die eigene Gedankenwelt zu gewähren. Ein altes, von Mayr (1979, S. 210) zitiertes Bonmot bringt das Ganze auf den Punkt: Die Teleologie ist die Mätresse des Biologen, »er kann nicht ohne sie leben, aber er will auch nicht mit ihr in der Öffentlichkeit gesehen werden«. Aber auch Darwins auf Seite 67 erwähnter Ausspruch paßt hier. Einen Mord zu gestehen, kann Erleichterung bringen. Ungeschehen machen kann man ihn nicht, aber tätige Reue hilft über die eigenen Seelenqualen hinweg.

Nur wenige Biologen haben daher aus der Evolutionslehre alle Konsequenzen gezogen und das durch und durch materialistische Weltbild, auf dem diese Lehre beruht und welches andererseits die unabdingbare Folge eines strikt verstandenen Evolutionsgedankens ist, so deutlich umrissen wie beispielsweise Monod (1971). Oder hundert Jahre vorher Büchner (1872), der den Zweckgesichtspunkt bzw. den Begriff der Zweckmäßigkeit aus der Naturwissenschaft eliminiert wissen wollte und um eine konsequente materialistische Weltsicht bemüht war. Sympathischer ist vielen nach wie vor ein Denken, das dem Menschen im Universum, auf der Erde, in der Evolution einen besonderen Platz zuweist, Ordnung, Harmonie und Sinn erkennen läßt und die Hoffnung nährt, daß in Zukunft alles noch vollkommener werden wird.

Die moderne Biologie konnte das teleologische Denken nicht eliminieren. Dazu ist es im Menschen zu tief verwurzelt. Und allerlei Ideologien haben dieses Denken noch verstärkt, dem Leichtgläubigen Lebenssinn versprochen, den »neuen Menschen« in Aussicht gestellt und zu allerlei weiteren dubiosen Hoffnungen Anlaß gegeben.

Ungeachtet der Erkenntnisse moderner Naturwissenschaften, insbesondere der Biologie, halten auch Philosophen an der Teleologie fest oder sind bestrebt, ihr zu einer Renaissance zu verhelfen. Sie behaupten: »Zweck ... ist das Ganze, das die Mittel selbst umgreift und integriert« (Spaemann und Löw 1981, S. 297). Aber auch viele Biologen, unter ihnen einige Baumeister der Synthetischen Theorie, die alle Vitalkräfte aus dem Denkgehäuse ihrer Wissenschaft entlassen hatten, haben doch immer wieder eine kleine Tür oder zumindest einen Spalt in diesem Gehäuse für die Teleologie offengehalten, was schon eine spezifische Sprache verrät. So etwa sprach Rensch (1968) von *Entharmonie*, um die zweckentsprechende Beziehung von Strukturen und Funktionen in einem Organismus zu kennzeichnen, und charakterisierte mit dem Begriff der *Epharmonie* die zweckmäßige Einfügung der Organismen in ihren jeweiligen Lebensraum.

Zudem mußte der Glaube an den Fortschritt in der Evolution, an Richtung und Vervollkommnung zwangsweise dazu führen, daß der Teleologie ein fester, wenn auch oft strittiger Platz in unserem Weltbild geblieben ist. Und es ist ja durchaus verständlich, wenn ein Mensch seinem geistigen Auge in den Harmonien der Natur etwas Ruhe gönnen will und sein physiologisches Auge auf scheinbar zweckvolle Strukturen der Natur richtet, um sich hernach in Sicherheit und Geborgenheit zu wähnen. Alexander von Humboldt (1769–1859) schrieb so schön in seinen *Ansichten der Natur* (1849, S. 19):

> Darum versenkt, wer im ungeschlichteten Zwist der Völker nach geistiger Ruhe strebt, gern den Blick in das stille Leben der Pflanzen und in der heiligen Naturkraft inneres Wirken, oder, hingegeben dem angestammten Triebe, der seit Jahrtausenden der Menschen Brust durchglüht, blickt er ahnungsvoll aufwärts zu den hohen Gestirnen, welche in ungestörtem Einklang die alte, ewige Bahn vollenden.

Die »heilige Naturkraft«, den »Einklang der Gestirne«, die Vorstellung von einer harmonisch geordneten Welt läßt sich der Mensch eben ungern nehmen. Und wo ihm seine eigenen Narreteien das Gefühl von Hoffnungslosigkeit, Ungerechtigkeit und Sinnlosigkeit bescheren, wo der »ungeschlichtete Zwist der Völker« Grausamkeiten und Zerstörung mit sich bringt, wo Krankheit und Tod den Ton angeben — überall dort mag der Gedanke daran, daß in dieser Welt letztlich alles seine Ordnung haben und das Gute siegen werde, sehr hilfreich sein.

Die moralische Komponente der Fortschrittsidee, die ich auf Seite 75 erwähnt habe, kommt auch im teleologischen Denken zum Tragen. Dies bleibt dann, wenn auch sonst die Evolutionslehre der Teleologie keinen Platz mehr bieten sollte, ein letzter triftiger Grund, jenes Denken weiter zu pflegen. Moralisch richtiges Handeln, so meint man, wäre in einem sinnlosen Universum, einer Welt ohne letzten Zweck nicht zu begründen. Meines Erachtens ist diese (ethische) Prämisse falsch – und gefährlich (vgl. Wuketits 1993 a). Aber lassen wir sie an dieser Stelle einmal ohne weitere Bemerkungen stehen. Wir kommen noch darauf zurück.

3 Fortschrittsglaube und Kulturgeschichte

Generationswechsel der Seele: Vom »Wilden« zum »Kulturmenschen«

Wenn es ein universelles Prinzip des Fortschritts gibt, dann muß sich dieses auch in der Kulturgeschichte des Menschen manifestieren. Tatsächlich spielte und spielt für das Studium der Kulturgeschichte die Idee des Fortschritts eine wesentliche Rolle. Wir begegnen dabei im wesentlichen denselben Denkmustern wie im Fall der Interpretationen der Naturgeschichte im Lichte des Fortschrittsgedankens. Die Vorstellung, daß die Kulturgeschichte progressiv verläuft, hat freilich die Deutung der Naturgeschichte ebenso beeinflußt wie umgekehrt.

Ich verwende den Ausdruck *Geschichte* hier im weitesten Sinne: als Bezeichnung eines Prozesses oder Prozeßgefüges, welches Strukturen unabhängig von ihrem konkreten Inhalt verändert und dazu führt, daß heutige Strukturen in vielen ihrer Aspekte nur aus ihrer Vergangenheit verstanden werden können. Solche Strukturen können Sterne sein, Gesteine, Organismen, Kulturen, Sprachen oder wissenschaftliche Theorien. Die Redeweise »Das kann man nur historisch erklären« ist ein häufiger und zweckmäßiger Zugang zu einem universellen Geschichtsbegriff (vgl. Lübbe 1981), der zunächst keinen Unterschied machen muß zwischen Sternen, Lebewesen oder Kulturen, sondern nur anzeigt, daß sich diese Strukturen verändern. Daher wird der Begriff »Geschichte« mit großer Selbstverständlichkeit quer durch die Disziplinen verwendet, und wir sprechen – berechtigterweise – von der »Geschichte des Kosmos«, der »Erdgeschichte«, der »Geschichte der Säugetiere«, der »Geschichte der Technik« usw. (wobei der Geschichtsbegriff im übrigen durch den, wiederum sehr allgemein gehaltenen, Evolutionsbegriff ersetzt werden kann).[1] Über die jeweiligen Mechanismen und Ab-

---

1 Der Philosoph Wilhelm Windelband hat in seiner Straßburger Rektoratsrede im Jahre 1894 alle diejenigen Disziplinen, die als »Ereigniswissenschaften« damit befaßt sind,

laufformen der Veränderungen sagt dieser allgemeine Geschichtsbegriff freilich nichts aus.

Allerdings wird Veränderung — sei es in der Natur oder in der Kultur — häufig mit Fortschritt gleichgesetzt. Ja, die Annahme von Fortschritt bedeutet vielfach die Ausgangsbasis dafür, wie Geschichte überhaupt geschrieben wird. Geschichte sei in einem statischen Weltbild bedeutungslos, meint der Historiker Carr (1964) und bemerkt (im Hinblick auf die Geschichte des Menschen) folgendes:

> Geschichte... kann nur von jenen geschrieben werden, die in ihr einen Richtungssinn finden und akzeptieren. Der Glaube, daß wir von irgendwoher kommen, ist eng verknüpft mit dem Glauben, daß wir irgendwohin gehen. Eine Gesellschaft, die ihren Glauben an künftigen Fortschritt verloren hat, wird schnell aufhören, sich mit ihrem Fortschritt in der Vergangenheit zu beschäftigen (Carr 1964, S. 132).

Gewiß, Geschichte und historisches Bewußtsein haben nicht zu allen Zeiten und bei allen Völkern die Rolle gespielt, die ihnen die abendländische Kultur der Neuzeit einräumt. Seit wir aber gelernt haben, verschiedene Phänomene historisch zu erklären, sind wir auch bereit, dem Fortschritt in Vergangenheit, Gegenwart und Zukunft zu huldigen, ja, den Fortschrittsgedanken jeder Rekonstruktion der Geschichte zugrunde zu legen.

Zu den markantesten Merkmalen des abendländischen Verständnisses von Kulturgeschichte gehört der bereits auf Seite 114 erwähnte Umstand, daß zwischen niederen und höheren Kulturen, zwischen kulturlosen Völkern und Kulturvölkern unterschieden wird. Analog zur Stufenleiter der Natur hat z. B. Haeckel (1905) eine Stufenleiter und Klassifikation der menschlichen Rassen aufgestellt und eine Hierarchie der Völker postuliert (Tab. 2). Dabei war er nicht zimperlich, wenn er sich herabließ, den »Lebenswert« jener Völker zu beurteilen, die nicht zu den zivilisierten bzw. Kulturvölkern gehören (besser gesagt: seiner Ansicht nach nicht dazu

---

was einmal war, als *idiographische* Wissenschaften bezeichnet und den Gesetzeswissenschaften (*nomothetischen* Wissenschaften) gegenübergestellt. Das beste Beispiel für letztere wäre die Physik. Windelband sprach auch vom Gegensatz naturwissenschaftlicher und historischer Disziplinen (vgl. Windelband 1907), der aber nicht aufrecht erhalten werden kann, weil in verschiedenen naturwissenschaftlichen Fächern (Kosmologie, Geologie, Biologie) der historische Aspekt (die Frage »Woher?«) eine elementare Rolle spielt.

Abb. 26: Ernst Haeckel (1834–1919), deutscher Zoologe, hervorragender Vertreter des Evolutionsdenkens, aber auch Wegbereiter rassistischer Vorstellungen und ihrer biologischen »Begründung«.

gehören). »Der Lebenswerth [der] niederen Wilden«, so schrieb er, »ist gleich demjenigen der Menschenaffen oder steht doch nur sehr wenig über demselben« (Haeckel 1905, S. 452).

Tab. 2 Haeckels Klassifikation der Rassen und Völker
(nach Haeckel 1905)*

I. Naturvölker oder »Wilde«
   I A. Niedere Wilde (Pygmäen)
   I B. Mittlere Wilde (Australneger, Tasmanier, Ainu, Hottentotten, Feuerländer, brasilianische Waldstämme)

I C. Höhere Wilde (z. B. Samojeden, die meisten Indianerstämme in Nord- und Südamerika)
II. Barbarvölker oder Halbwilde
   II A. Niedere Barbaren (z. B. die Eingeborenen von Neuguinea, Irokesen, die Bewohner von Nikaragua und Guatemala)
   II B. Mittlere Barbaren (z. B. Kalmücken, Aschanti, Lappen vor 200 Jahren, die alten Germanen, die Griechen der Zeit Homers)
   II C. Höhere Barbaren (z. B. Malayen, Abessinier, Mexikaner und Peruaner vor der spanischen Eroberung)
III. Zivilvölker
   III A. Niedere Zivilvölker (z. B. Mauren, die alten Ägypter, Babylonier, Phönizier, Assyrer)
   III B. Mittlere Zivilvölker (z. B. Siamesen, die Finnen und Magyaren des 18. Jahrhunderts)
   III C. Höhere Zivilvölker (z. B. Chinesen, Japaner, Türken, Engländer und Deutsche des 15. Jahrhunderts)
IV. Kulturvölker
   IV A. Niedere Kulturvölker (in Europa vom 16. bis zum 18. Jahrhundert)
   III B. Mittlere Kulturvölker (Europäische Nationen im 19. Jahrhundert)
   IV C. Höhere Kulturvölker (noch nicht wirklich entwickelt)

---

* Haeckel stützte sich mit dieser Klassifikation allerdings auch auf andere Autoren seiner Zeit, vor allem auf Alexander Sutherland, der die Menschheit in bezug auf verschiedene Kulturstufen und Stadien des Seelenlebens in vier Klassen gegliedert hatte: Wilde, Barbaren, zivilisierte Völker und Naturvölker. Unverkennbar ist dabei die Idee vom Aufstieg und die Hoffnung, daß ein Teil der Menschheit in Zukunft Vollkommenheit erreichen wird. Die Vorstellung eines »Homo germanicus« als überlegene, das Geschick unseres Planeten lenkende Rasse drängt sich hier bereits auf. Diese Vorstellung und die sie unterstützende Ideologie hat solide Wurzeln im 19. Jahrhundert. Nicht unerwähnt bleiben darf dabei das einflußreiche Werk des Franzosen Joseph-Arthur de Gobineau (1816–1882) (vgl. Gobineau 1853/1922).
Man erinnere sich auch daran, was Darwin (1871) über die Feuerländer sagte (vgl. Seite 114). Das 19. Jahrhundert bietet überhaupt viele Beispiele für den Glauben an die Überlegenheit der europäisch-nordamerikanischen »Rasse« (woran sich ja bis heute

nicht allzuviel geändert hat). Gould (1984) zeigt anhand einiger Illustrationen, welche Ähnlichkeiten man zwischen den Schwarzen und den Affen zu sehen bereit war (vgl. Abb. 27) und wie diese Sichtweise die Anthropologie bis ins 20. Jahrhundert beeinflußt hat.

Das 19. Jahrhundert ließ auch den Sozialdarwinismus keimen und zur ersten Blüte treiben. Der Fortschrittsgedanke zeigte mit dem Sozialdarwinismus seine brutale Seite. Zumindest eine Variante dieser Ideologie beruht auf dem Postulat, Fortschritt sei durch die Vernichtung lebensunfähiger Völker zu erzielen, was zugleich die Expansion der höheren und stärkeren Rassen und Völker ermögliche (vgl. Koch 1973). Wie wir wissen, sollte es nicht lange dauern, bis dieses Postulat auf bestialische Weise in die Tat umgesetzt wurde. Viele Theoretiker und Propagandisten der Fortschrittsidee im späten 19. und frühen 20. Jahrhundert haben mit ihren Schriften im Vorfeld der Katastrophe des Dritten Reiches gewollt oder ungewollt Schuld auf sich geladen. Sie meinten mit Sicherheit zu wissen, daß es minder- und höherwertige Völker und Rassen gibt, und forderten eine Unterstützung der letzteren und im gleichen Atemzug die Ausmerzung aller »Wilden«, »Barbaren« usw. Und wenn sie nicht gleich deren Vernichtung forderten, so postulierten sie doch zumindest eine

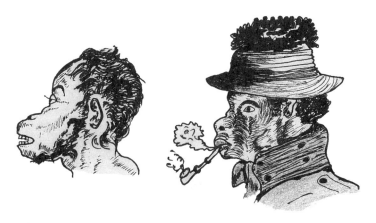

Abb. 27: Ähnlichkeiten zwischen einem Orang-Utan und einem Schwarzen nach einer Darstellung aus dem 19. Jahrhundert (nach Gould 1984).

Zwangszivilisierung oder eine Kontrolle aller vermeintlich Unzivilisierten durch die Höherstehenden. Die Vorstellung vom »aufsteigenden Leben« wurde unmittelbar in der *Rassenhygiene* umgesetzt, die die »Veredelung« der Kulturvölker durch die Eliminierung der Kranken und Krüppel forderte, sowie durch das Verbot einer Vermischung mit den »Minderwertigen« (vgl. z. B. Hentschel 1922). Fortschritt wäre also der sozialdarwinistischen Ideologie gemäß einerseits durch die Verdrängung aller »niederen Völker« zu erzielen, andererseits aber auch durch die Ausmerzung »nicht lebenswerter« Angehöriger der Kulturvölker, damit diese in ihrer Entwicklung zu höheren Kulturvölkern (im Sinne von Haeckel 1905) nicht behindert werden. Während aber Haeckel (1905) noch der Meinung war, daß die Seele der Kulturvölker aus der »niederen Psyche der Naturvölker« stammesgeschichtlich ableitbar sei und »wir durch die vergleichende Psychologie eine lange, lange Kette von Bildungsstufen des menschlichen Seelenlebens kennen [lernen]« (Haeckel 1902 II, S. 762) (vgl. Abb. 28), haben Anthropologen im 20. Jahrhundert deutlich die Gleichzeitigkeit und das Nebeneinander der heutigen Menschenrassen hervorgehoben und diese als Varietäten der einen Art *Homo sapiens* erkannt — aber lange Zeit natürlich auch noch von »niedrigsten« und »höchsten« Rassen gesprochen (vgl. z. B. Naef 1933, Weinert 1941).

So wie nun die heutigen Rassen und Völker im Lichte der Fortschrittsidee als ungleichwertig erscheinen und die Primitiven aus der Perspektive des erhabenen Kulturmenschen lächerliche Züge annehmen, so hat jene Idee auch den Blick zurück auf unsere stammesgeschichtlichen Vorfahren getrübt. Je höher die Stufe, auf der zu stehen einem Volke dünkt, desto primitiver erscheinen ihm die prähistorischen Menschen (sofern diese überhaupt die Bezeichnung »Mensch« verdienen). Besonders diskriminiert wurde dabei der *Neandertaler*, heute *Homo sapiens neandertalensis* (wobei dieser Name schon impliziert, daß es sich bei diesem »Urmenschen« um einen Angehörigen unserer eigenen Spezies handelt).

Anthropologen des 19. Jahrhunderts sind entschuldigt, wenn sie — mangels besserer Kenntnisse — die im Neandertal in der Nähe von Düsseldorf im Jahre 1856 gefundenen Knochen einmal als Überreste eines rachitischen Idioten, dann wieder als Überbleibsel eines mongolischen Kosaken deuteten und diese Fossi-

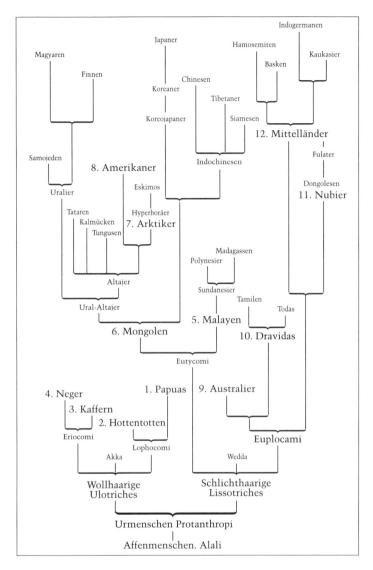

Abb. 28: Haeckels Stammbaum der Menschenrassen und Völker (aus Haeckel 1902; II). Die Linie der Indogermanen ragt dabei nicht zufällig über alle anderen Linien hinaus.

lien zunächst nicht richtig einzuordnen wußten. Doch während schon Keith (1929) richtig bemerkte, daß der Neandertaler keine niedere Form der Hominiden war, sondern eine hochentwickelte Kultur besaß und seine Toten bestattete, kann man noch in späteren Veröffentlichungen die irrtümliche Meinung finden, der Neandertaler stelle eine Übergangsform vom Affen zum Menschen dar. Entsprechend sah dann auch das Bild aus, das man sich vom Neandertaler machte: das Bild eines grimmig dreinblickenden, aggressiven Trottels (Abb. 29), welches der Autor eines während der Nazi-Zeit erschienenen peinlichen populärwissenschaftlichen Buches (Petersen 1940) zeichnete. (Und ein solches Geschöpf soll an der Wurzel einer Entwicklung gestanden haben, die schließlich die arische Rasse schuf?)

Zu den bemerkenswertesten Kennzeichen der Deutungen der Menschheitsentwicklung gehört die Annahme, daß auch der jet-

Abb. 29: Der Neandertaler. Links: Nach falschen, allerdings noch im 20. Jahrhundert vorherrschenden Vorstellungen (aus Petersen 1940). Rechts: Nach modernerer Vorstellung.

zige Mensch — nicht der »Wilde« natürlich, oder der »Barbar«, sondern der Kulturmensch (insbesondere der Europäer) — den Gipfel seiner Entwicklung noch nicht erreicht habe. Während die Sozialdarwinisten »wußten«, wie diese Entwicklung beschleunigt werden könnte und die Nazis dann die Forderung nach Rassenveredelung in die grausame Tat umsetzten, blieb beispielsweise einem Herder nur die dunkle Ahnung, daß der Mensch nicht mehr hier auf der Erde, sondern anderswo (im Reiche Gottes) zur Vollkommenheit finden würde. Herder (1784/1885 IV, S. 164) meinte, der jetzige Zustand des Menschen sei »wahrscheinlich das verbindende Mittelglied zweier Welten«, und bemerkte dann:

> Wenn also der Mensch die Kette der Erdorganisation als ihr höchstes und letztes Glied schloß, so fängt er auch eben dadurch die Kette einer höheren Gattung von Geschöpfen, als ihr niedrigstes Glied, an; und so ist er wahrscheinlich der Mittelring zwischen zwei ineinander greifenden Systemen der Schöpfung.

Wir sehen also: Die Unzufriedenheit des Menschen mit seinem Status nährt einerseits die Hoffnung auf Vollkommenheit in einer »anderen Welt«, gibt aber andererseits auch gefährlichen Ideologien das Motiv, durch gezielte Handlungen den Menschen zu verändern — und sei es um den Preis des Lebens von Millionen Menschen.

Immer wieder waren Philosophen davon überzeugt, daß es so etwas wie ein Gesetz gibt, das die Entwicklung des menschlichen Geistes vorantreibt und am Ende den von Vernunft dominierten Menschen hervorbringen wird. Weder die romantische Schwärmerei von einem Reich Gottes noch die in ein ganz anderes Reich — das Dritte Reich nämlich — projizierten Hoffnungen wären im 20. Jahrhundert noch ernst genommen worden, hätte der menschliche Geist das ihm schon im 19. Jahrhundert von Auguste Comte (1798–1857) zugesagte Stadium einer *positiven Philosophie* erreicht. Comte, der Begründer der Soziologie, lehrte, daß die Entwicklung des menschlichen Geistes drei Stadien durchläuft, und zwar das theologische, das metaphysische und das positivistische, und daß im letzteren nur »positives Wissen«, also durch Erfahrung und Experiment sowie vernünftige Schlüsse gewonnene Einsicht, zu akzeptieren sei. »Eine systematische Kultur«, so meinte er, »... wird dann einen Fortschritt entwickeln, der jeden bisher erreichten übertreffen wird« (Comte 1841/1933, S. 505). Dieser

Fortschritt aber hat bis heute auf sich warten lassen. Die »positiven Wissenschaften« und die ihnen zugrunde liegende Vernunft haben die menschliche Metaphysikbedürftigkeit nicht zu verdrängen vermocht. Alte Hoffnungen treten heute bloß in neuem Gewande auf, und eine Dummheit macht einer anderen Platz.

Als grobes Schema hat Comtes Drei-Stadien-Gesetz sicher einiges für sich.[2] Es ist eine Abstraktion der Entwicklungsgeschichte des menschlichen Geistes; es ist aber auch eine Theorie der menschlichen Erkenntnisfähigkeit, eine Theorie der Überwindung von Erkenntnishindernissen. Zu diesen zählen Vorurteile, metaphysische Überzeugungen und Ideologien, die aber nie wirklich beseitigt wurden. Vielmehr wurde die Idee des Fortschritts selbst zu einer Ideologie, die äußerst gefährliche Züge annehmen kann. Im Namen dieser Ideologie haben die sogenannten Kulturvölker Greueltaten begangen, die von den sogenannten Wilden kaum nachgeahmt werden können.

Kulturen als Lebewesen

Die Deutung der Kulturgeschichte in Begriffen des Fortschritts geht einher mit der Auffassung, daß Kulturen sich im wesentlichen nach denselben Prinzipien entfalten wie Lebewesen. Der neuzeitliche Fortschrittsbegriff beruht ja auch auf der Annahme, daß die Welt einheitlich organisiert sei (vgl. Goll 1972); Naturgeschichte und Kulturgeschichte wären dann nach ähnlichen Entwicklungsmustern verlaufen. »Alle ... Kulturkörper haben eine begrenzte Lebensdauer und Blütezeit; sie kommen, wachsen, vergehen und werden jeweils von einem neuen abgelöst« (Schindewolf 1964, S. 94). Diese Ausdrucksweise impliziert, daß Kulturen als Organismen begriffen werden können.

Organismische Theorien der Kulturgeschichte sind vor allem von Oswald Spengler (1880–1936) und Arnold J. Toynbee (1889–1975) vertreten worden. Spengler verglich in seinem vieldiskutierten und umstrittenen Werk *Der Untergang des Abendlandes* (1922/1972) — mit dem er eine *Morphologie der Weltgeschichte*

---

2 In der modernen Erkenntnis- und Wissenschaftstheorie wurde dieses Gesetz von Oeser (1987, 1988) aufgegriffen und mit einigen Korrekturen in eine evolutionäre Theorie des Erkennens eingebaut.

in Umrissen präsentieren wollte — den Entwicklungsgang von Kulturen mit den jahreszeitlichen Rhythmen in der Natur (Tab. 3) und folgerte, daß die abendländische Kultur bereits in den Winter eingetreten sei und, wie alle Hochkulturen vor ihr, untergehen werde. Toynbee folgte dieser pessimistischen Sichtweise nicht, auch wenn seine Theorie vom Ansatz her und in der Ausführung der Theorie Spenglers sehr ähnlich ist. Er schrieb:

> Während Kulturen aufsteigen und versinken und im Sinken andere emporheben, schreitet vielleicht irgendein zweckvolles Unternehmen höherer Art, als es die Kulturen sind, stetig vorwärts: in einem göttlichen Plan ist vielleicht das Wissen, das aus dem Leid geboren wird — aus dem Leid des Untergangs von Kulturen —, das höchste Mittel zum Fortschritt (Toynbee 1948/1958, S. 17).

Tab. 3 Spenglers Vergleich der Kulturgeschichte mit den vier Jahreszeiten (verkürzt nach Spengler 1972 I)

FRÜHLING

Landschaftlich-intuitiv. Mächtige Schöpfungen einer erwachenden traumschweren Seele. Überpersönliche Einheit und Fülle.

1. Geburt eines Mythos großen Stils als Ausdruck eines neuen Gottgefühls. Weltangst und Weltsehnsucht.
2. Früheste mystisch-metaphysische Gestaltung des neuen Weltbildes.

SOMMER

Reifende Bewußtheit. Früheste städtisch-bürgerliche und kritische Regung.

3. Reformation: Innerhalb der Religion volksmäßige Auflehnung gegen die großen Formen der Frühzeit.
4. Beginn einer rein philosophischen Fassung des Weltgefühls. Gegensatz idealistischer und realistischer Systeme.
5. Bildung einer neuen Mathematik. Konzeption der Zahl als Abbild und Inbegriff der Weltform.
6. Puritanismus: Rationalistisch-mystische Verarmung des Religiösen.

HERBST
Großstädtische Intelligenz. Höhepunkt strenggeistiger Gestaltungskraft.
7. »Aufklärung«: Glaube an die Allmacht des Verstandes. Kultus der »Natur«. Vernünftige Religion.
8. Höhepunkt des mathematischen Denkens. Abklärung der Formenwelt der Zahlen.
9. Die großen abschließenden Systeme.

WINTER
Anbruch der weltstädtischen Zivilisation. Erlöschen der seelischen Gestaltungskraft. Das Leben selbst wird problematisch. Ethischpraktische Tendenzen eines irreligiösen und unmetaphysischen Weltstädtertums.
10. Materialistische Weltanschauung: Kultus der Wissenschaft, des Nutzens, des Glückes.
11. Ethisch-gesellschaftliche Lebensideale: Epoche der »Philosophie ohne Mathematik«. Skepsis.
12. Innere Vollendung der mathematischen Formenwelt. Die abschließenden Gedanken.
13. Sinken des abstrakten Denkertums zu einer fachwissenschaftlichen Katheder-Philosophie. Kompendienliteratur.
14. Ausbreitung einer letzten Weltstimmung.

Wie auch immer also das Resultat ihrer geschichtsphilosophischen Entwürfe ausgefallen ist — beide, Spengler und Toynbee, waren von einem gesetzesartigen Verlauf der Kulturentwicklung überzeugt, der bei Toynbee auch den Fortschritt einschließt. Die Anlehnung der Interpretation von Kultur an das Leben der Organismen wird überdeutlich, wenn Spengler (1922/1972 II, S. 450) sagt: »Kultur und Zivilisation — das ist der lebendige Leib eines Seelentums und seine Mumie.« Oder, an gleicher Stelle: »Kultur und Zivilisation — das ist ein aus der Landschaft geborener Organismus und der aus seiner Erstarrung hervorgegangene Mechanismus.«

Vergleiche zwischen der Entwicklungsgeschichte von Kulturen und der Evolution der Organismen sind immer recht beliebt gewesen, wobei man zweifelsohne Ähnlichkeiten und Unterschiede finden wird (siehe etwa Wuketits 1989 b). Offenkundig scheint zumindest folgendes: So wie Organismenarten entstehen, über eine mehr oder weniger lange Zeit »blühen« und dann wieder vergehen, so sind auch Kulturen entstanden, haben über einen bestimmten Zeitraum ihre »Blüte« erlebt und sind dann wieder verschwunden. Spengler hatte ja recht, daß alle alten Hochkulturen nur eine bestimmte Zeit »geblüht« haben und danach untergegangen sind. Was von ihnen geblieben ist, sind stille Zeugen in Form von Denkmälern, Schriften usw., ähnlich den steinernen, fossilen Zeugen einstiger Organismen. Das bloße Feststellen von solchen Ähnlichkeiten hat aber noch keinen Erklärungswert und sagt nichts über die den Entwicklungsvorgängen zugrunde liegenden Mechanismen aus. Die Theorien Spenglers und Toynbees hingegen arbeiten explizit mit dem Organismus-Modell und lassen daher Kulturen buchstäblich als Lebewesen erscheinen, deren Entwicklung — so die Voraussetzung — naturgesetzlich determiniert sei.

Damit aber ließe sich die Kulturentwicklung auch graphisch ähnlich darstellen wie die Entwicklung der Organismenklassen und -stämme, als ein Prozeß der Komplexitätszunahme und Höherentwicklung sowie cladogenetischer Entstehung von Vielfalt (Abb. 30).

Gesetze der Kulturgeschichte

Diese Überlegungen führen zu der Überzeugung, daß die kulturelle Evolution[3] gesetzmäßig bestimmt sei, so daß die Frage auf der Hand liegt, welche Gesetze diese Entwicklung konkret erkennen läßt. Für die Verteidiger einer organismischen Betrachtungsweise ist es naheliegend, daß die in der Evolution der Organismen wirksamen Gesetze oder doch diesen ähnliche Gesetze (oder zumindest Regelhaftigkeiten; vgl. Seite 91) auch für die Evolution der Kulturen Gültigkeit haben. Bevor wir darauf näher

---

3 Den Ausdruck »kulturelle *Evolution*« verwende ich hier in einem neutralen Sinne. Er besagt nicht, daß die Entwicklungsgeschichte der Kultur den biologischen Evolutionsprinzipien folgt, sondern nur, daß sie Veränderungen erkennen läßt. Allerdings haben in neuerer Zeit mehrere Autoren den Versuch unternommen, die Zusammenhänge zwischen der organischen und der kulturellen Evolution zu analysieren und über eine bloße Analogisierung hinaus *Homologien*, also »Wesensgleichheiten« zwischen diesen beiden Evolutionstypen darzulegen. Beispiele sind Boyd und Richerson (1985) sowie Lumsden und Wilson (1981).

Abb. 30: Die kulturelle Evolution analog zur organischen Evolution (vgl. Abb. 17) dargestellt. Demnach würde sich die Entwicklung einer Kultur (z. B. der altägyptischen) als ein Prozeß der Vervollkommnung vollziehen. Dem Erlöschen dieser Kultur würde aber eine neue, höhere (z. B. die griechische) folgen, die wiederum Prozesse der Vervollkommnung einschließt, untergeht und einer anderen (abermals höheren) Kultur Platz macht.

eingehen, ist aber die Frage angebracht, wie *Kultur* eigentlich definiert wird, was darunter verstanden werden kann.

Diese Frage ist zunächst enttäuschend, weil schon ein kursorischer Überblick über die Literatur zeigt, daß sehr viele Antworten möglich sind, daß ferner der Kulturbegriff oft mit dem

Begriff der *Gesellschaft* vermengt oder auch diesem gegenübergestellt wird, daß mit Kultur manchmal nur das gemeint ist, was wir als *Hochkultur* bezeichnen, manchmal aber alles, was ein Organismus an außerkörperlichen Strukturen erzeugt (wonach dann nicht nur schon die ersten Steinwerkzeuge der Australopithecinen Ausdruck einer sehr lebendigen Kultur wären, sondern auch ein Fuchsbau und ein Schwalbennest unter den Kulturbegriff subsumiert werden könnten). Üblicherweise bezeichnet *Kultur* spezifische Aktivitäten eines intelligenten Lebewesens, vornehmlich des Menschen. Dabei wird Kultur beispielsweise als »eine organisierte Form erlernter Antworten, die für eine Sozietät typisch sind« (Linton 1955, S. 29) definiert. Oder als »ein außerkörperliches, zeitliches Kontinuum von Dingen und Ereignissen, die von Symbolbildung abhängen« (White 1959, S. 3). Oder als »die Form ..., in der die schöpferischen Leistungen der Menschheit Verbreitung und Bewahrung finden« (Landmann 1961, S. 104). Viele weitere Definitionsbeispiele ließen sich anführen (siehe hierzu z. B. Vivelo 1988). Ich denke, daß man sich am ehesten darauf einigen kann, unter Kultur die Fähigkeit eines Lebewesens zu verstehen, sich in bewußter Selbstreflexion und (bewußter) Reflexion über die es umgebenden Objekte eine begriffliche und »technische« Welt zu schaffen. Komponenten jeder Kultur wären demnach (1) *Intentionalität* (absichtsvolles Planen und Handeln), (2) *Symbolbildung* (die Repräsentation der wahrnehmbaren realen Welt, einschließlich des eigenen Subjekts, in abstrakten Zeichen, die in keinem kausalen Zusammenhang mit den repräsentierten Dingen und Vorgängen zu stehen brauchen) und (3) *Traditionsbildung* (die sprachliche oder schriftliche Weitergabe von Erlerntem an andere Subjekte). Sicher spielen weitere Komponenten eine wichtige Rolle, aber diese drei scheinen unabdingbar für eine Minimaldefinition von Kultur.

Ob nun ein Vergleich der kulturellen mit der organischen Evolution zulässig ist oder nicht, es ändert jedenfalls nichts an einem fundamentalen Unterschied zwischen diesen beiden »Evolutionstypen«: Das Resultat der organischen Evolution sind stets *Arten*, deren Angehörige *genetische* Information miteinander austauschen; das Ergebnis der kulturellen Evolution hingegen sind *Kulturen*, deren Angehörige untereinander (oder auch mit anderen Kulturen) *intellektuelle* Information austauschen. Die eigentliche »Reproduktionseinheit« der kulturellen Evolution sind *Ideen*, die nicht mehr genetisch weitergegeben werden müssen und können, sondern auf außerkörperlichen Trägern (Tontafeln, Büchern, Zeitschriften, Computerdisketten) aufgezeichnet werden und von jedermann, der die jeweils verwendete Sprache und Schrift versteht, unmittelbar verstanden werden können. Dies heißt, daß kulturelle Evolution ungleich schneller verläuft als organische Evolution, daß die Informationsweitergabe nicht nur von einer zur nächsten Generation erfolgt, sondern simultan (vor allem über die modernen Medien) viele Millionen Individuen erfassen kann. Eine Voraussetzung für die Entstehung und Entwicklung von Kultur ist jedenfalls die Bildung von Sozietäten. Ideen und ihre Tradierung sind nur beim vergesellschafteten Menschen möglich und sinnvoll. Ein einsamer Mensch auf einer einsamen Insel wird natürlich auch so manche Idee gebären, damit aber keine Kultur begründen, weil niemand von der Idee Kenntnis nehmen kann. Es erscheint daher sinnvoll, stets von *soziokultureller* Evolution zu sprechen, um die innige Verbindung von »Gesellschaft« und »Kultur« zu betonen. Zumindest setzt die kulturelle Evolution stets eine soziale Evolution voraus (und beeinflußt diese auch umgekehrt).(Soziale Evolution muß aber nicht unbedingt kulturelle Evolution in sich schließen oder mit sich bringen. Viele Tierarten sind sozial organisiert, ohne daß sie Kultur hervorzubringen vermochten, weil ihrer sozialen Evolution die oben erwähnten drei Komponenten fehlen; vgl. Wuketits 1997.)

Nun sind bei vorsichtiger Betrachtung in der soziokulturellen Evolution Anzeichen für Fortschritt durchaus gegeben: Wenn verschiedene Daten in eine historische Ordnung gebracht werden, kann man Tendenzen, Trends und Richtungen erkennen (Dunnell 1988). Die orthodoxen Verteidiger der Fortschrittsidee haben allerdings an ein *Gesetz* des Fortschritts geglaubt, welches a priori die Kulturgeschichte im Ganzen in eine bestimmte Richtung treiben würde. Ein solches übergeordnetes Gesetz ließe dann eine Reihe von Trends und Tendenzen als untergeordnete Gesetze erscheinen, und zwar die folgenden:

1. Im Laufe der soziokulturellen Evolution hat sich die Größe der Gesellschaften sukzessive verändert; zwischen altsteinzeitlichen Jäger/Sammler-Sozietäten mit maximal hundert Individuen pro Gruppe und den Massengesellschaften heutiger Großstädte mit Millionen von Einwohnern besteht ein gewaltiger Unterschied.

2. Damit bedeutet soziokulturelle Evolution im Ganzen eine signifikante Zunahme der Komplexität (vgl. z. B. Benzon 1996).
3. Komplexer geworden sind auch die Technologien. Zwischen den Steinwerkzeugen des prähistorischen Menschen und den modernen Lenkwaffensystemen, Düsenjets, Datenverarbeitungsanlagen usw. besteht abermals ein gewaltiger Unterschied.
4. Mit der Zunahme der Komplexität im technologischen Bereich ist das Leben der Menschen einfacher geworden. Technologien entlasten die menschliche Arbeitskraft.
5. Im kognitiven Bereich hat eine ständige Erweiterung des (Erkenntnis-)Horizonts stattgefunden. Während noch dem Menschen im Mittelalter im wesentlichen nur der durch die Sinnesorgane wahrnehmbare Ausschnitt der realen Welt zugänglich war, dringen wir heute mit Teleskopen, Mikroskopen usw. in Sphären vor, die nie eines Menschen Auge gesehen hat.
6. In allen Bereichen der kulturellen Evolution findet ein scheinbar unbegrenztes Wachstum statt. Wirtschaftssysteme wachsen ebenso wie wissenschaftliche Erkenntnisse, es vermehrt sich die Zahl der Erfindungen, der Gesetze und Verordnungen, der Medikamente und vieles andere mehr.

Ob es sich bei diesen Prozessen um gesetzmäßig determinierte Vorgänge handelt, sei zunächst dahingestellt. Sicher kann man *den Eindruck gewinnen*, daß die kulturelle Evolution einen gesetzesartigen Verlauf zeigt und daß vor allem die erwähnten Wachstumsprozesse unabdingbar sind — und daß Wachstum, Expansion, *Fortschritt* bedeutet.

Die Folgen dieses Glaubens müssen allerdings schon an dieser Stelle angedeutet werden. Sie liegen unter anderem darin, daß eine Vielzahl von Völkern und Kulturen verdrängt und ausgerottet wurde und wird (nach dem Motto »das Einfache hat dem Komplexen Platz zu machen«), daß die Zahl der ausgerotteten Pflanzen- und Tierarten ständig zunimmt, daß ein furchterregender bürokratischer und legislativer Apparat die menschliche Spontaneität und Kreativität systematisch behindert, daß die Wirtschaft gigantische, unüberschaubare und unmenschliche Strukturen hervorbringt, usw. Diejenigen, die all das erkannt haben, sind denn auch längst nicht mehr vom Fortschritt überzeugt.

Nicht unerwähnt bleiben kann hier der *Historismus*, der zunächst nur bedeutet, daß alle sozialen Vorgänge und Erscheinungen, aus der Geschichte, den jeweiligen historischen Bedingungen, zu erfassen sind,[4] im besonderen aber, als *Historizismus* (Popper 1961), die Auffassung zum Ausdruck bringt, daß es ein Ziel der Geschichte gibt, die Geschichte gesetzmäßig voranschreitet und daher auch berechenbar, vorhersehbar ist. Untrennbar verknüpft ist diese Auffassung mit Georg W.F. Hegel (1770–1831) und seiner Lehre vom »objektiven Geist«, wonach die von der menschlichen Gemeinschaft geschaffenen Strukturen (Moral, Recht) im *Staat* ihre notwendige Vollendung finden. Konkreter fand diese Auffassung im *Sozialismus* ihren Niederschlag bzw. im *dialektischen* und *historischen Materialismus*, für deren Vertreter objektive Gesetze »als notwendige, allgemeine, wesentliche Zusammenhänge zwischen Dingen, Sachverhalten, Prozessen der Natur, der Gesellschaft und des Denkens« (Küttler 1985, S. 124) Geltung erlangten. Die an den Sozialismus geknüpften Hoffnungen sind bekannt: Gleichheit aller Menschen, Aufhebung der Klassenunterschiede, ökonomische Gleichverteilung usw. waren für viele Menschen sicher keine bloßen Schlagworte, sondern Inhalt des festen Glaubens an die Geschichte, die mit Notwendigkeit zum Besseren fortschreiten müßte. Der Zerfall der kommunistischen Regierungen in Europa hat den »Glauben an die Geschichte« keineswegs begraben, denn dieser Glaube lebt unter verschiedenen Vorzeichen in anderen Ideologien weiter. Auch die Überzeugung, daß es ein unbegrenztes Wirtschaftswachstum in aller Zukunft geben werde und durch fortgesetzte Vermehrung des Kapitals eine fortschrittliche Entwicklung zu garantieren sei, hat als Grundlage die Idee, daß die Geschichte insgesamt mit einem gesetzmäßig ablaufenden Prozeß identifiziert werden könne. Nicht zu vergessen ist auch in diesem Zusammenhang die Heilserwartung in der christlichen Religion, die — so sehr ihre Adepten sich dagegen sträuben mögen — gar nicht so verschieden ist von den Hoffnungen der Marxisten. Denn da wie dort geht es darum, daß in der Geschichte Veränderungen zum Positiven zwangsläufig stattfinden sollen. Dabei kann es dann in der Tat gleichgültig sein, ob eine geschichtsimmanente Gesetzlichkeit (verstanden im materialistischen Sinne) oder Gott am Werk ist.

---

4 Zur begrifflichen Klärung siehe z. B. Besson (1961) und Lozek (1990).

Auch in verschiedenen Teilbereichen der Kulturgeschichte ist man geneigt, einen gesetzmäßigen Verlauf anzunehmen. Am Beispiel der Entwicklung der *Schrift* (vgl. Jensen 1969) läßt sich zeigen, daß sich diese spezifisch menschliche Kommunikationsform vom Konkreten zum Abstrakten entwickelt hat: Am Anfang steht die Bilderschrift, die allmählich durch die Zeichenschrift abgelöst wird. Das lateinische Alphabet etwa bietet durch die Möglichkeit der Kombination von über zwanzig Zeichen nahezu unbegrenzte Variationen der Wortbildung, und man mag dabei — im Vergleich zu den Bilderschriften — eine gesetzmäßig wachsende Komplexität annehmen. Zwar sind z. B. die altägyptischen Hieroglyphen komplizierter als die Buchstaben unseres Alphabets, aber die beliebige Kombination dieser Buchstaben brachte eine *Informationsverdichtung* mit sich, die jedenfalls als Fortschritt interpretiert wird.

Fortschritt in der Kulturgeschichte muß nicht notgedrungenermaßen mit Komplexitätszunahme einhergehen. Er kann und wird auch in der Rationalisierung gesehen, wofür die Baukunst ein Beispiel ist. Die modernen Hochhäuser unserer Großstädte — die von »Kunst« natürlich nichts mehr erkennen lassen — gelten zumindest ihren Architekten als zweckmäßige Konstruktionen, weil auf jedes ästhetische Beiwerk verzichtet wurde. Sie werden relativ rasch erbaut, Anlage und Form der Wohnungen sind einheitlich, alles ist viel einfacher als bei einem Bauwerk, sagen wir, aus dem 19. Jahrhundert. Fortschritt? Ja, wenn man fest daran glaubt, dann muß diese Bauart gegenüber allen früheren besser sein. Nur dürfen wir dabei keine ästhetischen Maßstäbe anlegen, sondern bloß Kriterien der Rationalität und Funktionalität akzeptieren.

Grundsätzlich ist der Glaube an Gesetze in der Kulturgeschichte von der Idee geleitet, daß alle Vorgänge in der Vergangenheit letztlich nur als Vorbereitung auf die Gegenwart zu verstehen sind. Dazu bemerkte schon der Historiker und Geschichtsphilosoph Jacob Burckhardt (1818–1897) kritisch folgendes:

> Es ist ... überhaupt die Gefahr aller chronologisch angeordneten Geschichtsphilosophien, daß sie im günstigsten Fall in Weltkulturgeschichten ausarten ..., sonst aber einen Weltplan zu verfolgen prätendieren und dabei, keiner Voraussetzungslosigkeit fähig, von Ideen gefärbt sind, welche die Philosophen seit dem dritten oder vierten Lebensjahr eingesogen haben. Freilich ist nicht nur bei Philosophen der Irrtum gang und gäbe: unsere Zeit sei die

Erfüllung aller Zeit oder doch nahe daran und alles Dagewesene sei als auf uns berechnet zu betrachten, während es, samt uns, für sich, für das Vorhergegangene, für uns und für die Zukunft vorhanden war (Burckhardt 1905/1989, S. 12).

Dieser Irrtum ist meines Erachtens psychologisch zu verstehen. Da wir nun einmal da sind, meinen wir auch, daß unser Auftreten unabdingbar gewesen sei und alles Vergangene als Vorbereitung auf uns und unser Zeitalter interpretiert werden könne. Diese Interpretation läßt dann nicht nur Gesetze der Geschichte zu, sondern macht sie eigentlich zur Bedingung.

Völlig verwischt erscheint nun der Unterschied zwischen dem tatsächlichen Verlauf der Kulturgeschichte und unseren Interpretationen dieses Verlaufs. Eine exakte Trennung ist hierbei sicher ohnedies nicht möglich, und jede historische Wissenschaft bleibt notgedrungenermaßen ein wenig davon geprägt, wie wir die Dinge im nachhinein sehen *wollen*. Die Voraussetzung aber, daß die Geschichte progressiv verläuft, der Glaube an einen der Geschichte zugrunde gelegten Fortschritt, macht eine »objektive« Darstellung der Geschichte von vornherein unmöglich. Paradoxerweise sind jedoch gerade diejenigen geschichtsphilosophischen Entwürfe, deren zentrales Element der Fortschrittsgedanke ist, von der Überzeugung getragen, daß die Geschichte selbst ein »objektiver Prozeß« sei, der eben mit Notwendigkeit bestimmte Zustände bewirken bzw. hervorbringen würde.

Nicht zu leugnen ist allerdings der jüngst von Nitschke (1994) aus systemtheoretischer Sicht dargelegte Umstand, daß in der soziokulturellen wie in der organischen Evolution fortgesetzt *Neues* entsteht. Dabei unternimmt der Autor den interessanten Versuch, lebendige Systeme wie auch (menschliche) Gesellschaften und Kulturen als Teile von Prozessen zu begreifen und die Wesensgleichheit der organischen und soziokulturellen Evolution herauszuarbeiten (vgl. Anmerkung 3). Er schreibt:

> Da die Prozesse Veränderungen bringen, lassen sie Erwartungen entstehen. Es wird die Zukunft erwartet, die im Prozeß eintritt ... In dieser Hinsicht ist in der Vergangenheit Zukunft enthalten. Beim Menschen beeinflussen nun die Zukunftserwartungen seine Wahrnehmung. Da diese Prozesse unterschiedlich sind, haben die Menschen unterschiedliche Zukunftserwartungen und unterschiedliche Wahrnehmungen. Diese Tatsache wird erst, wenn man auf die Prozesse achtet, verständlich (Nitschke 1994, S. 11).

Die Zwangsläufigkeit der Geschichte

Mit der Zukunftserwartung ist eine psychologische Grundtatsache auf den Punkt gebracht, die zur Erklärung verschiedener Hoffnungen, Ideen und Ideologien herangezogen werden kann. Ich glaube, daß es symmetrisch dazu auch eine »Vergangenheitserwartung« gibt, die je nach Wahrnehmung der eigenen Gegenwart auch unterschiedliche Interpretationen der Vergangenheit zuläßt. Im vorliegenden Zusammenhang ist diejenige Interpretation für uns von Interesse, die in allen Stadien der soziokulturellen Evolution mit Fortschritt rechnet, der letztlich als ein »Entwicklungspfeil« auf uns weist, unser Auftreten, unsere gegenwärtige Situation unabdingbar macht. Unser Zeitalter muß dabei nicht schon die Vollendung in sich schließen, es kann auch nur ein weiteres Durchgangsstadium auf dem Weg zum Höhepunkt sein bzw. zur vollkommenen Gesellschaft, zum vollkommenen Menschen.

Nun gehören zu unserem Zeitalter höchst unterschiedliche Völker mit sehr verschiedenen sozialen und kulturellen Traditionen, und nur eine verkürzte Sicht der Geschichte erlaubt uns die Annahme, daß alle diese Völker früher oder später die gleichen Entwicklungsstufen durchlaufen müßten. Nitschke (1994) weist in diesem Zusammenhang auf die Fehleinschätzungen der ostasiatischen Kulturen durch Europäer und Amerikaner hin. Diese neigen häufig dazu, anderen Kulturen dieselbe Zukunft zu prognostizieren, die sie von sich selbst erwarten. Wenn in Europa oder (Nord-) Amerika größere Gruppen der Gesellschaft hinreichend Besitz anhäufen, so tendieren die Angehörigen dieser Gruppen dazu, den besitzorientierten Arbeitseifer zu reduzieren und den Besitz zu genießen (so gut sie nach Jahrzehnten Dauerstreß dazu noch in der Lage sind). Die Folge davon ist eine Stagnation oder gar eine Krise der Wirtschaftsentwicklung. Diese wird oft auch den Japanern prognostiziert, wobei eine solche — aus der Sicht des Europäers oder Amerikaners gemachte — Prognose auf dem Fehlglauben beruht, daß das Grundbedürfnis der Japaner, wie unser eigenes, darin bestünde, Raum zu erwerben. Eben dies ist nicht der Fall. Vielmehr ist es eine japanische Eigenart, die Bewegungen anderer zu fördern und zu lenken. Das Interesse der Japaner, fremde Prozesse zu verstehen und zu verbessern, bringt naturgemäß eine enorme Arbeitsintensität mit sich, die aber nicht zwischen den Polen »Erwerb« und »Genuß von Besitz« verläuft und wenig mit dem europäisch-amerikanischen Besitzdenken zu tun hat. »Die Arbeit fördert fremde Prozesse und baut Werkzeuge, Geräte, Maschinen, um diese Prozesse möglichst zu vervollkommnen« (Nitschke 1994, S. 275). Glaubt man jedoch an die Zwangsläufigkeit der Geschichte, dann übersieht man gerne die unterschiedlichen Entwicklungswege der einzelnen Völker und Kulturen.

Hier wird auch die Gefahr dieses Glaubens deutlich. Sie manifestiert sich nicht zuletzt an der Tatsache, daß die Europäer andere Völker unterjocht und versucht haben, sie zu »europäisieren«. Natürlich sind die Eroberungsfeldzüge mongolischer und osmanischer Herrscher nicht zu vergessen. Bislang hat es allerdings keine Kultur geschafft, weltweit einen derart starken Einfluß auszuüben wie die abendländische. Ohne diese Tatsache werten zu müssen, können wir sie auf die Überzeugung zurückführen, daß globaler Fortschritt nur durch eine Vereinheitlichung der soziokulturellen Systeme zu erzielen sei. Untermauert wird diese Überzeugung durch den Glauben an die Zwangsläufigkeit der Geschichte, den Glauben an Prozesse, die letztlich alle soziokulturellen Systeme — in Ost und West, Nord und Süd — dem Ideal der eigenen Gesellschaft und Kultur angleichen würden.

So wie *Homo sapiens* als biologische Spezies der notwendige Gipfelpunkt der organischen Evolution sein soll, so wird auch ein bestimmter Zweig des »Stammbaums der Kulturen« als notwendiges Endziel kultureller Evolution gesehen. Welcher Zweig das ist, hängt vom eigenen Standpunkt und von der eigenen Bewertung ab. Für die Nationalsozialisten waren die »arische Rasse« das Maß aller Dinge und die »Arisierung« oder Vernichtung aller anderen Völker der anzustrebende Zenit der Geschichte. Die Marxisten sehen den erstrebenswerten (End-)Zustand der Menschheit in der weltweiten Realisierung ihrer Ideologie. Aber alle Ideologien erheben letztlich einen Anspruch auf Universalisierung.

Philosophen und Historiker, denen man, wie Herder, schon aufgrund des Zeitalters, in dem sie lebten, vor allem aber wegen der Intentionen ihrer Werke keinen »Ideologie-Imperialismus« unterstellen kann, haben nichtsdestoweniger zum Glauben an die Zwangsläufigkeit der Geschichte maßgeblich beigetragen. Sie glaubten an den Sieg von Humanität und Vernunft, an dessen gesetzmäßig bedingtes Kommen. Friedrich Schiller (1759–1805) skizzierte in seiner Antrittsvorlesung über *Universalgeschichte* ein Bild des Aufstiegs der Menschheit, aus der Barbarei zur Kultur durch Fleiß, Erfindungsgeist, Wissen und »tugendhafte Gesetze« bis in das »Zeitalter der Vernunft«, das die Staatengesellschaft Europas in eine »große Familie«, den ungeselligen Höhlenbewohner zum »geistreichen Denker« oder »gebildeten Weltmann« verwandle und von der Finsternis eines verächtlichen Anfangs zum Licht, von der Anarchie zur Ordnung, vom Elend zur Glückseligkeit führe (Wagner 1973, S. 207).

Solche Entwürfe sind symptomatisch für Denker, die Geschichte erstens in großem Stil zu sehen gewohnt sind und ihr zweitens eine Richtung unterschieben. An ihren guten Absichten brauchen wir nicht zu zweifeln, jedoch dürfen wir sie wegen ihrer Vorstellung von der Linearität historischer Abläufe kritisieren. Der Schritt vom humanistisch orientierten »Universalhistoriker« zum falschen Propheten ist allerdings auch nur ein kleiner.

Propheten besserer Welten

Direkt oder indirekt zielt jeder universalhistorische Entwurf auf die Zukunft und enthält prophetische Elemente. Der Glaube an historische Gesetze schafft Raum für *Utopien*. Utopisten werden oft von einer Vision des Guten motiviert (Graybosch 1994) und versuchen, uns davon zu überzeugen, daß unsere Zukunft rosig sein wird, wenn nur ihre Utopien realisiert werden.[5]

Der wohl erste Utopist in der abendländischen Geistesgeschichte war Platon, dessen essentialistisches Denken wir bereits erwähnt haben (Anmerkung 7 auf Seite 49). Platon sah im Staat einen großen Organismus. Die Aufgabe des Staates, meinte er, sei seine Selbsterhaltung durch Bildung der Bürger zur Tugend; das ethisch bestimmte politische Ziel sei dabei der vollkommene Mensch im vollkommenen Staat. Die Ungleichheit der Menschen war für Platon naturgegeben, so daß er daraus für den vollkommenen Staat der Rangordnung der Tugenden gemäß eine solche der Stände postulierte. Die Handwerker und Bauern hätten sich demnach in Bescheidenheit und Gehorsam zu üben; durch Tapferkeit hätten sich die Krieger und Beamten auszuzeichnen; schließlich müßten die Herrscher, die die Gesetzgebung be-

---

5 Bekanntlich bedeutet Utopie wörtlich *Nirgendsland* — einen Zustand, den es also nirgends gibt. Wohl sind Utopien gerade deshalb so beliebt.

stimmen und den Staat lenken, in ihrem Handeln von der Tugend der praktischen Weisheit bestimmt werden. (Daß diese Vorstellung eine Utopie bleiben mußte und nie irgendetwas anderes werden konnte, ist klar. Denn weise Herrscher und tapfere Beamte traten auf unserem Planeten so gut wie nie in Erscheinung.)

Platons Politik ist nichts anderes als das Programm für ein totalitäres System und entlarvt ihren Urheber als einen falschen Propheten, als einen jener unzähligen Feinde einer *offenen Gesellschaft*, die, wo immer ihr Programm verwirklicht wurde — und das war und ist leider allzu häufig der Fall —, nur unsägliches Leid über viele Menschen gebracht haben. Hierzu hat schon Popper (1962) Entscheidendes gesagt. Platons Feindschaft gegen jede Form einer offenen Gesellschaft tritt ja deutlich genug zutage; immerhin empfahl er Institutionen, die Andersdenkende »kurieren« sollten — Konzentrationslager mit Einzelhaft. (Man sieht, er war seiner Zeit voraus. Oder umgekehrt: Nach über zweitausend Jahren sind Konzentrationslager und ähnliche Institutionen immer noch von »weisen Herrschern« und ihren »tapferen Beamten« bevorzugte Heimstätten für die Aufmüpfigen unter ihren Bürgern. Wer glaubt, daß das für unsere Zeit doch nicht mehr Gültigkeit hat, der informiere sich einmal anhand der von *amnesty international* regelmäßig ausgegebenen Berichte.)

Dennoch waren die Utopisten natürlich immer davon überzeugt, daß ihre Utopien, könnten sie verwirklicht werden, den Menschen in die beste aller möglichen Welten führen würden. Gleichheit der Menschen, Tugend, Gerechtigkeit, Wohlstand für alle, Friedfertigkeit — das waren immer wieder die Hauptelemente von Utopien und die Antriebe des Denkens der Propheten besserer Welten. Aber meistens sind diese Propheten für die Dominanz des Staates und die Unterordnung der Individuen eingetreten. So beschrieb auch Thomas Campanella (1568–1639)[6] in seinem *Sonnenstaat (Città del Sole)* das Ideal einer Gesellschaft als »kommunistisch«:

... keinem fehlt es am Notwendigen, noch entbehrt er die feineren Genüsse. Alles, was die Fortpflanzung angeht, wird gewissenhaft mit Rücksicht auf das Wohl aller geregelt, nicht mit

---

6 Campanella war ein italienischer Philosoph und Theologe, ein streng kirchlich gesinnter Dominikaner. Sein Ideal war das eines christlich-kommunistischen Staates, in dem Priester-Philosophen mit einem idealen Papst an der Spitze herrschen.

Rücksicht auf den Nutzen einzelner. Der Obrigkeit muß unbedingt gehorcht werden. Bei uns behauptet man, wir müßten eine eigene Frau, eine eigene Wohnung, eigene Kinder haben ... Die Bürger des Sonnenstaates leugnen dies und berufen sich darauf, daß die Zeugung zur Erhaltung der Gattung und nicht des Individuums da sei. Daher gehe der Nachwuchs das Staatswesen und nicht die Privatperson etwas an, außer insofern diese ein Glied des Staates ist (Campanella 1602/1955, S. 57).

Es ist manchmal wirklich erstaunlich, wie alt manche Ideen sind. Und noch erstaunlicher ist die Beliebtheit, derer sich noch im 20. Jahrhundert die Vorstellung erfreute, daß das Gemeinwesen auf Kosten des Individuums zu entwickeln wäre und dem einzelnen eine untergeordnete Rolle im Staat zukomme. Fortschritt also zum Preis der Individualität ...

Während nun einige Propheten besserer Welten ihre Hoffnungen in die Zukunft der soziokulturellen Entwicklung des Menschen gesetzt haben, haben andere gemeint, nur durch die Rückbesinnung auf den menschlichen »Naturzustand« sei eine Verbesserung der Zustände zu erzielen. Jean-Jacques Rousseau (1712–1778) vertrat die Ansicht, daß im Naturzustand alles gut gewesen sei und es mit dem Menschen nur mit dem Fortschreiten der Kultur bergab gehe. »Zurück zur Natur«, seine bekannte Forderung, will bedeuten, daß wir auf die Stimme der Natur zu hören hätten und unsere natürlichen Anlagen, die gut seien, fördern müßten. Daran haben im 20. Jahrhundert viele Kulturanthropologen angeknüpft. Sie meinten, bei »Naturvölkern«, die unter bestimmten sozialen Bedingungen leben, den idealen gesellschaftlichen Zustand, ein Leben ohne Haß, Gewalt und Besitzansprüche, gefunden zu haben. (Eine Übersicht und Kritik dazu gibt Freeman 1983.) Damit kam auch der Fortschrittsgedanke ein wenig aus dem Gleichgewicht – oder doch nicht?

Die Besinnung auf den Naturzustand des Menschen muß freilich nicht die Konsequenz »Zurück auf die Bäume!« mit sich ziehen. Man kann auch anders für den Fortschritt argumentieren. Man kann beispielsweise jene Völker, bei denen man angeblich ein friedfertiges Leben ohne Haß, Neid, Gewalt und Besitzanspruch festgestellt hat, als Vorbild für die zukünftige Gesellschaftskonstruktion nehmen und auf den Menschen gezielt durch Erziehung so einwirken, daß ihm jene durch die Zivilisation angezüchteten Eigenschaften allmählich abhanden kommen.

Diesem Entwurf einer künftigen Gesellschaft kam der *Behaviorismus* sehr entgegen, dessen Vertreter davon überzeugt waren, daß jeder Mensch bei seiner Geburt quasi ein unbeschriebenes Blatt sei, welches durch entsprechende Umwelteinflüsse mit dem gewünschten Inhalt gefüllt werden könne (vgl. Skinner 1962, 1971).

Kurz gesagt: Von verschiedenen Seiten wurde uns eine bessere Welt versprochen, haben Utopisten uns weismachen wollen, daß es doch so etwas wie die beste aller möglichen Welten geben kann, vorausgesetzt, wir bemühen uns, die Utopien zu realisieren.

Ideen und Ideologien

Ideen über den Gang der Menschheitsgeschichte schließen häufig Ideologien ein. Vielen kulturhistorischen Arbeiten geht die Überzeugung voraus, daß Fortschritt als grundlegende Komponente der Evolution im allgemeinen, der soziokulturellen Evolution im besonderen zu begreifen wäre. Schlußfolgerungen bestätigen die Richtigkeit dieser Überzeugung. »Fortschritt ist real, wenn auch nicht kontinuierlich ... kein Zustand fällt hinter den vorhergehenden zurück, jeder Gipfel ist höher als sein letzter Vorläufer« (Childe 1942, S. 252).

Jede Ideologie besteht aus mehreren Elementen. Wie Watzlawick (1981) ausführt, gehören zu einer Ideologie zumindest die folgenden Bausteine:

1. Die Ideologie muß einen übermenschlichen, göttlichen oder doch wenigstens einen pseudogöttlichen Urheber vorweisen können. Sie wirkt nur dann überzeugend, wenn sie sich auf einen solchen Urheber berufen kann; wobei dieser keineswegs personifiziert werden muß, denn der Hinweis auf eine geschichtsimmanente Gesetzlichkeit tut es auch.
2. Eine Ideologie muß die Leere füllen können, die das hilflose Subjekt in einer Welt voller Gefahren, ohne offenkundigen Sinn und Zweck empfindet. Sie muß also dem (menschlichen) Harmoniebedürfnis entgegenkommen, die (menschliche) Metaphysikbedürftigkeit stillen können.
3. Meist erhebt eine Ideologie auch einen Anspruch darauf, *ewig* gültig zu sein. Es ist günstig, wenn sich ihre Vertreter auf ewige Werte berufen können, die Wiederkehr des immer Gleichen,

die universale Gültigkeit von Normen usw. Denn damit wird der Eindruck vermittelt, daß es so *und nur so* sein kann.
4. Wenn auch kein ideologisches Lehrgebäude aus sich selbst heraus bewiesen werden kann, so macht doch jedes dieser Lehrgebäude den Eindruck, unumstößlich zu sein, erhaben und in sich geschlossen.

Darüber hinaus arbeiten die Ideologen zumindest in neuerer Zeit mit dem Anspruch auf Wissenschaftlichkeit. Was ihnen einst die allein seligmachende Kirche war, ist ihnen — spätestens seit dem 19. Jahrhundert — die Wissenschaft. Ideologen zählen darauf, daß man der Wissenschaft vertraut. Daher schmücken sich heute selbst die fanatischen Anhänger des Schöpfungsglaubens, die Kreationisten, gerne mit dem Mäntelchen der Wissenschaft und bezeichnen ihre Ideologie als *creation science.*[7]

Vor allem im Zusammenhang mit der Wiederbelebung des Schöpfungsglaubens (in den USA vor etwa zwanzig Jahren ohne nachlassenden Widerhall, im deutschen Sprachraum ein paar Jahre später mit geringerer Wirkung) trat die Ideologisierung der Wissenschaft, zumal der Biologie und ihrer Grenzgebiete, wieder deutlich zum Vorschein. Die ideologische Interpretation wissenschaftlicher — und wiederum insbesondere biologischer — Aussagen, Theorien, Modelle usw. ist, wie der Sozialdarwinismus zeigt (vgl. Seite 123), sozusagen ein alter Hut, deswegen aber heute nicht minder gefährlich. Die immer wieder geknüpfte Beziehung zwischen dem Studium des Menschen aus biologischer Sicht und verschiedenen Ideologien hat häufig skurrile Blüten getrieben, hatte aber ebenso auch verheerende Auswirkungen (siehe etwa Wuketits 1992 b). Die Unterstützung von Ideologien durch biologische Aussagen ist ein nicht zu übersehendes Element der Kulturgeschichte, vor allem seit dem 19. Jahrhundert. Die Idee des Fortschritts hat dabei, worauf schon auf Seite 120 hingewiesen wurde, eine wichtige Rolle.

Die von Watzlawick (1981) erörterten Bausteine ideologischer »Wirklichkeiten« werden im Zusammenhang mit dem Fortschrittsglauben besonders deutlich. Wir haben das bereits für die Interpretation der organischen Evolution unter dem Aspekt des Fortschritts gesehen. Der Fortschrittsglaube bedarf zwar keines

---

7 Zur kritischen Auseinandersetzung mit diesem eigenwilligen Wissenschaftsverständnis siehe z. B. Erben (1981), Jeßberger (1990) und Ruse (1982).

göttlichen Urhebers, aber — wie jede Ideologie — zumindest eines allgemeinen (Natur-)Gesetzes. Er füllt durchaus auch die Leere, die ein Mensch angesichts eines gleichgültigen Universums empfinden kann — welches freilich dann nicht mehr teilnahmslos erscheint, wenn ihm ein Sinn, ein Ziel zugeordnet werden kann. Den Anspruch auf ewige Gültigkeit erhebt der Fortschrittsglaube allemal, und er macht auch den Eindruck, unumstößlich zu sein: Alles, was in dieser Welt geschieht, kann einem höheren Zweck, eben dem Fortschritt, dienen (selbst Greueltaten lassen sich damit »rechtfertigen«). Und noch etwas teilt die Ideologie des Fortschritts mit allen anderen Ideologien: den Glauben, daß zwar *jetzt* noch nicht alles perfekt sei, aber in Zukunft so sein werde. Um Unangenehmes zu entschuldigen, haben Ideologen immer ihren Zeigefinger in Richtung Zukunft ausgestreckt und durch den Hinweis auf eine bessere Zukunft die Gegenwart erträglich erscheinen lassen. Man muß nur den Rednern bei politischen Kundgebungen, Politikern bei Fernsehinterviews und Propagandisten unterschiedlichster politischer Parteien gelegentlich zuhören. Kein Parteichef hat es je verabsäumt, auf die Bedeutung der Zukunft hinzuweisen und Hoffnungen auf eine gute Zukunft zu wecken, die allerdings nur *seinen* Wählern bevorstehen soll. Aber nicht nur Politiker, sondern genauso Banken, Versicherungen und sonstige um unser aller Wohlergehen besorgte Institutionen beteiligen sich aktiv an der Zukunftsgestaltung und machen uns die Gegenwart vergessen. Zwar scheitern die hellsten Köpfe, wenn es um prägnante Voraussagen auch nur für ein paar Monate geht; aber in Politik, Wirtschaft und Werbung scheinen Leute tätig zu sein, die dank göttlicher Inspiration genau wissen, was in den nächsten Jahren und Jahrzehnten passieren wird.

Warten auf den »neuen Menschen«

Es steht also jetzt fest: So, wie es ist, soll (und darf) es nicht bleiben. Der Mensch steht zwar auf der höchsten Stufe der Entwicklung der Lebewesen, aber den wahren Gipfelpunkt hat er noch nicht erklommen, vieles steht ihm noch bevor: Die Wirtschaft muß weiter wachsen und expandieren, die Löhne und Steuern müssen erhöht, die Loyalität des einzelnen gegenüber dem Staat muß besser werden; wir brauchen schnellere Flugzeuge, größere Flughäfen, schnellere Eisenbahnzüge, mehr Autobahnen, mehr Schulen, mehr Einkaufszentren; wir müssen den Tourismus ankurbeln, die Bürokratie ausweiten, die Zahl der Gesetze, Verordnungen, Vorschriften, Gebote und Verbote erhöhen. Am besten aber wäre es, wenn wir uns selbst grundsätzlich verändern würden. Kurz: Wir brauchen den »neuen Menschen«.

In George Orwells bedrückendem Roman 1984 ist »die Partei« auf dem besten Weg, diesen neuen Menschen zu schaffen, indem sie die Geschichte manipuliert, die Gegenwart stets besser erscheinen läßt als die Vergangenheit und ihren Getreuen eine noch bessere Zukunft prophezeit — wenn sie nur dem »Großen Bruder« vertrauen, ihn lieben und ihre (imaginären) Feinde hassen. Orwell erkannte — unter dem Eindruck des Nazi-Regimes und des Stalinismus —, daß alle Ideologien in die *Heilserwartungen* des Menschen ihre Hoffnungen setzen und die meisten Menschen mit mehr oder weniger ausgeklügelten Methoden manipuliert werden können, eben weil sie eine bessere Zukunft erwarten. Gewiß sind Heilserwartungen zunächst Naherwartungen, denn die Menschen wollen möglichst bald von den sie gegenwärtig bedrängenden Problemen erlöst werden, aber schon früh haben Propheten, Wahrsager und Orakelpriester begriffen, daß auch ein Hinausschieben des vorhergesagten Heilsereignisses möglich und für den Leichtgläubigen immer noch hilfreich sei. Das Heil wird also, wie Topitsch (1992) aus ideologiekritischer Sicht feststellt, in die Zukunft, ja in die Transzendenz verlagert. Orwells »Partei« bedient sich derselben Mittel, doch schaffen es ihre Schergen, Rückschläge allemal zu vertuschen und selbst die Rationierung von Nahrungsmitteln noch als Fortschritt hinzustellen, weil der von ihnen gezüchtete unhistorische Mensch keine Vergleiche zwischen heute und gestern mehr anstellen kann. Also gibt es stets von allem, was ein Mensch nur begehrt, mehr und mehr — außer Krankheit und Wahnsinn, Hunger und Not.

Im Gegensatz zu Orwells visionärer Schreckenswelt dürfen Historiker in unserer Zivilisation jeden nur erdenklichen Vergleich zwischen der Gegenwart und der Vergangenheit anstellen, doch ist es für sie auch nicht so einfach, einen objektiven Ausgangspunkt zu finden. Historiker kennen die Zukunft und bilden sich die Vergangenheit ein — dieses Bonmot (Munz 1980) sollte uns nachdenklich stimmen. Aber wenn wir uns nochmals vergegenwärtigen, daß praktisch jede Universalgeschichte auch einen Entwurf für die Zukunft enthält, dann sollten wir uns nicht wundern, wenn die Zukunft letztlich als Ziel der Geschichte deklariert wird. Wir befinden uns auf der Suche nach einer besseren Welt (Popper 1984), wir sind mit *dieser* Welt offenbar nicht zufrieden, wir sind mit uns selbst, so, wie wir sind, nicht einverstanden, wir bedürfen einer besseren Zukunft. Werbepsychologen haben natürlich längst erkannt, daß sie daraus Kapital schlagen können; daher ist jedes Produkt besser als das ihm vorangegangene, jede Bank, jede Versicherungsanstalt besser als ihre Konkurrenten. Man muß das alles, im Dienste des Fortschritts, nur glauben.

Unverkennbar ist ebenso, daß jede politische Partei stets verspricht, etwas *Neues* zu realisieren, und überhaupt scheinen wir mit Riesenschritten Neuem entgegenzueilen, sowohl auf nationaler, als auch auf internationaler Ebene. Die Wahlwerbung verspricht uns das »neue Wien«, das »neue Deutschland«, das »neue Europa« oder was immer man auch will (im Augenblick ist das »neue Europa« besonders gefragt). Aber, um es nochmals zu betonen: Unter der Oberfläche dieser Slogans verbirgt sich der alte Traum vom *neuen Menschen*. Persönlich bin ich zwar davon überzeugt, daß wir, statt über den »neuen Menschen« zu fabulieren, uns mehr mit dem »alten« beschäftigen sollten (vgl. Wuketits 1993 a), um seine Chancen in dieser Welt zu erkennen und Schlimmeres, als ohnehin schon geschah, zu verhindern. Doch wird das die Utopisten wohl nicht aus den Schuhen heben, weil eine realistische Einschätzung der menschlichen Natur für sie kein Ersatz für Träume sein kann. Also hoffen sie auf den »neuen Menschen«.

Zwar hat diese Hoffnung heute ein wenig an Attraktivität verloren, aber aufgegeben ist sie nicht. Politiker, Juristen, Pädagogen, Konstrukteure von Sozialutopien — sie hoffen nach wie vor, zumal die Doktrinen der Behavioristen und anderer Milieutheoretiker nicht wirklich begraben sind. Um hier nicht mißverstanden zu werden, beeile ich mich zu betonen, daß es ja durchaus richtig ist, sich eben *nicht* abzufinden mit der menschlichen Destruktivität, die fortgesetzt in der Geschichte Unheil angerichtet hat. Ich unterschreibe jeden Aufruf für eine friedliche, gewaltlose Gesellschaft, doch kann ich den Umstand nicht übersehen, daß selbst zum Zwecke der Entwicklung einer solchen

Gesellschaft ebenso Unheil verbreitet worden ist, und finde jede Vergewaltigung des Individuums im Dienste irgendeiner Idee oder Ideologie unannehmbar. Weniger Utopie täte uns also wirklich ganz gut.

Freilich ist die Tatsache nicht zu übersehen, daß jedes Zeitalter seine Wünsche und Hoffnungen artikuliert hat, die keineswegs immer unbegründet waren. Zu diesen Wünschen und Hoffnungen gehört nun einmal auch der »neue Mensch«. Ihn hatten ja, wie wir gesehen haben, nicht nur Behavioristen im Sinn, sondern auch manche Evolutionstheoretiker, beispielsweise Darwin. Auch Julian Huxley ist an dieser Stelle erneut zu erwähnen. Der von ihm vertretene *evolutionäre Humanismus* räumt (erfreulicherweise) im Gegensatz zu manchen anderen Ideologien dem Individuum einen hohen Stellenwert ein, basiert aber auch auf der Überzeugung, daß der Einzelmensch nicht nur praktische Funktionen in der Gesellschaft zu übernehmen, sondern auch generell »die menschliche Bestimmung zu erfüllen« habe (Huxley 1964). Und abermals bleiben wir mit der Frage zurück, *welche* Bestimmung denn der Mensch, die Menschheit, haben soll. Brauchen wir wirklich eine Bestimmung?

Zumindest diejenigen, die den »neuen Menschen« wollen, kommen mit ihren Hoffnungen wohl besser zurecht, wenn sie an eine Bestimmung glauben. Worin die Bestimmung des Menschen konkret liegen soll, ist allerdings nicht auszumachen. Die Antwort darauf ändert sich mit den Ideologien, die sie suchen. Christen, Marxisten, Nationalsozialisten — sie haben da unterschiedliche Vorstellungen (die sie allerdings auf sehr eindeutige Weise durchzusetzen versucht haben, in den Kreuzzügen und Hexenverbrennungen, in den Konzentrationslagern, in den Gulags).

Ein heute verbreitetes Erwartungsmuster betreffend den »neuen Menschen« braucht eigentlich keine ideologische Propaganda, weil es sich gleichsam von allein zu bestätigen scheint. Ich meine die Erwartung einer immer stärkeren *Technisierung* unserer Lebenswelt und mithin den Triumphzug des Homo faber. Auf keinem anderen Gebiet scheint der Fortschritt so offenkundig zu sein wie in der Technik, wofür sich Hunderte von Beispielen aufdrängen (ein verhältnismäßig einfaches ist die Evolution des Hammers; Abb. 31). Die Projektionen des »neuen Menschen« in die technische Evolution sind gut nachvollziehbar, die Annahme, daß Verbesserungen in der Technologie zu Verbesserungen un-

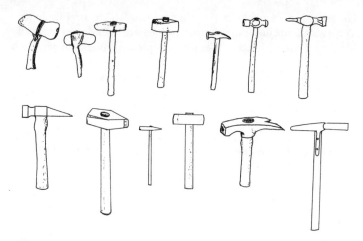

Abb. 31: Entwicklungsgeschichte des Hammers als Beispiel der kontinuierlichen Verbesserung und Steigerung der Effizienz eines Instruments (nach Basalla 1988).

seres materiellen, sozialen, kulturellen und geistigen Lebens und mithin zur Beschleunigung der Entwicklung der Zivilisation führen (Basalla 1988), ist evident. Es steht auf einem anderen Blatt, daß unser Jahrhundert auch von einer technischen Gigantomanie gekennzeichnet ist (vgl. z. B. Oeser 1988), die sich, um nur ein Beispiel aus der ersten Jahrhunderthälfte zu erwähnen, schon im Entwurf eines Wüstentankautos manifestierte.[8]

Gewiß kann kein Zweifel daran bestehen, daß die rasche Entwicklung der Technik in der Neuzeit — insbesondere im 20. Jahrhundert — das Leben vieler Menschen verändert hat. Die Befürworter dieser Entwicklung meinen, daß der Mensch mit seiner Technik sich in die Lage versetzt habe, sich selbst zu helfen, sein Dasein zu erleichtern, und das auf eine Art, die keinem anderen Lebewesen je gegönnt war (z. B. Levinson 1989). Auch das ist zweifellos richtig. Die Technik und ihre Grundlagenwissen-

---

8 Dies von einem Kieler Ingenieur ersonnene Fahrzeug sollte eine Länge von sechzig Metern und eine Höhe von achtzehn Metern haben; die Räder waren mit einem Durchmesser von fünfzehn Metern veranschlagt. Das Vehikel sollte, abgesehen von einer enormen Nutzlast (Benzin, Nahrungsmittel), dreihundert Fahrgästen Platz bieten.

schaften, vor allem die Physik, haben zumindest einem Teil der Menschheit nachdrücklich gezeigt, wie »die Dinge« funktionieren, so daß Geheimnisse gelüftet worden sind. Mittlerweile müssen wir gar nicht mehr über die Funktionen im einzelnen Bescheid wissen (und dürfen darauf auch verzichten); wichtig ist nur, daß wir wissen, welcher Knopf zu drücken ist, damit die Waschmaschine, der Fernseher, der Rasierapparat, der Elektroherd, der Computer usw. die von uns gewünschten Aufgaben erfüllen.

Während also Ideologien, die uns *theoretisch* ein besseres Leben, den »neuen Menschen« versprechen, doch einigen Aufwand treiben, um ihr Versprechen glaubhaft zu machen, kann die Technik *praktisch* zeigen, daß es mit uns ohnedies bergauf geht. Sogar unsere Erbanlagen sind manipulierbar (Stichwort *Gentechnologie*), und vielleicht ist auf diese Weise nun tatsächlich der »neue Mensch« keine bloße Fiktion mehr, kein Hirngespinst von Utopisten, sondern das greifbare Resultat technologischer Entwicklung.

Die Wissenschaften — die Naturwissenschaften ebenso wie die Sozialwissenschaften — ließen uns besonders intensiv vom »neuen Menschen« träumen. Und ob es dem einzelnen bewußt ist oder nicht, stets haben die Wissenschaften einen enormen Einfluß auf die Geschichte ausgeübt[9] und das individuelle Leben in unterschiedlichen Aspekten sozusagen durchdrungen. Zumindest in der westlichen Welt dürfte es heute keinen Menschen geben, der nicht auf irgendeine Weise mit der Wissenschaft und ihren Produkten in der Technik, in der Medizin, in der Landwirtschaft usw. konfrontiert ist, auch wenn er sich das gar nicht bewußt macht. So entrückt einer breiten Öffentlichkeit die meisten wissenschaftlichen Disziplinen mit ihren Spezialproblemen und ihrem komplizierten methodischen Rüstzeug auch sind, so profitiert doch jeder auf seine Weise von den Ergebnissen der Wissenschaft.

Die von den Wissenschaften geweckten Hoffnungen auf eine Verbesserung unserer Situation und das Auftreten eines »neuen Menschen« erstrecken sich über mehrere Ebenen:

1. Durch immer bessere Kenntnis der Natur, so glaubte man bereits früh zu wissen, werden wir die Natur immer besser beherrschen, uns die nützlichen Naturkräfte dienstbar machen, die schädlichen aber erfolgreich bekämpfen.

---

9 Eine umfassende Übersicht dazu bietet das vierbändige Werk von Bernal (1970).

2. Verbunden mit dieser Erwartung war stets auch der Wunsch, die natürlichen Fähigkeiten des Menschen durch künstliche zu ergänzen oder, besser gesagt, die natürlichen Mängel künstlich zu beheben.
3. Insgesamt müßte, dies war die Grundüberzeugung, wenn die Natur beherrschbar und unsere natürlichen Mängel behoben sind, unser Leben besser werden.
4. Aber nicht nur auf praktischer, sondern auch auf, wenn man so will, ideeller Ebene sind in die Wissenschaft stets hohe Erwartungen projiziert worden. Die Wissenschaft sollte uns ein geschlossenes Weltbild präsentieren, uns unseren Platz im Universum zuweisen und uns, ähnlich wie die Religion, geistige Geborgenheit schenken.

Nimmt man diese Erwartungen zusammen, so kommt wiederum letztlich die Hoffnung auf den »neuen Menschen« zum Vorschein: einen Menschen, der sich nicht mehr plagen muß, weil ihm die Technik alle Mühen abnimmt, der nicht mehr leiden muß, weil die Medizin seine Schmerzen lindert, der sich nicht vor geheimnisvollen, bösen Kräften fürchten muß, weil die Wissenschaft alle Geheimnisse der Natur gelüftet und alles Naturgeschehen kausal erklärt hat.

Nun haben kritische Geister immer wieder vor übertriebenen Hoffnungen hinsichtlich des wissenschaftlichen Weltbildes gewarnt, auf die Grenzen der Naturerkenntnis hingewiesen (Du Bois-Reymond 1907) und die Unvollkommenheit menschlichen Denkens bzw. die Unvollständigkeit der Erfahrung betont (Ostwald 1902), doch ist das Echo ihrer Stimmen rasch verhallt. Denn zumal auf methodischer und forschungstechnischer Ebene konnten insbesondere im 20. Jahrhundert alle einst gesehenen Grenzen zumindest verschoben werden (vgl. Wuketits 1992 a). Die Entwicklung von Mikroskopen und Teleskopen hat uns einen Einblick in ungeahnte Sphären des Mikro- und Makrokosmos gewährt, Tauchapparate ließen uns die Tiefen der Ozeane erforschen, Brillen korrigieren unsere angeborenen oder erworbenen Sehfehler, durch Ultraschalltests gewinnen wir Einblick in unsere inneren Organe, deren Schäden wiederum durch komplexe Operationsmethoden zumindest zum Teil behoben werden können. Was also dereinst von Utopisten erträumt wurde, was viele gehofft, andere befürchtet haben, hat sich mittlerweile weitgehend bewahrheitet. Auch wenn das Wüstentankauto ein Flop war, haben Techniker inzwischen noch viel eindrucksvollere Maschinen konstruiert, die sogar funktionieren: Düsenflugzeuge, Computer, Atombomben usw. Am Ende steht die »transklassische Maschine«, ein Automat, der »sich selbst durch eine eigene Informationsquelle steuert« (Oeser 1988, S. 151).

Wissenschaftliche Erklärungen und Prognosen sowie die darauf beruhenden technischen Konstruktionen funktionieren, weil die Welt eine bestimmte Struktur hat und auf die Naturgesetze Verlaß ist (Albert 1978). Diese Struktur und Gesetze begriffen zu haben, ist aber umgekehrt eine hervorragende Leistung der (Natur-) Wissenschaft, die daher in unserer Kulturgeschichte keine Parallele besitzt.

Vieles ließe sich hier noch sagen, aber ich lasse es einstweilen dabei bewenden. Im zweiten Kapitel des nächsten Teils werden die Dinge in einem anderen Licht erscheinen.

Vertröstungen auf die Zukunft

Ideologien arbeiten mit den menschlichen Zukunftserwartungen. Um so besser ist es dann, wenn man für die Vergangenheit nachweisen kann, daß der Fortschritt stets zugenommen hat, denn so dürfen wir dasselbe auch für die Zukunft erwarten. Insgesamt geht es hier mithin um den Glauben, daß die Geschichte sozusagen berechenbar, die Zukunft voraussagbar sei. Popper (1961, 1962, 1984) hat sich ausdrücklich gegen diesen — gefährlichen — Glauben geäußert, aber, wie ich fürchte, nicht viel mit seiner Kritik erreicht.

Die Kulturgeschichte — ich meine damit vor allem die abendländische, und dabei insbesondere die Periode der Neuzeit — ist von ausgesprochenen Zukunftserwartungen geprägt. Diese Erwartungen haben einen starken metaphysischen Antrieb. Daher ist es auch verlockend, dem Pessimismus und Fatalismus eines Oswald Spengler die These entgegenzustellen, daß das Abendland eine große Zukunft hat, wenn sich seine Völker nur auf ihre seelischen Kräfte besinnen, seelische Ganzheit und Harmonie anstreben (vgl. Jaeger 1963), was auch immer das bedeuten soll. Die Entdeckungen der Wissenschaften sind dafür offenbar nicht genug, es sei denn, auch die Wissenschaften werden zur Befriedigung metaphysischer Bedürfnisse herangezogen (was ja nichts Ungewöhnliches ist). Außerdem waren und sind es die wissenschaftlichen Erkenntnisse, die das Selbstbewußtsein der Völker, die aktiv zu ihnen beitragen oder sie auch nur nutzen, anheben.

Was die Zukunft betrifft, so scheint sie, wie gesagt, um so besser planbar, je besser wir die Vergangenheit kennen und aus der Vergangenheit allgemeine Gesetzmäßigkeiten der Entwicklung abzuleiten in der Lage sind. Wenn die Evolution insgesamt ein Ziel hätte, dann wäre eine »Zukunftsschau« freilich noch einfacher; wir müßten dieses Ziel nur erkennen. Manche glauben, dieses Ziel tatsächlich erkannt zu haben, so daß sie uns beispielsweise eine »höhere Art von Leben« prophezeien. Das liest sich bei Teilhard de Chardin (1974, S. 277) folgendermaßen:

> Im Menschen verinnerlicht, finalisiert sich die Evolution; und gleichzeitig versittlicht und »mystiziert« sie sich in dem Maße, wie das erfinderische menschliche Bemühen verlangt, in seiner Ausübung kontrolliert und in seinem Schwung genährt zu werden.

Ich lasse diese Zeilen kommentarlos stehen. Aber man wird einsehen, daß Zukunftsentwürfe, die sich auf keinerlei höhere Absichten oder Ziele der Evolution stützen, anders ausfallen werden als die, die fest mit solchen Zielen rechnen (und sie sogar angeben).

»Es gibt keinen Grund zu glauben, daß die Natur den Menschen favorisiert und er ihr wertvoller ist als der Ichthyosaurier oder der Pterodactylus« (Wells 1946, S. 176). Die Glocken, die uns läuten, »hängen an unserem eigenen Hals, und es ist unsere eigene Schuld, wenn sie nicht heiter und harmonisch klingen« (Medawar 1962, S. 113). Solchen nüchternen Einschätzungen unserer Situation und unserer Zukunft — mehr davon werde ich im letzten Kapitel präsentieren — stehen die euphorischen Zukunftsvisionen der Utopisten gegenüber.[10] Sie stützen sich entweder auf den Glauben, daß der Mensch ein Günstling der Natur sei und es mit ihm *naturgemäß* bergauf gehen würde; oder auf die Hoffnung, daß es *dem Menschen selbst* gelingen werde, seine Gattung zu ungeahnter Größe zu bringen, wobei einmal die Möglichkeit der Umweltein-

---

10 Was natürlich nicht heißen kann, daß *alle* Utopien uns eine rosige Zukunft zeigen. Man denke nur nochmals an Orwells Schreckensbild einer Welt, in der es keine Geschichte, keine Individualität, keine Freiheit mehr gibt.

wirkungen (Erziehung), ein andermal die der Veränderung von innen, also durch genetische Manipulation, diese Hoffnung nähren.

Wie dem auch sei, unbestreitbar ist, daß jede Prophetie stillschweigend die Voraussagbarkeit, die Berechenbarkeit der Zukunft voraussetzt. Dabei muß sie allerdings *einen* grundlegenden Unterschied zwischen der organischen und der kulturellen Evolution (und ihrer möglichen Zukunft) berücksichtigen, nämlich den, der in Abb. 32 schemenhaft dargestellt wird: Die Organismenarten entwickeln sich auseinander, Kulturen aber können zusammenwachsen. Ein Buntbarsch kann von einem Ameisenbären nichts lernen. Sehr wohl kann aber jeder Angehörige einer bestimmten Kultur von den Angehörigen anderer Kulturen manches lernen. Die Frage dabei ist, inwieweit wir weiterhin kulturelle Vielfalt trotz der — heute auch durch die Kommunikationstechnik beschleunigten — »Synthese« aufrecht erhalten wollen. In vielen Utopien geistert das Gespenst einer einheitlichen bzw. vereinheitlichten Menschheit herum. Dabei projizieren viele ihre Hoffnungen offenbar wiederum in die Möglichkeiten einer genetischen Manipulation, die letzten Endes nur einen Menschentypus zulassen könnte, der dann eben auch keiner kulturellen Vielfalt mehr bedürfte. Also, ein *Aufstieg zur Einheit*?

Die Menschheit kann heute zwar kaum *so* dumm sein, daß sie *jeden* Zukunftsentwurf als wünschenswert akzeptiert, weil das Individuum nun einmal glaubt, bestimmte Rechte zu haben, um die es nicht betrogen werden will. Aber die Propheten besserer Welten haken ja gerade an diesen Rechten ein und versprechen ihre Erfüllung in einer anderen, besseren Welt in naher oder ferner Zukunft. Wenn Fortschritt ein kontinuierlicher, aber langsamer Vorgang ist, dann müssen wir notgedrungenermaßen akzeptieren, daß er seine Zeit braucht, um uns dorthin zu bringen, wo uns die Propheten besserer Welten haben wollen.

Hierzu passen ein paar Zeilen aus Franco Ferruccis köstlichem, aber nicht unernstem Buch *Die Schöpfung*, in dem Gott sein Leben selbst erzählt. Da erfahren wir, wie es ihm nach dem Tode Christi ergangen war und welches Gefühl ihn in einer Welt ohne Propheten beschlichen hatte:

> Ich machte mir klar, daß die Propheten wie Väter für mich gewesen waren, von denen ich Antworten auf die Fragen nach dem Leben und dem Schicksal des Menschen erwartet hatte. Ich hatte

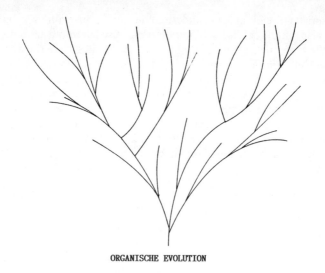

ORGANISCHE EVOLUTION

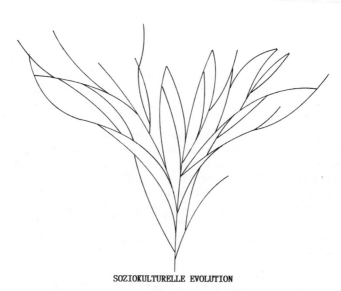

SOZIOKULTURELLE EVOLUTION

Abb. 32: Schematische Darstellung der Unterschiede zwischen der organischen und der soziokulturellen Evolution.

das Bedürfnis nach Gewißheit gehabt, und sie hatten mir mit der Miene, meinen Befehlen zu gehorchen, Vorschriften und Verbote in den Mund gelegt, an die ich nicht einmal gedacht hatte. In meinem Namen töteten sie, wenn nötig, und ließen sich töten. Wollte ich erwachsen werden, mußte ich mich von ihnen frei machen. Eines Morgens verließ ich das Haus mit dem Entschluß, meinen eigenen Weg zu finden. Ohne Propheten und Emissäre erschien mir das Universum von einer ungeheuren Weite (Ferrucci 1988, S. 191).

Dem Menschen scheint es nicht viel anders zu gehen als Gott. Sich ohne Propheten in der Welt zurechtzufinden — das ist das Problem.

Teil II
Evolution ohne Fortschritt

»Die Evolution ist ... eine unumkehrbare Abfolge von Katastrophen.«

MANFRED EIGEN

»Eine vollkommene Gesellschaft ist also unmöglich.«

KARL R. POPPER

1 Zickzackweg auf dem schmalen Grat des Lebens

Die abgebrochenen Äste des Stammbaums

Erinnern wir uns: Die Evolution der Lebewesen wird seit dem 19. Jahrhundert durch Stammbaum-Modelle veranschaulicht, wobei die Äste des Baumes vorzugsweise nach oben weisen (siehe nochmals Haeckels Stammbaum in Abb. 15 auf Seite 94). Das entspricht durchaus der Idee des Fortschritts in der Evolution. Was aber unterschlagen wird, ist — um den »Baum« wörtlich zu nehmen —, die Tatsache, daß Äste immer wieder abbrechen, sei es, daß sie alt und morsch werden, oder den äußeren Einflüssen, vor allem der Windeinwirkung, nicht standhalten können.

Die heute lebenden Organismenarten, deren Zahl auf mehrere Millionen geschätzt wird [1], sind — und man übersieht das häufig - eigentlich nur relativ wenige verbliebene Äste oder, besser, Zweige des alten »Baumes« des Lebens auf der Erde. Eine weitaus größere Zahl von Arten ist im Laufe der Erdgeschichte, in den etwa dreieinhalb Jahrmilliarden, die seit der Entstehung des Lebens verstrichen sind, ausgestorben. Wie schon der Paläontologe Abel (1909, S. 176) schrieb:

> Viele Lebewesen früherer Zeitabschnitte der Erdgeschichte sind vollständig erloschen. Hierher gehören die seltsam geformten Trilobiten und Riesenkrebse, die Ammoniten und Belemniten, die Panzerfische, die Ichthyosaurier, Plesiosaurier, Pterosaurier, Dinosaurier und andere größere Gruppen. Alle diese Stämme sind ohne Nachkommen erloschen, sie stellen abgestorbene große Äste des Tierstammes vor.

---

[1] Bekannt und beschrieben sind heute rund eineinhalb Millionen Pflanzen- und Tierarten. Seit aber, etwa in den letzten fünfzehn Jahren, eine neue Generation von Biologen vor allem den Kronenraum des tropischen Regenwaldes eingehender untersucht haben, erreichen Hochrechnungen Werte von mindestens zwanzig Millionen, und sogar vorsichtige Schätzungen erreichen immer noch einen Wert von zehn Millionen. Damit rückte in den letzten Jahren das Phänomen der Artenvielfalt oder *Biodiversität* verstärkt in den Blickpunkt des Interesses vieler Biologen (vgl. z. B. Reichholf 1993, Zwölfer und Völkl 1993).

Selbst der einst so vielfältig verzweigte Ast der Saurier (Abb. 33) ist also abgebrochen; am Baum haften blieb nur der jämmerliche Rest von ein paar Tausend Zweigen, den heute noch auf unserem Planeten (vorwiegend in den wärmeren Regionen) herumkriechenden Reptilienarten. Durch *Jurassic Park* und die moderne Spielzeugindustrie ist der von Bölsche (1934) so bezeichnete »wilde, rohe Vorweltspuk« unseren Kindern (und einem interessierten Kreis von Erwachsenen) in Erinnerung gerufen worden. Der Paläontologe muß sich mit alten Knochen zufrieden geben und hat seine volle Arbeitskraft einzusetzen, um aus diesen Knochen und sonstigen ihm zur Verfügung stehenden Daten »Lebensbilder« jener zum Mythos stilisierten Geschöpfe zu rekonstruieren. Aber für den Paläontologen ist das Aussterben von Arten und ganzen Organismenklassen und -stämmen ein gewohntes Bild. Er hat praktisch nur, um bei unserer Metapher zu bleiben, abgebrochene Äste vor sich; sie liegen eingebettet in den Gesteinsablagerungen verschiedener erdgeschichtlicher Epochen. Erben (1979, S. 109 f) schreibt dazu treffend:

> Das Aussterben einer Spezies, wie auch immer sie heißen mag, ist für den Paläontologen etwas durchaus Triviales. Er überblickt das Geschehen von über 3200 Jahrmillionen der Entwicklung des Lebens, er sieht die Arten kommen und gehen, ihr Auftauchen und ihr Verschwinden, es wird ihm zum gewohnten Bild. Wie auf den dunklen Großflächen von Lichtreklamen der Großstadt-Boulevards im bunten, schnellen Wechsel die einzelnen Lichter aufblitzen und wieder erlöschen, in unregelmäßigen Zeitabständen und mit uneinheitlicher Verteilung des Aufflackerns, insgesamt aber doch in stetiger und ununterbrochener Folge, so tauchen auch sie auf, Tausende von Spezies und Gattungen, und so vergehen sie auch wieder vor dem Hintergrund der kontinuierlichen Gesamtevolution. Aber abrupt, wenn auch selten, können sich vorübergehende Störungen einschalten: Urplötzlich fällt eine größere Zahl von Glühbirnen aus, beträchtliche Teile der Reklamefläche liegen schlagartig im Dunkeln — doch nur für Sekunden, denn schon strahlen wieder Lichter auf, setzt sich das alte Spiel wieder fort.

Es ist das Spiel vom Leben und Sterben, vom Werden und Vergehen. Die Frage drängt sich auf, ob die Evolution tatsächlich ein langsamer, kontinuierlicher Prozeß ist, der die Arten in unzähligen winzigen Schritten verändert, der schrittweise zu besserer Anpassung führt und so Höherentwicklung und Vervollkommnung er-

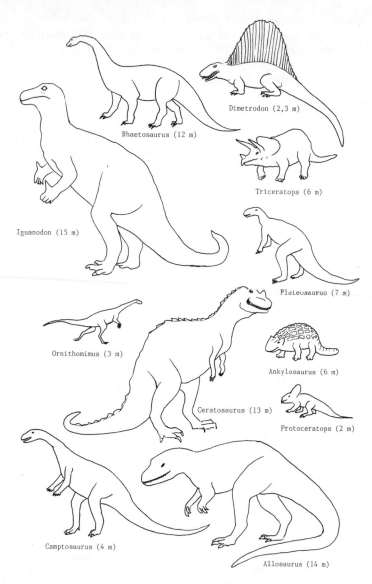

Abb. 33: Kleines Saurier-Panorama. Einige landlebende Saurierarten (mit Angabe der Körperlänge, jedoch nicht im gleichen Maßstab gezeichnet).

möglicht. Den traditionellen Evolutionstheorien (Lamarck, Darwin) mit ihrem Gradualismus (vgl. Seite 104) wurde dann auch oft vorgeworfen, daß sie Evolution einseitig, als linearen Vorgang interpretieren. Einige Paläontologen haben »Typensprünge« angenommen und dem Gradualismus einen *Typostrophismus* gegenübergestellt, einen »unvermittelten, sprunghaften, ganzheitlichen Typenwandel verschiedener Stufengrade« (Schindewolf 1950, S. 265). Dabei konnten sie auf die allerdings auch von den Vertretern der Theorie Darwins und der Synthetischen Theorie gewonnene Erkenntnis vom unterschiedlichen Evolutionstempo zurückgreifen (vgl. z. B. Simpson 1953). Es scheint offenkundig, daß verschiedene Organismengruppen unterschiedlich schnell oder langsamen evolvieren. Viele der heutigen Säugetiere etwa sind das Ergebnis von relativ kurzfristigen evolutiven Änderungen. Andererseits existieren heute noch viele »konservative« Formen, *lebende Fossilien*, die sich über viele Jahrmillionen nicht nennenswert verändert haben, wie z. B. die eierlegenden Säugetiere (Schnabeltiere, Ameisenigel), der Quastenflosser (*Latimeria*) und andere (zur Übersicht siehe z. B. Burton 1956).

Kurz gesagt, für einige Stammesreihen lassen sich »explosive Phasen« feststellen, andere »stagnieren« in ihrer Entwicklung. Dieser Umstand hat vor etwa zwanzig Jahren abermals einige Paläontologen dazu bewogen, an der Auffassung zu zweifeln, daß sich Evolution generell als kontinuierlicher, langsamer Prozeß abspielt. Sie stellten dem Gradualismus den *Punktualismus* gegenüber, die Lehre von den »unterbrochenen Gleichgewichten« (*punctuated equilibria*). Vertreter dieser Lehre sind beispielsweise Gould (1989 a, b) und Stanley (1983). Freilich müssen Gradualismus und Punktualismus kein Widerspruch sein. Man könnte sich darauf einigen, daß Evolution eben einmal tatsächlich langsam, ein andermal sprunghaft verläuft (vgl. z. B. Flügel und Hüssner 1987, Wuketits 1988 a).[2]

---

[2] Das Problem hat jedoch einen weiteren Radius. Da Gould, um es einmal so auszudrücken, marxistischen Argumenten gegenüber aufgeschlossen ist, ist er in den Verdacht geraten, den Punktualismus deswegen zu verteidigen, weil er *Revolutionen* zuläßt. Der Gradualismus wiederum wäre dann die naturhistorische Rechtfertigung einer konservativen Politik. Ich will hier nicht näher auf diese Aspekte eingehen, man möge sich aber in diesem Zusammenhang abermals vergegenwärtigen, welche Brisanz evolutionstheoretische Standpunkte gewinnen können, wenn man sie nur entsprechend interpretiert.

Auch was das Phänomen des Aussterbens in der Evolution betrifft, läßt sich argumentieren, daß eine Stammeslinie langsam erlischt, eine andere ziemlich abrupt. (Ein gebrochener Ast kann ja noch einige Zeit am Stamm hängenbleiben; manchmal aber fällt er sofort hinunter.)

Es wird nicht überraschend kommen, daß die Vertreter des Punktualismus skeptisch auf die Idee eines linearen Fortschritts reagieren. Gould (1988) schlägt vor, die Fortschrittsidee durch einen operationalen Begriff des Aufrechterhaltens einer Richtung zu ersetzen. Was eine historische Wissenschaft braucht, so meint er, sei ein günstiger Weg, gerichtete Prozesse zu studieren; da dieser Weg nicht einfach zu finden sei, habe man einfach den Fortschritt als Voraussetzung, als grundlegende Triebkraft genommen. Sicher kommt es auch nicht von ungefähr, daß die »Punktualisten« den Adaptationismus (vgl. Seite 106) ablehnen, in dessen Rahmen evolutive Trends traditionellerweise als von der Selektion begünstigte Anpassungsrichtungen interpretiert werden. Als Alternative schlagen sie vor, Trends als unselektierte Effekte von Merkmalen und Vorgängen innerhalb einer Art zu sehen; wobei Anpassungen von Lebewesen zwar von der Selektion zwecks unmittelbarer Eignung begünstigt worden seien, zufällig aber auch unterschiedliche Prozesse der Artbildung und der Aussterbensraten sowie Trends determiniert haben mögen (Vrba 1983).

Ohne uns hier in Details zu verlieren, können wir vorläufig folgendes festhalten: In der Evolution der Lebewesen werden nicht einfach einzelne Arten langsam durch andere abgelöst; manche Arten bleiben ziemlich lange bestehen; andere Arten (ja, ganze Klassen und Stämme) verschwinden innerhalb relativ kurzer Zeit; wieder andere verändern sich tatsächlich in langsamen Schritten. Eine kontinuierliche, langsame Vervollkommnung und Höherentwicklung hat offenbar nicht stattgefunden. Der Stammbaum der Organismen wäre also, vor allem unter Berücksichtigung seiner abgebrochenen Äste, neu zu zeichnen (vgl. Wuketits 1992 d): Viele der »archaischen« Organismenformen sind ausgestorben, nur jeweils sehr wenige von ihnen schafften den »Sprung« zu einer neuen Entwicklungsstufe. Wenn wir nochmals die Saurier hierzu bemühen — deren Aussterben heute immer öfter auf den Einschlag eines Asteroiden auf die Erde zurückgeführt wird (vgl. z. B. Alvarez und Asaro 1990, Raup 1992) —, so sehen wir eine überaus artenreiche Tiergruppe Abschied nehmen, die nur wenige »moderne« Repräsentanten aufweist (lebende Fossilien wie z. B. die neuseeländische Brückenechse). Auf der anderen Seite haben die Saurier zwei heute dominierende Tierklassen hervorgebracht, nämlich die Vögel und die Säugetiere, von denen (insbesondere den letzteren) man gemeinhin sagen würde, sie seien höher entwickelt als ihre Vorfahren. Also doch Fortschritt?

Nicht wirklich. Jedenfalls sind den aus der Feststellung, daß eine Tiergruppe neue Tiergruppen hervorbringt, ableitbaren Argumenten für den Fortschritt andere Argumente entgegenzustellen. Sicher ist die Natur sehr erfindungsreich und hat im Laufe der Zeit funktionelle Verbesserungen bei manchen Lebewesen hervorgebracht. Da nun aber keine Organismenform für die Ewigkeit geschaffen ist und früher oder später ausstirbt, sind auch diese Verbesserungen nicht unter dem Aspekt eines generellen Fortschritts zu sehen. Oder, wie Wieser (1989, S. 101) schreibt:

> So gibt es wohl paläontologische Evidenz dafür, daß Baupläne schnell schwimmender Wassertiere in geologischen Zeiträumen perfektioniert wurden, aber neben den stromlinienförmigen Haien, Thunfischen und Delphinen haben sich auch gemächliche Kofferfische, skurrile Seepferdchen und plakatfarbige Korallenfische entwickelt.

Es kommt also in der Evolution nur darauf an, daß Organismen *Lösungen* für ihre Probleme finden. Zu diesen Problemen gehört vor allem die Sicherung des Fortpflanzungserfolgs, und es ist völlig gleichgültig, *wie* dieser Erfolg gesichert wird.

Das in mancher Hinsicht »primitive« Schnabeltier beispielsweise ist also nicht schlechter dran als der »hochentwickelte« Schimpanse, und der abermals »hochentwickelte« Elefant hat seine Probleme nicht besser gelöst als das »primitive« Gürteltier. Organismen wollen sich fortpflanzen, sie müssen, um — für stets einen beschränkten Zeitraum — selbst am Leben zu bleiben, Nahrung aufnehmen, sich vor Feinden schützen usw. Am Ende ist jeder Organismenart aber ihr Aussterben sicher. Langfristig gesehen gibt es in der Evolution also keine Sieger, sondern nur Verlierer. Dennoch mag man selbst unter diesen Umständen noch Hoffnung schöpfen; man könnte sagen, daß eben eine Organismenart anderen Platz macht, damit eine kontinuierliche Höherentwicklung ermöglicht wird. So bemerkt auch Mohr (1983), das Aussterben, der Stammestod, sei die Voraussetzung für die Höherentwicklung, die Möglichkeit des *Homo sapiens* resultiere aus dem großen Massensterben am Ende des Mesozoikums und zu Beginn des Känozoikums. Da nun *Homo sapiens* tatsächlich aufgetreten ist, kann sich hier leicht das alte teleologische Argument einschleichen, wonach selbst das Aussterben seinen Sinn hat, gewissermaßen einem höheren Zwecke dient.

Doch warum sollte das so sein? Es gibt, außerhalb unseres Wunschdenkens, keinen brauchbaren Hinweis darauf, daß irgendeine Spezies auftreten *mußte* und das Aussterben von Arten deswegen erfolgte, weil neue Spezies entstehen mußten. Wir sollten uns damit begnügen, daß im Laufe der Erdgeschichte jeweils verschiedene Pflanzen- und Tiergruppen dominierten und daß nach einer gewissen Zeit ihr Erlöschen unausweichlich war, und zwar unabhängig davon, welche Arten danach die Bühne der Evolution betreten haben. Freilich garantierte bisher die enorme Fülle von Arten die Kontinuität der Evolution, gleich was auch geschah, denn einige haben immer Nischen gefunden, in denen sie entweder im Verborgenen lebten oder auch zur Blüte gelangten. Wir machen häufig den Fehler zu glauben, daß die bloße Existenz bestimmter Lebewesen schon deren *Notwendigkeit* bedeutet. Zur Zeit der ersten fischartigen Wirbeltiere in den ersten Perioden des Paläozoikums hätte man aber nicht den geringsten Hinweis darauf gefunden, daß (nach vielen Jahrmillionen) Vögel und Säugetiere auftreten werden. Wären jene frühen Wirbeltiere, aus welchen Gründen auch immer, ausgestorben, dann hätte es eben niemals Vögel und Säugetiere gegeben — und kein Hominide hätte ihre Fossilien gefunden.

Bleibt die Frage nach den eigentlichen Ursachen des Aussterbens. Dem Alten Testament zufolge wollte Gott durch die Sintflut das Leben vernichten — was ja bekanntlich nicht ganz gelungen ist, weil Noah von jeder Art ein Paar auf die Arche mitnahm, oder doch zumindest »Repräsentanten eines großen Theiles der gesammten Thierwelt sammt der nöthigen Nahrung« (Reusch 1876, S. 326). Doch während die Sintflut von der Bibel als einmaliges Ereignis der Schöpfungsgeschichte dargestellt wird, ist das Aussterben in der Evolution ein, wie gesagt, ständiges Ereignis, das zu unterschiedlichen Zeiten die unterschiedlichsten Arten erfaßt. Sicher haben dabei immer wieder Umweltfaktoren ihre Rolle gespielt — dramatische Klimaänderungen, auf die Erde herabfallende Asteroiden und ihre Teile, Naturkatastrophen verschiedenster Art (siehe unten). Doch wurde schon zu Beginn unseres Jahrhunderts von Paläontologen (z. B. Hoernes 1911) betont, daß auch innere Faktoren für das Aussterben verantwortlich seien, und in neuerer Zeit hat Erben (1979, 1981) diesen Faktoren Beachtung geschenkt. Die Konstruktions- und Funktionsbedingungen mancher Lebewesen führen demnach zu Degenerationserscheinungen, welche das Aussterben praktisch erzwingen. Vor allem einseitige Spezialisierung bedeutet für ein Lebewesen, daß seine Tage gezählt sind. Eines von vielen Beispielen ist der Giraffenhals-Saurier (Abb. 34). Sieht man also von den eklatanten Umweltkatastrophen ab, die das Erlöschen von Organismengruppen bewirken können und rein äußere Faktoren des Aussterbens darstellen, so ist es der Bauplan der Lebewesen, der ihr Aussterben bedingt. Allerdings sind äußere und innere Faktoren miteinander verknüpft. Bauplanbedingte fehlende Flexibilität reduziert die Fähigkeit, auf Umweltänderungen lebenserhaltend zu reagieren, so daß das *Wechselspiel* von Umwelt und Innenwelt die tatsächliche Ursache für das Aussterben vieler Arten ist.

Leben heißt Sterben

Nach dem Gesagten kommt es sicher nicht überraschend, wenn ich festhalte, daß Leben und Sterben eng miteinander verbunden sind, daß Leben Sterben heißt. Keineswegs ist diese Feststellung originell, denn wir alle wissen, daß wir sterblich sind und, ob es uns paßt oder nicht, nur für eine begrenzte Dauer auf Erden weilen. *La vie c'est la mort*, bemerkte daher der Physiologe Claude Bernard (1813–1878), *Leben heißt Sterben*, notierte Friedrich Engels (1820–1895) in seinen zwischen 1873 und 1883 zusammengestellten Konvoluten zur *Dialektik der Natur* (vgl. Engels 1973, S. 289), und Erben (1981) widmete diesem ganzen Problemkreis ein Buch, in dem er — aus der Sicht des Paläontologen — das Sterben der Individuen und das Aussterben der Arten ausführlich diskutiert.

Diese an sich triviale Erkenntnis trifft die Apostel des Fortschrittsgedankens hart, insbesondere auch deshalb, weil sie sich

Abb. 34: Giraffenhals-Saurier (*Tanystropheus longobardicus*) aus der Trias-Zeit zum Beispiel für einseitige Spezialisation von Organen (aus Erben 1981).

vergegenwärtigen müssen, daß das Sterben vielfach mit Leiden verbunden ist. Für den, der den nüchternen Tatsachen ebenso nüchtern ins Auge zu sehen bereit ist, bedeutet der Tod eines Lebewesens nichts weiter als die Reduzierung der freien Energie in einem (lebenden) System auf den Wert Null. Menschen sehen die Dinge aber gern emotional — gern vielleicht nicht, aber sie können oft nicht anders —, so daß sie den Tod ihnen nahestehender Lebewesen bedauern und vor allem nur mit Widerwillen die Aussicht auf ihren eigenen Tod akzeptieren.

Da sich selbst die Konstrukteure von schillerndsten Utopien über die Tatsache der Sterblichkeit nicht hinwegsetzen können, haben sie Mittel und Wege gefunden, dem Tod einen Sinn abzuringen und ihn letztlich im Dienste des Fortschritts zu interpretieren. Man muß sterben, um das »ewige Leben« zu finden, anderen Platz zu machen usw. Mit solchen Floskeln wird man über die eigene Sterblichkeit hinweggetröstet, und oft wird einem weisgemacht, daß der Tod des Individuums der Vervollkommnung des Lebens im Ganzen dient. Ich würde das alles als Unsinn abtun, wäre die Sache nicht ernst. Viele Menschen haben vielleicht keine Angst vor dem Tod, aber vor dem Sterben, weil dieses mit Leiden verbunden sein kann. Und gewiß ist ein altersschwacher, dahinsiechender Hund kein angenehmer und trostreicher Anblick, ganz zu schweigen von einem Menschen, der ans Bett gefesselt, hilflos und schwach, mit Schmerzen nur noch den Tod erwartet und dem noch dazu *bewußt* ist, daß sein Leben unaufhaltsam zu Ende geht und es nie wieder so wird, wie es einmal war. Hier tut dann oft Hoffnung not. Zumindest bedarf es der Einsicht, daß man gut gelebt hat. Was aber viele angesichts des Todes nicht von ihrem (vergangenen) Leben behaupten können, so daß der Glaube an eine »höhere Form von Leben«, an ein Leben im Jenseits, an eine »höhere Gerechtigkeit« usw. sich in der Tat oft geradezu automatisch einstellt. Da er in die Zukunft blickt, ist der Mensch von Natur aus ein hoffendes Lebewesen; zumal die Zukunft — vor und auch nach dem eigenen Tod — stets ungewiß ist, neigen wir dazu, sie möglichst rosig zu sehen.

Das Elend der Kreaturen ist untrennbar mit der Evolution verbunden. Dies ist ein unumstößliches Faktum. Wenn man Darwin ernst nimmt, dann sieht man, daß das Sterben der Individuen zu den Grundvoraussetzungen der Evolution gehört. Die Selektion nimmt keine Rücksicht. Von den Nachkommen, die jedes Lebewesen produziert, sterben viele einen frühen und oft qualvollen Tod. Dabei kann niemand einem Löwen Vorwürfe machen, wenn er eine Gazelle bis zu deren Erschöpfung jagt, dann tötet und verzehrt. Und Tiere, die nicht von anderen Tieren getötet werden, verenden häufig aufgrund großer Kälte, verdursten, verhungern, verbrennen — auch im Hinblick auf die Todesarten ist die Natur recht erfindungsreich. Es erscheint paradox, daß sich viele Tiere gerade deswegen so rege fortpflanzen, weil von vornherein feststeht, daß die meisten ihrer Nachkommen nur ein paar Stunden oder Tage, vielleicht Wochen, am Leben bleiben werden. Welche Verschwendung, könnte man sagen. Wäre es nicht besser, hätte jedes Tier stets nur einen Nachkommen, diesem aber wäre ein relativ langes und angenehmes Leben sicher?

Aber die Evolution funktioniert nun einmal auf der Basis der Produktion einer genetischen Vielfalt, die nur gewährleistet ist, wenn möglichst viele Nachkommen gezeugt werden, ganz gleich, welche Lebenschancen ihnen gegeben sind.[3] Von der Evolution anderes zu erwarten ist also nicht gerechtfertigt. Das Übel in der Evolution ist natürlich auch den Theologen nicht verborgen geblieben, und sie fragen, wie etwa der protestantische Pfarrer Böhme (1983, S. 80): »Wieso ist jeder Fortschritt mit so viel Schmerz verbunden, warum steht der lichten Seite der Natur, ihrer Zweckmäßigkeit und Schönheit so viel Dunkelheit gegenüber?« Vielleicht, so möchte ich antworten, weil es Fortschritt, Zweckmäßigkeit und Schönheit in der Natur überhaupt nicht gibt; weil sie Kategorien unseres Wunschdenkens sind, Projektionen in eine Natur, die keine ersten Gründe und letzten Zwecke kennt, die weder schön, noch häßlich, weder gut, noch böse ist, sondern uns Menschen bloß so *erscheint*. Der, der von Fortschritt und Höherentwicklung in der Evolution überzeugt ist, wird diese Verschwendung von Individuen und Arten schwer begreiflich finden. Markl (1983 a, S. 47) führt dazu treffend folgendes aus:

> Gäbe es einen großen Plan zur kontinuierlichen Höherentwicklung, der es der Selektion ermöglicht, alle Arten immer nur weiter aufwärts, einem absoluten Fitnessgipfel hin zuzutreiben, gleichsam die scala naturae der Naturphilosophen hinaufsteigend, so

---

[3] Bei Tieren, die nur wenige Nachkommen zeugen (z. B. Elefanten), ist der Elternaufwand entsprechend groß. Den Nachkommen muß volle Aufmerksamkeit geschenkt werden, damit sie durchgebracht werden können.

wäre [die] anhaltende Artenverschwendung unbegreiflich. Ist die Evolution aber ein immerwährender Suchprozeß nach neuen Zwischengipfeln in einer unbegrenzt vielfältigen und sich eben durch dieses ständige Suchen aller Beteiligten immerzu wandelnden Landschaft der Lebensmöglichkeiten, in der jede Spezies daraufhin selektiert wird, in ihrer Nische auf Zeit »king of the castle« zu sein, so ist dieses unaufhörliche »Stirb und Werde« der Evolution verständlich.

Es geht also in der Evolution bloß darum, vorübergehend eine »relativ optimale« Lebens- und Überlebensstrategie zu finden, und nicht darum, irgendeine Art beständig zur Vervollkommnung zu treiben (Wuketits 1993 a).

Ähnlich verhält es sich mit der individuellen Entwicklung von Lebewesen. Da das Leben jedes Individuums — gleich, ob auf zwei oder zweihundert Jahre — beschränkt ist, kann es auch dabei nur um ein »relativ optimales« Leben unter bestimmten Bedingungen gehen. Der Mensch ist damit nicht zufrieden und hat das Jenseits erfunden, wo es angeblich das Maximum an Lebensglück zu finden gibt. Daher haben nicht nur wohlmeinende Propheten, sondern auch allerlei Scharlatane, selbsternannte Führer, Demagogen und falsche Priester immer Hochkonjunktur. Mit einem solchen Glauben an das Jenseits lassen sich gute Geschäfte machen. Das wissen natürlich auch Beerdigungsinstitute; und nicht so sehr vom Jenseits, aber doch von der Angst vor dem Tod profitieren schließlich die Versicherungen, die ihre Dienste etwa nach folgendem Motto anpreisen: »Schließen Sie eine Lebensversicherung ab, dann kann Ihnen eigentlich nichts mehr passieren (und wir hoffen, daß Ihnen so bald nichts passiert, damit Sie möglichst lange hohe Versicherungsbeiträge an uns zahlen können)!«

Leben und Sterben, Evolution und Aussterben sind also eng miteinander verbunden. Auch immer bessere Anpassung, woran, wie bereits gesagt, der Gedanke an Vervollkommnung geknüpft wird, wäre (und ist) keine Garantie für das Überleben einer Art. Es kann gerade umgekehrt zum Aussterben *wegen* Anpassung kommen (Erben 1981), wenn die betreffende Spezies sehr spezialisiert, »überangepaßt« ist, weil sie damit jede Flexibilität verloren hat, die nötig wäre, um auf eine noch so geringfügige Umweltänderung in lebenserhaltender Weise reagieren zu können. Ein Beispiel dafür ist der von uns allen so verehrte Große Panda oder Bambusbär, der die meiste Zeit des Tages damit verbringt, Bambus zu kauen und in ernährungsphysiologischer Hinsicht ein extremer Spezialist ist. Die Frage ist, ob diese tapsige Kreatur als erfolgreicher Spezialist oder als Irrläufer der Evolution zu beurteilen sein wird (vgl. Gittleman 1994).

Diese Frage stellt sich für sehr viele Spezies. Am Ende freilich macht das alles keinen Unterschied. Auch die »Generalisten« unter den Lebewesen bleiben nicht ewig erhalten. So wie im individuellen Leben, wie angenehm und erfolgreich es auch sein mag, der Tod das unausweichliche Ende ist, so kommt keine Spezies auf Dauer am *Artentod* vorbei.[4] Statt uns also von Illusionen leiten zu lassen, sollten wir uns damit begnügen, daß die Entwicklung einer Art wie die eines Individuums immerhin einige »Zwischengipfel« erreichen kann, der »höchste Gipfel« jedoch unerreicht bleibt und sich in einer undurchdringlichen Wolkenmasse verbirgt.

Evolution, Devolution, Involution

Wie falsch es ist, Evolution mit kontinuierlicher Höherentwicklung zu assoziieren, zeigen jene vielen Beispiele für Lebewesen, die gleichsam den umgekehrten Weg gegangen sind. Es sind die *Parasiten*, die aufgrund ihrer vom Wirtsorganismus abhängigen Lebensweise Rückbildungserscheinungen im Körperbau aufweisen und oft überhaupt nur auf den Freß- und Geschlechtsapparat reduziert sind (zur Übersicht siehe z. B. Osche 1966). Zunahme von Komplexität ist also kein durchgehendes Merkmal der Evolution, und angesichts der unzähligen parasitär lebenden Organismenarten sollte man sich auch davor hüten, eine allgemeine Höherentwicklung für die Evolution des Lebens anzunehmen.

Um Phänomene wie den Parasitismus zu kennzeichnen, kann man sich der Ausdrücke *Devolution* und *Involution* bedienen, die allerdings nicht streng synonym sind. Devolution bedeutet wörtlich ein »Abrollen« oder »Hinunterrollen«, also im übertragenen Sinne den Abstieg (in der Evolution im Gegensatz zum Aufstieg als Höherentwicklung). Involution, der häufiger verwendete Aus-

---

4 Wir wollen nicht übersehen, daß sich manche Arten im Laufe ihrer Evolution in »Tochterarten« aufspalten, also nicht im eigentlichen Sinne aussterben.

druck, ist etwas präziser und bezeichnet eine Rückentwicklung bzw. Rückbildung von Organen, was eben besonders für die Parasiten zutrifft. Involution bedeutet aber auch ein so hohes Maß an Spezialisierung und Umweltabhängigkeit, daß einem in diesem Stadium befindlichen Lebewesen keine Entwicklungsmöglichkeit mehr offensteht, was abermals für Parasiten zutrifft. Lorenz (1983) spricht in diesem Zusammenhang von »Sacculinisierung« und bezieht sich damit auf den Krebs *Sacculina carcini*.

Diese Spezies, ein Angehöriger der Gruppe der Wurzelkrebse, schmarotzt vorzugsweise an Krabben. Das geschlechtsreife Tier ist dabei kaum als Krebs zu erkennen. Interessanterweise ist seine Larve noch ein frei schwimmendes Lebewesen, allerdings darauf programmiert, einen Wirtsorganismus zu finden, und sich an dessen Unterseite in den Körper einzubohren. Ist dies einmal gelungen, wachsen aus dem Vorderende der *Sacculina* Schläuche in den Wirtskörper, während ihre Augen und Extremitäten sowie ihr Nervensystem rückgebildet werden und schließlich verschwinden. An der Außenseite des Wirtes wächst die *Sacculina* zu einer Geschlechtsdrüse aus, die die Größe einer Kirsche erreichen kann.

Dieses Beispiel zeigt, was Evolution *auch* ist — eine regressive Entwicklung, ein Vorgang der Komplexitätsreduktion. Überhaupt eignen sich die Parasiten als deutliche Hinweise darauf, daß Evolution nicht schlechthin in Begriffen des Fortschritts und der Höherentwicklung beschrieben werden kann. Ich erinnere mich in diesem Zusammenhang gut an eine Bemerkung, die der schwedische Verhaltensforscher Sverre Sjölander einmal, in einer Wiener Kneipe zu später Stunde mit mir im Gespräch über Evolution vertieft, von sich gab: »Ach, was soll denn das Gerede von Fortschritt und Höherentwicklung in der Evolution? Man braucht sich doch nur zu vergegenwärtigen, wie viele Arten von Parasiten ein einzelner Hund, also ein ›hochentwickeltes‹ Tier, beherbergt. Es gibt wesentlich mehr Arten von Parasiten, als es ›hochentwickelte‹ Säugetierarten gibt.« Ich weiß nicht, ob diese Bemerkung mich in meinem Entschluß, dieses Buch zu schreiben, (unbewußt) beeinflußt hat, vergessen habe ich sie nicht. Aber auch Osche (1966, S. 9) betont, viele wildlebende Vögel und Säugetiere seien »kleine wandelnde ›Zoologische Gärten‹, die in den ›Gehegen‹ ihrer verschiedenen Organe einer oft stattlichen Zahl unterschiedlicher Parasitenarten Nahrung und Umwelt bieten.«

Vielleicht ist der Begriff des Parasiten oder Schmarotzers gerade deswegen so negativ besetzt, weil wir in der Evolution eine durchgehende Höherentwicklung anzunehmen bereit sind. Ein jagender Leopard macht auf uns den Eindruck von Eleganz und Grazie, von einem Fuchs meinen wir, er sei schlau, einer Eule unterstellen wir Weisheit, Bären bewundern wir ob ihrer Körperkraft, Kaninchen erwecken in uns den Hegeinstinkt. Aber Parasiten finden wir verabscheuungswürdig; sie sind ekelerregende Geschöpfe, die wir bekämpfen (mit einer gewissen Berechtigung, denn viele von ihnen können uns ernsthaft schaden). Sie stören unser Gefühl für die »Ästhetik der Evolution«.

Aber man bedenke nochmals, daß es in der Evolution lediglich um Lebens- und Überlebensstrategien geht, um die Lösung der fundamentalen Probleme des Lebens — und nicht um die Befriedigung *unserer* ästhetischen Bedürfnisse. Die Strategie der Parasiten ist *eine* mögliche Lebensstrategie, sie ist nicht besser oder schlechter als andere. Sicher sind Parasiten keine Ausgangspunkte für eine weitere Evolution oder gar Höherentwicklung, aber das sind spezialisierte »höhere« Tiere auch nicht.

Ein anderes, von Konrad Lorenz schon in den dreißiger Jahren und später wiederholt erwähntes Beispiel für Involution sind die Haustiere. In seinem apokalyptisch anmutenden Spätwerk lesen wir:

> Fast alle Haustiere haben viel von der Bewegungsfähigkeit ihrer undomestizierten Vorfahren verloren; alle haben nur in Hinsicht auf jene Eigenschaften gewonnen, die dem Menschen dienlich sind und auf die er bewußt oder unbewußt einen Selektionsdruck ausübt ... Unser ästhetisches Empfinden bewertet die meisten Domestikationserscheinungen negativ (Lorenz 1983, S. 53 f).

Lorenz übertrug dieses Prinzip der Domestikation auch auf den Menschen und seine Kultur und sah »die unverkennbaren Zeichen der Rückentwicklung« (Lorenz 1974, S. 293), deutliche Anzeichen, daß »unsere Art ... heute in körperlicher Hinsicht unverkennbare Domestikationserscheinungen zeigt« (Lorenz 1983, S. 56). Aber was den Menschen und Involutionstendenzen seiner Kultur betrifft, so kommen wir noch im nächsten Kapitel darauf zu sprechen.

An dieser Stelle ist es wichtig, sich zu vergegenwärtigen, daß Evolution offenbar auch Vereinfachungen der Struktur zuläßt —

und das bei sehr vielen Organismenarten —, so daß eine kontinuierliche Höherentwicklung nicht angenommen werden kann.

Während ich aber die Tatsache der Strukturvereinfachung in der Natur mit keinerlei Wertungen in Verbindung bringen möchte, hat Lorenz diese Tatsache mit Werturteilen verknüpft. Das ist verständlich, denn er war grundsätzlich vom Fortschritt in der Evolution überzeugt.

Involution ist kein Hinweis auf Diskontinuitäten in der Evolution; Evolution spielt sich immer ab, ob langsam oder schnell, das bleibt sich gleich. Sie ist aber ein klares Indiz dafür, daß die Evolution insgesamt keine bestimmte Richtung (etwa im Sinne einer Höherentwicklung) verfolgt. Viele Richtungen sind möglich. Evolution kann zur Komplexitätszunahme führen, sie hat tatsächlich Organismen hervorgebracht, die gegenüber ihren Vorfahren eine größere Unabhängigkeit von ihrer Umwelt zeigen, individuelle Lernleistungen vollbringen usw. Sie hat aber auch von der Umwelt völlig abhängige, spezialisierte Lebewesen hervorgebracht, darunter viele Arten, die auf Kosten der Komplexität eine von anderen Arten abhängige Lebensweise entwickelt haben. Kurz gesagt: Die Evolution läßt sich ihre Entwicklungswege nicht von unseren Erwartungen vorschreiben.

Blinde Konstrukteure und verfehlte Ziele

Wohl war bei Darwin und vielen anderen Evolutionstheoretikern der Glaube an einen Fortschritt in der Evolution sehr stark, sonst hätten sie den eklatanten Widerspruch zwischen der Fortschrittsidee — und allen in ihrem Umkreis angesiedelten Gedanken — und der Selektion erkennen müssen. Wie wirkt denn die Selektion? Sie sucht sich, anthropomorph gesagt, aus der Fülle der zufällig entstandenen erblichen Varianten einer Art diejenigen aus, die dem Bühnenbild der Evolution am besten gerecht werden. Im evolutionsbiologischen Fachjargon liest sich das folgendermaßen: »Selektion ist die Veränderung der relativen Häufigkeit der Genotypen in einer Population auf Grund der unterschiedlichen Fähigkeit ihrer Funktionsträger, in der nächsten Generation vertreten zu sein« (Hasenfuß 1987, S. 344). (Wobei der Genotyp die Gesamtheit genetischer Faktoren eines Individuums ausmacht.) Welche Funktionsträger, also Individuen, die Chance haben, in der nächsten Generation vertreten zu sein, ist von vornherein nicht bestimmt, weil die Selektion kein langfristiges Ziel vor Augen hat. Sie ist ein »kurzsichtiger Konstrukteur« (Riedl 1975).

Die anderen Evolutionsmechanismen, die für die Entstehung genetischer Vielfalt verantwortlich sind (genetische Rekombination, Mutation [vgl. Seite 77]) sind gar blind. Sie ergeben sich aus dem zufälligen Zusammentreffen zweier Individuen unterschiedlichen Geschlechts, aber von gleicher Art, die miteinander kopulieren. Die elterlichen genetischen Potenzen eines Individuums treten also neu durchmischt in Erscheinung, aber dieser Durchmischung liegt kein »System« zugrunde, kein Plan. Die Evolution insgesamt, nach Darwins Selektionstheorie (und der modernen Genetik) erklärt, kennt keine Absichten und Ziele. Dawkins (1987) verwendet die Metapher vom blinden Uhrmacher, um die Rolle der Evolutionsfaktoren zu verdeutlichen. Das trifft ziemlich gut die auf Darwins Theorie aufbauende Evolutionsvorstellung.

Konsequenterweise lehnt Dawkins auch die Idee eines durchgehenden Fortschritts in der Evolution des Lebenden ab. Er wendet sich gegen jenes attraktive Bild von Evolution, in dem die Repräsentanten jeder Generation besser, schneller, tapferer, größer als ihre Eltern sind und betont, daß die Verbesserungen, so sie auftreten, keineswegs kontinuierlich sind, sondern »eine launische Angelegenheit, die stagniert oder manchmal sogar ›rückläufig‹ ist, statt sich unbeirrt ›vorwärts‹ zu bewegen« (Dawkins 1987, S. 218). Aber das wird verständlich, wenn wir von einem Ziel in der Evolution Abstand nehmen.

Tatsächlich ist jedes Individuum, gleich welcher Art es angehört, zahlreichen Einflüssen ausgesetzt, die nicht vorhersehbar sind. Es können im Leben eines Individuums Katastrophen auftreten, Epidemien und andere Krankheiten, das Individuum sieht sich mit Feinden konfrontiert usw. Der Ausgang dieser Konfrontationen ist nicht vorherzusehen, er hängt weitgehend vom Zufall ab (Mayr 1991). Wenn man nun überhaupt von irgendeinem Ziel in der Evolution sprechen will, so kann es nur das Nahziel jedes Individuums sein, möglichst lange am Leben zu bleiben und sich fortzupflanzen, um seinen Genen wenigstens eine weitere Lebenschance zu geben. Aber selbst dieses Nahziel wird in der Natur immer und immer wieder verfehlt, weil sein Erreichen von unzähligen Faktoren abhängt, die von vornherein nicht kalkulierbar sind.

Was uns Menschen betrifft, so haben wir uns mit unserer Kultur und Zivilisation sozusagen eine zweite Haut geschaffen, die uns vor einigen Einflüssen, denen alle anderen Arten ungeschützt ausgesetzt sind, halbwegs bewahrt. Aber man täusche sich nicht. Die Zivilisation selbst steckt voller Tücken und Gefahren, die der einzelne unmöglich präzise voraussehen kann. Die ständig wachsende Zahl der Verkehrstoten ist nur ein Beispiel. Verschiedene Krankheiten bieten weitere Beispiele. Die moderne Medizin kann keine Wunder wirken. Es wird oft gesagt, daß wir dabei sind, die Wirkung der natürlichen Auslese auszuschalten. Diese Hoffnung ist trügerisch. Wie schon Dobzhansky (1965, S. 360) betonte, ist »hinsichtlich bestimmter genetischer Varianten ... die natürliche Auslese in zivilisierten Gesellschaften schärfer geworden und nicht schwächer«. Eine beträchtliche Zahl sogenannter Zivilisationskrankheiten unterstützt diese Aussage. Dabei muß ja nicht jede dieser Krankheiten bei jedem Individuum gleich zum Tode führen. Aber sie minimiert die Eignung des Individuums oder, wenn sie sich in einer Population weiter ausbreitet, die Eignung der ganzen Population.

Um nochmals auf die »blinden« und »kurzsichtigen« Konstrukteure der Evolution zurückzukommen: Es bleibt natürlich die Frage, wie es solchen Konstrukteuren möglich war, die *Ordnung* in der Natur hervorzubringen. Wer wollte leugnen, daß jedes lebende System ein geordnetes ist, daß jeder Organismus, wenn schon nicht teleologisch, so doch zumindest teleonom organisiert ist (vgl. Seite 115)!? Dieses Problem hat viel mit den Mißverständnissen zu tun, die sich um die Selektionstheorie und die Evolutionslehre überhaupt etabliert haben. Die Selektion kann nämlich nicht in *jede beliebige* Richtung wirken. Auch ein Blinder geht nicht einfach drauf los, er kalkuliert jeden Schritt aus der Erfahrung des vorhergehenden. Manchen Schritt wird er also erst gar nicht wagen. Vielleicht hinkt dieser Vergleich, aber ich hoffe, mich gleich besser verständlich machen zu können.

Zunächst dürfen wir uns Lebewesen nicht als passive Gebilde vorstellen, die von der Selektion hin- und hergebeutelt werden. Schon der Schriftsteller Samuel Butler (1835–1902), der sich mit philosophischen *und* naturwissenschaftlichen Problemen befaßte (und in seinem Roman *Erewhon* die Viktorianische Illusion vom ewigen Fortschritt aufs Korn nahm), versuchte Darwins Selektionstheorie zu ergänzen, indem er die Bedeutung der Anstrengungen der Lebewesen selbst in den Vordergrund rückte. Er schrieb folgendes:

> Solange sie sich anstrengen, schreiten Organismen von Veränderung zu Veränderung, verändernd und verändert – dies heißt, sie töten entweder stückweise sich selbst oder ihre Umgebung. Es ist ein ständiges Feilschen und Handeln, ein Kampf auf Leben und Tod zwischen Organismus und Umwelt, solange das Leben dauert (Butler 1920, S. 73).

Die Rolle, die die Organismen in ihrer Evolution selbst spielen, darf also nicht vernachlässigt werden. Das ist mittlerweile vielerorts erkannt worden, und eine *Systemtheorie der Evolution* (Riedl 1975, Wagner 1986, Wuketits 1987) trägt den vielfältigen Wechselbeziehungen zwischen allen Teilen eines Organismus und zwischen diesem und seiner Umwelt Rechnung. Damit wird — wie etwa bei Gould und Lewontin (1979) — die Rolle der Anpassung ebenfalls relativiert.[5]

Lebewesen sind *historische Systeme*, und ihre Geschichte ist bedeutsam für ihre heutigen Merkmale und deren mögliche Veränderung (Lauder 1982). Nicht jede beliebige Veränderung, ob sie nun von der Selektion begünstigt wäre oder nicht, ist möglich. Der Große Panda täte wohl gut daran, seine Ernährungsgewohnheiten schnell zu ändern und seine Reproduktionsleistungen zu erhöhen — aber seine im Laufe vieler Jahrmillionen entwickelten Gewohnheiten und die entsprechenden Funktionsbedingungen seines Organismus lassen dies nicht zu. Für die Elefanten wäre es vielleicht vorteilhaft, sich Flügel wachsen zu lassen und sich auch in der Luft fortzubewegen — jedoch, ihre eigenen Konstruktions- und Funktionsbedingungen, stabilisiert im Laufe langer Zeiträume, machen solches unmöglich (so daß fliegende Elefanten auch in Zukunft nur in Märchen auftreten werden).

Für die Evolution gilt, wir sagten es schon (vgl. Seite 171), eine sukzessive Einengung der Bandbreite möglicher Entwicklung.

---

5 Bei einigen Autoren geht das so weit, daß Anpassung überhaupt geleugnet und dem Organismus eine Eigenständigkeit attestiert wird. (Zur Übersicht siehe Edlinger et al. 1991, wo das in den letzten zwanzig Jahren von der sogenannten *Frankfurter Gruppe* um Wolfgang F. Gutmann erarbeitete Evolutionskonzept vorgestellt wird. Zur Kritik siehe auch Wuketits 1988 a.)

Dies ist mit ein Grund, wenn nicht der Hauptgrund, daß mittel- bis langfristig alle Spezies sich als Sackgassen der Evolution erweisen. Evolution bedeutet eine Optimierung funktioneller Effizienz (Eigen 1987), was heute effizient ist, kann zwar, muß aber nicht auch noch morgen effizient sein.

Es ist also falsch, sich die Evolution des Lebenden als einen Prozeß langsamer, schrittweiser Verbesserung vorzustellen. Evolution bedeutet vielmehr eine gefährliche Gratwanderung, einen Zickzackweg auf einem schmalen Grat. Jeder einzelne Schritt kann zum Verhängnis werden. Natürlich ist jedes Lebewesen ein geordnetes System mit Wechselbeziehungen zwischen seinen Teilen, denn anders wäre es überhaupt lebensunfähig. Diese Ordnung zeigt aber nur, daß bestimmte strukturelle und funktionelle Gegebenheiten *bisher* günstig waren. Sie sagt nichts darüber aus, ob das auch in Zukunft so bleiben wird. Allerdings verhindert jedes einmal etablierte Ordnungsgefüge eine Abwandlung in jede beliebige Richtung.

Die Planlosigkeit der Evolution

Somit hatte Monod (1971) richtig gesehen: daß wir Menschen Zigeuner am Rande des Universums sind, deren Schicksal nirgends geschrieben steht. Außer, so müssen wir betrüblicherweise ergänzen, jenem Schicksal, welches bislang Millionen von Organismenarten ereilt hat, nämlich das Aussterben. (Wobei uns zudem noch die Möglichkeit der *Selbstausrottung* bleibt.) Es grenzt schon an ein Wunder, daß es uns überhaupt gibt.

Nach allem, was wir heute über das Universum wissen, ist das Auftreten von Lebewesen in diesem ein höchst seltenes Ereignis. Mit Sicherheit wissen wir nur, daß sie auf der Erde aufgetreten sind. Aber auch da wäre es denkbar gewesen, daß sie über die Stufe der ersten Einzeller nicht hinausgekommen wären. Es ist kein »höherer die Evolution antreibender Faktor auszumachen, der immer komplexere Formen erzwingt. Dennoch, später sind verschiedene wurmartige Organismen aufgetreten, Krebstiere, Spinnen, Insekten, Wirbeltiere. Letztere lebten zunächst ausschließlich im Wasser, als Fische von relativ »primitivem« Körperbau. Eugen Roth kleidet diesen Umstand in den folgenden lustigen Vers:

> Der Urhai schwamm, noch ziemlich dumm,
> Im Ur-Meer urfidel herum,
> Dann machte er, zuerst als Lurch,
> Verschiedne Änderungen durch,
> Teils selbst erzeugt, teils als Erzeuger —
> Und endlich war er Ur-Stamm-Säuger.
> Als Wirbeltier hineingestellt,
> Nun in den Wirbel dieser Welt,
> Hatt er — und wär's auch nur als Eule —
> Zum Glück die feste Wirbelsäule.

Unter den Wirbeltieren fanden sich auch Säugetiere, unter diesen Primaten und unter diesen *Homo sapiens*. Weil all das in der Evolution geschehen *ist*, neigen wir zu dem Glauben, daß es auch geschehen *mußte*. Doch mußte es *nicht*, jedes dieser Ereignisse war sehr unwahrscheinlich.

Aber es erscheint uns schwer verständlich, daß, nachdem — aller Unwahrscheinlichkeit zum Trotz — das Leben in vielfältig differenzierten Bauplänen aufgetreten *ist*, der reine Zufall der Pate gewesen sein soll. Man stelle sich einen großen Sack voller Buchstaben vor; man leert diesen Sack, und was man vorfindet, ist ein ungeordneter Haufen, der keinen Sinn ergibt. Um aus den Buchstaben eines der großen Werke der Weltliteratur (oder auch nur einen Schundroman ohne jeden literarischen Wert) zusammenzustellen, bedarf es eines Plans, der die Buchstaben minuziös ordnet. Goethes Faust kann unmöglich das Resultat einer »Zufallsordnung« beim Herausfallen der Buchstaben aus dem Sack sein. Aber auch ein Regenwurm, für sich betrachtet schon ein äußerst komplexes Lebewesen, kann nicht als Resultat einer langen Reihe von Zufällen verstanden werden. Vom Menschen mit seinem komplexen Gehirn, seiner Sprache und Kultur wollen wir erst gar nicht reden. Dennoch ist die Behauptung richtig, daß weder Regenwurm noch Mensch in der Evolution geplant waren. Von »blinden« und »kurzsichtigen« Konstrukteuren wäre das auch kaum zu erwarten.

Dieses alte Problem »Zufall kontra Plan« hat immer wieder die Gemüter erhitzt. Diejenigen, die sich keinem teleologischen Weltbild verpflichtet fühlen, zugleich aber die Zufallshypothese als unzureichend erachten, haben dabei vielleicht den schwersten Stand und die besten Argumente. (Zur Übersicht siehe z. B. Wuketits 1992 c.)

Wir haben gesehen, daß die Evolution von den Konstruktions- und Funktionsplänen der Organismen maßgeblich abhängt, die ihrerseits in enger Wechselwirkung mit physikalischen Naturgesetzen entstanden sind. Gravitation, Statik, Mechanik, Aerodynamik, Hydrodynamik — sie beeinflussen den Bau und die Entwicklung lebendiger Strukturen und schränken von vornherein die Entwicklungsmöglichkeiten des Lebenden ein. Die Lebewesen können sich nicht im Widerspruch zu den elementaren physikalischen Gesetzlichkeiten entwickelt haben. Die Evolution des Lebenden wird heute oft als ein *Selbstorganisationsprozeß* beschrieben (vgl. z. B. Eigen und Winkler 1975, Goertzel 1992, Küppers 1986 u. a.), als ein grandioses Spiel, bei dem von Anfang an nichts feststand außer den Spielregeln, ein Prozeß, in dessen Verlauf Naturgesetze den Zufall steuern, der sich also zwischen naturgesetzlich bestimmten Prinzipien und historischer Einzigartigkeit bewegt. Zufall und Plan sind daher keine wirklichen Alternativen (Wuketits 1979, 1981, 1992).

Wir brauchen uns dazu nur nochmals das Zusammenspiel der Evolutionsfaktoren zu vergegenwärtigen. Jeder einzelne Organismus ist eine zufällig entstandene genetische Variante. Ob er aber lebensfähig ist und für eine gewisse Zeit bleiben wird, das hängt von vielen unvorhersehbaren, aber in ihrer Gesamtheit durchaus naturgesetzlich bestimmten Ereignissen ab. Und die Selektion läßt bestimmte Varianten erst gar nicht zu. Vögel mit nur einem Flügel, Leoparden ohne Gebiß, Giraffen mit verkümmertem Hals, Elefanten ohne Rüssel sind pathologische Varianten, die keine Lebenschance haben. Sie sind nicht verfehlte Ziele, sondern repräsentieren jeweils einen falschen Start. Unter den vielen »Experimenten der Natur« ist uns keines bekannt, das ein würfelförmiges, fünf Tonnen schweres flugfähiges Tier hervorgebracht hätte. Nicht, daß ein solches Monstrum nicht theoretisch denkbar wäre — *lebensfähig* wäre es nicht. Die Evolution kann sich nur innerhalb bestimmter Bahnen abspielen.

Damit geben wir zu, daß die Evolution durchaus gesetzmäßig verläuft. Aber das bedeutet nicht, daß alle ihre einzelnen Ergebnisse, die unzähligen Baupläne und Arten, vorherbestimmt waren. Bei jedem Spiel gibt es bestimmte Regeln; aber die Regeln determinieren nicht den Ausgang des jeweiligen Spiels, sie legen den Gewinner noch nicht fest. Gesetzmäßigkeit muß also nicht Planung bedeuten. Aus diesem Grunde dürfen wir mit Recht von der Planlosigkeit der Evolution sprechen. Da wir dazu neigen, die Evolution von den uns heute bekannten Ergebnissen her zu rekonstruieren, kommen wir so leicht zu der Überzeugung, daß in der Evolution alles nach einem bestimmten Plan verläuft und sich die Entwicklungsgeschichte des Lebenden schrittweise den heute existierenden Arten genähert hat, die wir gerne als Endprodukte interpretieren. Das ist falsch. Die heutigen Lebewesen sind keineswegs Endprodukte, und sie waren auch nicht von Anfang an angelegt. Ein durchgehender Plan der Evolution ist bloßes Wunschdenken, welches lediglich dem oft geträumten Traum vom Menschen als dem notwendigen Gipfelpunkt aller Entwicklung entgegenkommt, zwar psychologisch verständlich ist, mit dem tatsächlichen Verlauf der Evolution jedoch wenig zu tun hat.

Somit verliert die Evolutionslehre allerdings ihre Funktion als Heilslehre. Und das ist gut so.

Das Chaos des Werdens

Es ist seit kurzem modern, von der Bedeutung des *Chaos* und der *Chaosforschung* zu reden. Ich erwähne das Chaos hier nicht, weil ich zeigen möchte, daß auch ich mit der Zeit gehe, sondern weil chaotisches Verhalten tatsächlich zu den charakteristischen Merkmalen unterschiedlichster Systeme der realen Welt gehört. »Es gibt überhaupt kein reales System, das für entsprechend große Zeiträume nicht chaotisches Verhalten zeigen würde« (Binnig 1989, S. 176). Diese Einsicht ist ja nicht so neu, wie man vielleicht unter dem Eindruck der heutigen Chaosforschung mit ihren eindrucksvollen mathematischen Übermalungen glauben möchte. Der Evolutionstheoretiker ist mit dem Chaos seit langem vertraut. Vor einem Vierteljahrhundert meinte Monod (1971), daß die Evolution durch natürliche Auslese aus *störenden Geräuschen* (also einem Chaos) die Lebewesen hervorgebracht habe.

In den vorangegangenen Abschnitten habe ich in Grundzügen dargelegt, wie man sich Evolution heute vorstellen muß, welche Rolle dabei dem Zufall und welche den Naturgesetzen zugedacht ist. Die Vorstellung einer kontinuierlich zum Besseren fortschreitenden Evolution ist damit wohl schon erschüttert. Mit dem Begriff des Chaos legen wir noch ein wenig zu. Dieser Begriff ist in unserer Alltagssprache eher negativ besetzt. Weil er verwirrende Zustände bezeichnet, die uns eine Orientierung erschweren, und genau das ist es, woran uns so viel liegt: uns orientieren zu können, einen Überblick zu haben, uns letztlich geborgen fühlen zu können. Eine chaotische Welt vermittelt uns dieses Gefühl nicht, sie beraubt uns jener Sicherheiten, nach denen wir greifen, um uns durch das Leben zu lavieren. Zu diesen Sicherheiten gehört die vermeintliche Regelmäßigkeit der Ereignisse in dieser Welt.

Welches ist denn das von uns favorisierte Naturbild? Wie gefällt uns Natur am besten?

Eine grüne Wiese mit bunten Blumen, die von Bienen emsig umsummt werden, übertönt nur von Freßgeräuschen zufrieden dreinblickender Kühe und dem Dahinplätschern des kristallklaren Wassers eines Baches, in dem sich Fische tummeln — ein idyllisches Bild. Ebenso idyllisch wie eine Schneelandschaft, in der ein paar Hasen herumhüpfen und einige Rehe friedlich dahinziehen, während die Bären sanft im Winterschlaf schlummern. Solche Naturbilder vermittelt uns das Werbefernsehen, denn viele Firmen verkaufen heute »biologisch reine« Artikel und geben sich mit ihren Produkten naturnah. Damit folgen sie allerdings nur einem beim zivilisierten Menschen tief verwurzelten Bedürfnis nach Natur: nach einer Natur, die Frieden und Eintracht vermittelt, kurz gesagt, das Paradies.

Aber dieser Begriff von Natur, so sehr er auch unseren Bedürfnissen entsprechen mag, ist nicht haltbar. Ein schärferer Blick enthüllt uns, daß die auf grünen Wiesen grasenden Kühe anderes Leben — und sei es nur Gras — *zerstören*; daß die scheinbar fröhlichen Hasen in einer Winterlandschaft oft dem Tod näher sind als dem Leben, daß viele von ihnen erfrieren oder einem Greifvogel zum Opfer fallen. Es ist ein ständiges Fressen und Gefressenwerden, das in der Natur den Ton angibt. Das Paradies ist eine Illusion. Und was wir uns unter einer paradiesischen Natur vorstellen, ist sogar äußerst gefährlich, und zwar für eine Fülle von Lebewesen. Es ist nämlich eine Landschaft ohne »Ungeziefer« und »Unkraut«, gereinigt von »Raubzeug« und von allen »Untieren« — wonach uns dann allerdings das Gefühl bedrängt, daß da doch etwas fehlt, so daß wir uns bemühen, viele Pflanzen und Tiere wieder einzubürgern (vgl. Verbeek 1990). Also — eine ziemlich »perverse« Angelegenheit.

Doch um beim Thema zu bleiben: Wir müssen feststellen, daß *jedes* Lebewesen in seiner Umgebung ein kleines bis mittleres Chaos produziert: Es zerstört andere Lebewesen, minimiert ihre Reproduktionschancen, demoliert die Futterplätze der anderen usw. Selbstverständlich können wir gegen kein Lebewesen Anklage erheben, denn wir haben zu akzeptieren, daß jedes Lebewesen in erster Linie — und ausschließlich — seine arteigenen Lebensbedürfnisse zu befriedigen trachtet und etwas anderes nicht kennt. Das gilt grundsätzlich auch für den Menschen, und entsprechend sieht es auf der Erde mittlerweile aus. Aber davon später.

Das Chaos widerspricht unserem Bedürfnis nach Ordnung und Harmonie, so daß wir ständig auch im Alltag damit beschäftigt sind, Ordnung herzustellen. Wie aber wirkt ein blitzblank geputztes Arbeitszimmer, ein leergeräumter Schreibtisch auf viele von uns? Wir können uns dabei des Eindrucks nicht erwehren, daß da eigentlich nicht gearbeitet wird. Jedenfalls gewinne ich immer diesen Eindruck, wenn mich ein pedantischer Kollege in sein Arbeitszimmer bittet und dort auf dem Schreibtisch nur ein Computer steht und drei gespitzte Bleistifte exakt parallel zu einem Schreibblock liegen. Ein mit Manuskripten, Zeitschriften und Sonderdrucken beladener Schreibtisch, auf dem man nicht sofort alles findet, schafft viel eher eine Atmosphäre geistigen Schaffens, eine Atmosphäre der Kreativität.

In der Tat, wo alles wohlgeordnet ist, kann nichts mehr entstehen. Wo die Dinge einen geordneten Endzustand erreicht haben, dort ist die Evolution abgeschlossen. Aus dem Chaos hingegen *können* sich noch neue Ordnungsmuster ergeben. Das gilt für alle Systeme. Das Chaos ist in der Natur tief verwurzelt; es setzt dabei die Naturgesetze nicht außer Kraft, sondern ist vielmehr die Voraussetzung für die Wirksamkeit eines besonderen Gesetzestypus, in dem *Nichtlinearität* bestimmend ist (Kanitscheider 1993).

Ein linearer Fortschritt in der Natur würde das Gegenteil bedeuten: einen kontinuierlichen, sytematischen Abbau des Chaos und einen ebenso kontinuierlichen und systematischen Aufbau von Ordnung — bis endlich der »Punkt Omega« oder das von »Ungeziefer« und »Unkraut« gereinigte Paradies erreicht wäre. Nur spielt sich Evolution so nicht ab. Jedes Lebewesen ist zwar ein beachtliches System von Ordnung, aber um diese Ordnung zu erhalten, muß es Unordnung schaffen. Außerdem wäre der Mechanismus der Selektion wirkungslos in einer Welt, in der alle

Strukturen gleich sind. Evolution kann sich nur auf der Grundlage von »Ungleichheiten« und »Ungleichartigkeiten« vollziehen. Eine Einebnung aller Unterschiede würde das Ende der Evolution bedeuten.

Jene Landschaft, von der viele träumen, eine Landschaft mit nur wenigen Spezies, gerade jenen, die uns in den Kram passen (also kein »Ungeziefer« und kein »Unkraut«!), wäre daher das typische Beispiel für eine degenerierte Natur, in der sich nichts mehr entfalten kann. Gerade die Unterschiede, der Zufall, der Wettbewerb zwischen verschiedenen Varianten, das Chaos, Schwankungen — sie lassen Ordnung entstehen (siehe auch Prigogine und Stengers 1981); allerdings keine *ewige Ordnung* (diese ist eine Illusion und wohl auch gar nicht so wünschenswert!), sondern vorübergehende Ordnungszustände, die sich mittel- bis langfristig wieder auflösen, in ein Chaos münden, aus dem wieder neue Ordnungszustände entstehen.

Vielleicht wird dadurch nun auch besser verständlich, warum kein Lebewesen ewig existieren kann und jede Organismenart früher oder später ausstirbt. In einer »Welt im Gleichgewicht« müßte dies nicht der Fall sein. Aber in einer solchen Welt hätten sich auch keine Lebewesen entwickelt, hätte Evolution nicht stattgefunden, hätte sie nicht diese enorme Artenfülle hervorgebracht, die seit ein paar Jahrmilliarden — mit unterschiedlicher Konzentration — die Erdgeschichte begleitet. Wir müssen, denke ich, unser Naturbild gründlich revidieren, vor allem, wenn wir wirklich etwas für die Natur tun wollen. Ein auf einem romantischen Naturbild basierender Naturschutz schadet der Natur und den Lebewesen mehr, als er ihnen nützt! Wenn wir eine Welt wollen, in der Wölfe und Lämmer friedlich nebeneinander leben, dann müssen wir *diese* Welt zerstören — wonach es aber weder Wölfe, noch Lämmer geben wird, und keine Menschen, die sich an der »neuen Welt« erfreuen werden.

Die Katastrophen der Naturgeschichte

Daß in der Naturgeschichte fortgesetzt Katastrophen unterschiedlichen Ausmaßes stattgefunden haben, muß uns nun nicht mehr überraschen. Von Katastrophen berichten auch die Legenden und Mythen der Völker. Von einer flutartigen Katastrophe (Sintflut) weiß nicht nur die Bibel. Ein alter sumerischer Text überliefert uns folgendes:

> Alle Stürme tobten gleichzeitig mit unerhörter Kraft.
> Und im selben Augenblick brach eine Flut über die großen Tempel herein.
> Sieben Tage und sieben Nächte überschwemmte die Flut die Erde.
> Ein riesiges Schiff trugen die Winde über die stürmischen Wässer.
> Dann erschien Utu, jener, der Licht gibt dem Himmel und der Erde ...
> (Zit. nach Balandin 1988)

Während die in den Mythen und Legenden beschriebenen Katastrophen göttliche Urheber bemühen, sind für den Naturhistoriker heute Katastrophen natürliche Erscheinungen mit ebenso natürlichen Ursachen. Erdbeben, Vulkanausbrüche, tagelang anhaltende Regenfälle, Stürme, extreme Hitze oder Kälte machen uns immer wieder deutlich, wie labil die Natur ist und welche furchterregenden Kräfte unser Planet zu entfalten vermag. Dazu kommt, daß Epidemien immer wieder Millionen von Menschen innerhalb recht kurzer Zeit hinweggerafft, daß Cholera, Typhus und Pest mehrmals in der Geschichte der Menschheit grassiert haben (vgl. Ruffié und Sournia 1987). Sie geben uns zu verstehen, wie dünn der Faden ist, an dem wir hängen, zumal sie — wie einige Fälle aus neuerer Zeit zeigen — keineswegs endgültig der Vergangenheit angehören. Derzeit sind Millionen von Menschen an AIDS erkrankt, und es ist nicht abzuschätzen, welch grausame Ausmaße diese Krankheit noch annimmt.

Aber eigentlich begann schon die Entstehung des Universums mit einer gewaltigen Katastrophe, dem *Urknall* oder *big bang*, als dessen Folge die Expansion des Kosmos mit seinen ungezählten Sonnen, Planeten und Galaxien interpretiert werden kann. Demnach wäre auch unsere Erde praktisch nur ein winziger Splitter jener Urexplosion, deren Dramatik wir heute nicht einmal erahnen können. Man kann also sagen, »daß wir auch heute noch auf den Splittern eines explodierenden ›kosmischen Eies‹ sitzen« (Oeser 1987, S. 61), so daß wir uns nicht wundern sollten, daß uns die Propheten so oft den nahenden Untergang vorausgesagt haben.

Allerdings berühren die kosmischen Katastrophen die meisten von uns wenig, da sie zeitlich und räumlich einfach zu weit entfernt sind. Die Entgleisung eines Intercity-Zuges auf dem Weg von Frankfurt nach München erleben wir viel intensiver als das Verglühen irgendeines Sternes in einer fernen Galaxie. Das ist »normal«. Solange nicht ein Komet oder die Trümmer eines explodierten Himmelskörpers auf die Erde stürzen und diese aus ihrer Bahn werfen, nehmen wir kosmische Katastrophen gelassen hin. Es beunruhigt uns auch nicht, daß wir, wie Bölsche (1903, S. 49) schrieb, auf einer großen Kugel leben, vermöge ihrer Anziehungskraft »wie Fliegen am Leimtopf« haften und mit dieser Kugel durch den Raum um die Sonne sausen. Wir empfinden dabei nichts Unangenehmes, wir müssen uns gar nicht bewußt machen, daß wir auf einer Kugel (und nicht auf einer Scheibe mit Wölbungen auf ihrer Oberfläche) leben.

Durch Vulkane, Erdbeben oder das Wetter verursachte Katastrophen beunruhigen uns allerdings mehr. Wir sind dann froh, wenn sie nicht in unserer unmittelbaren Umgebung, sondern in einem anderen Land, auf einem anderen Kontinent stattfinden und uns die Experten beruhigen, daß »bei uns« keine Gefahr besteht. (Die Vermutung, daß wir einer globalen Klimaänderung mit möglicherweise katastrophaler Auswirkung entgegengehen, nehmen aber viele von uns doch wieder sehr ernst, vor allem, wenn sie meinen, sich an keinen »so heißen Sommer« oder »so kalten Winter« wie »dieses Jahr« erinnern zu können.)

Wie immer wir Katastrophen subjektiv bewerten — die persönlich erlebte Intensität einer Katastrophe nimmt mit dem Quadrat der Entfernung vom Katastrophenort ab —, wir müssen zur Kenntnis nehmen, daß sie mehr oder weniger regelmäßige Erscheinungen sind. Wir müssen akzeptieren, daß sich die Erde mit ihren Bewohnern nicht geradlinig, schrittweise zu immer größerer Stabilität entwickelt hat und entwickelt, sondern daß Katastrophen und Krisen untrennbar mit der Evolution verbunden sind. Wir haben diesen Umstand bereits im Zusammenhang mit dem Aussterben hervorgehoben. Das Aussterben in der Erdgeschichte hat immer wieder eine Vielzahl von Arten zugleich erfaßt, so daß vom *Massenaussterben* die Rede sein kann. Stanley (1988, S. 9) beginnt sein faszinierendes Buch zu diesem Thema mit folgenden Worten:

Phasen des Massenaussterbens — also weltweite biologische Krisen, die jeweils die meisten der auf der Erde lebenden Tierarten hinwegrafften — zählen heute zu den geologischen Grundtatsachen. Jede solche große Krise hat das globale biologische System in dem Sinne »zurückgedreht«, daß wesentliche Organismengruppen verschwanden, um der Ausbreitung anderer Platz zu machen.

Der letzte Halbsatz klingt allerdings teleologisch. Die Ursache des Aussterbens waren keineswegs Organismen, die im Verborgenen auf ihren Auftritt warteten. Die Ausbreitung neuer Lebewesen nach dem jeweiligen Massenaussterben ist vielmehr als Sekundäreffekt desselben zu sehen. Nach dem Untergang der Saurier kam die Blütezeit der Säugetiere, aber diese hat nicht aus der Zukunft auf die Saurier eingewirkt, um sie zum Abtritt zu zwingen.

Im übrigen hat vor etwa vierzig Jahrmillionen auch die Säugetiere ein Massenaussterben erfaßt, welches allerdings nicht so dramatisch wie bei den Sauriern verlief und nicht die ganze Tierklasse heimsuchte, so daß sich die Säugetiere wieder ziemlich schnell erholten (vgl. Stanley 1988). Aber auch später wurden die Säugetiere — genauso wie andere Klassen — mehrmals von Wellen des Aussterbens erfaßt, die allerdings regional unterschiedlich starke Auswirkungen und wohl auch verschiedene Ursachen hatten. Die mit den *Eiszeiten* einhergehende allgemeine Abkühlung kann als eine dieser Ursachen gesehen werden. Vor allem fällt auf, daß die Evolution der Säugetiere auf verschiedenen Kontinenten Großformen hervorgebracht hat (Riesenbiber, Riesenschweine, Mammuts, Riesenfaultiere u. a.), gigantische Landbewohner, die allesamt verschwunden sind. Das größte Landsäugetier, das je gelebt hat, das nashornartige *Baluchitherium*, war über fünf Meter hoch und starb vor etwa fünfundzwanzig Millionen Jahren aus (vgl. Economos 1981; Abb. 35). Ähnliches gilt auch für mehrere Vogelarten, die ebenfalls beträchtliche Körpergrößen erreichten, wie z. B. die Gattungen *Hesperornis* und *Diatryma*. Manche Riesenformen der Säugetiere und Vögel, deren Aussterben erst in neuerer Zeit erfolgte, dürften bereits dem Menschen und seinem Jagdeifer zum Opfer gefallen sein. Das betrifft jedenfalls die als Moa bekannte Vogelgattung *Dinornis*, die noch mit einigen Arten auf Neuseeland anzutreffen war, als die Maori die Insel erreichten.

Katastrophen kleineren Ausmaßes spielen sich in der Natur praktisch unentwegt vor unseren Augen ab. Immer dann, wenn etwa infolge eines erneuten Wintereinbruchs im März oder April

Abb. 35: Das *Baluchitherium,* das größte der Paläontologie bekannte Landsäugetier (nach Economos 1981).

in den gemäßigten Breiten viele Säugetiere und Vögel zugrunde gehen, findet eine Katastrophe kleineren Ausmaßes statt; ebenso während eines sehr heißen Sommers oder eines frühen Wintereinbruchs. Üblicherweise werden durch solche Katastrophen die Populationen verschiedener Arten dezimiert, können sich aber wieder erholen. Die Katastrophe richtet also keine irreparablen Schäden an und ist daher als »kleine« Katastrophe zu bezeichnen. Alles ist letztlich eine Frage der Perspektive. Wenn man einen Ameisenhaufen zertritt, so hat man auch eine Katastrophe verursacht, die allerdings so lokal und unbedeutend ist, daß wir sie nicht mit den Katastrophen der Erdgeschichte vergleichen dürfen. Aus der Sicht der Ameisen sähe die Sache freilich anders aus. Man stelle sich vor, wie ein Riese eines unserer Dörfer mit ein paar Tausend Bewohnern zertrampelt — man würde von einer Katastrophe ungeahnten Ausmaßes sprechen. Aber derartige Katastrophen sind, mit dem Maßstab der Natur gemessen, nicht der Rede wert; sie passieren täglich, und zwar nicht nur unter dem Einfluß des Menschen. Man kann in solchen Fällen nur von vorübergehenden Schwankungen der Populationsgröße sprechen, die für die Gesamtevolution ohne große Bedeutung sind.

Gewiß, für die Gesamtevolution war auch das Massenaussterben von Reptilien und Säugetieren und vielen anderen Organismengruppen nicht wirklich tragisch. Das Leben ging weiter, können wir sagen, im buchstäblichen Sinne des Wortes. Für die »evolutive Gesamtbilanz« scheint es nicht wichtig zu sein, ob auf der Erde hunderttausend oder nur viertausend Arten von Reptilien leben, ob gerade die Säugetiere oder die Insekten die dominierende Tierklasse sind und ob der Große Panda noch weitere zwei Millionen Jahre bleibt oder in zwanzig Jahren ausstirbt. Auf der anderen Seite bedeutet das Aussterben jeder einzelnen Art — und mag sie noch so unscheinbar sein — »nicht nur das Verschwinden eines kleinen Stücks Protoplasma, sondern das Erlöschen eines einzigartigen Entwicklungswegs« (Gould 1985, S. 430). Und zwar für immer.

Jeder Hundeliebhaber ist betrübt, wenn sein vierbeiniger Hausgenosse den Weg allen Fleisches geht, weil er erkennt, daß da ein einzigartiges Lebewesen verschieden ist und nie wieder zurückkommen wird. Nun weiß ich nicht, wie viele Hunde täglich auf der Erde verenden, jedenfalls sind es sehr viele, und manche von ihnen sterben einen qualvollen Tod. Hunde gehen uns nahe (so wie andere Tiere, mit denen der Mensch eine persönliche Beziehung aufbauen kann). Hirsche, Leoparden, Nashörner, Giraffen, Antilopen, Schwalben, Raben, zu schweigen von Reptilien, Amphibien, Fischen, Spinnen, Insekten und Krebsen — sie bedeuten uns weniger und sind bloß zoologisch interessant. Daher ist uns kaum bewußt, wie viele von ihnen täglich sterben und wie viele Schmerz erleiden. Bei jedem einzelnen Todesfall geht unwiederbringlich ein Individuum zugrunde. Ungezählt sind also die kleinen bis mittleren Katastrophen, die sich täglich auf unserer Erde in der Tierwelt abspielen und noch überschattet werden von den größeren und großen Katastrophen des Artensterbens.

Warum sollte, wie wir uns fragen müssen, zum Zwecke des Erreichens eines Ziels in der Evolution so viel Blut vergossen werden? Die Antwort kann nur lauten, daß es in der Evolution kein Ziel gibt, und auch keinen stabilisierenden Faktor, der das einmal Erreichte für immer festhält.

Und gäbe es einen durchgehenden Fortschritt, dann wären diese Katastrophen kleineren, mittleren und großen Ausmaßes ebenfalls nicht erklärbar. Es könnten sich doch einzelne Arten schrittweise verändern, verbessern und vervollkommnen, ohne daß andere Arten aussterben. Die Saurier hätten sich allmählich in Säugetiere oder Vögel verwandeln können. Aber die Evolution des Lebendigen ist andere Wege gegangen. Sie ist im Grunde genommen eine Abfolge von Katastrophen unterschiedlichen Ausmaßes. Paradiesische Zustände, wie sie der Mensch seit alters erträumt, haben in der Natur nie geherrscht, sie sind und bleiben ein Wunschtraum, eine Illusion jenes Lebewesens, welches in der Lage ist, über die Grundlagen seiner eigenen Existenz und die ihn umgebenden Lebewesen und ihre Geschichte nachzudenken.

Dabei ist der Mensch selbst bloß ein Resultat der Katastrophen der Naturgeschichte. In der Welt der Saurier hätten sich unsere Vorfahren kaum behaupten können, die Hominidenlinie wäre wohl im Keim erstickt worden. Wir müßten uns also darüber freuen, daß wir existieren. Statt dessen führen wir, trotz besseren Wissens, die Natur, die Evolution in immer weitere Katastrophen.

Gleichzeitig muß der Mensch erkennen, daß er gegen die Naturgewalten nach wie vor ziemlich machtlos ist und trotz seiner in vielen Bereichen mittlerweile ausgeklügelten Technologie gegen Naturkatastrophen großen Ausmaßes so gut wie keine Chancen hat. Es genügt ein länger anhaltendes dichtes Schneetreiben, und der Straßenverkehr kommt völlig zum Erliegen. Dichter Nebel im Raum eines einzigen Flughafens kann die Pläne von Tausenden von Menschen durcheinanderbringen. Ein schweres Erdbeben kann binnen Sekunden Tausende Menschen töten und ebensoviele obdachlos machen. Gegen Kälte und Hitze kann sich der Mensch einigermaßen schützen, aber er ist machtlos gegen deren Folgewirkungen, die seinen landwirtschaftlichen Ertrag minimieren und Hungersnöte auslösen.

Auch der Mensch wandelt also auf einem schmalen Grat der Natur und wird von dieser keineswegs bevorzugt behandelt. Sein Fortbestehen ist ebenso unsicher, sein Lebensfaden ebenso dünn, wie das bei anderen Arten der Fall ist. Dazu kommt, daß der Mensch der *Verursacher* großer Naturkatastrophen ist und eigentlich selbst die größte Naturkatastrophe darstellt.

Naturkatastrophe Mensch

Die Fortsetzung des auf Seite 180 zitierten Verses von Eugen Roth lautet folgendermaßen:

> Wie durch die Sintflut er gesintert,
> Wie in der Eiszeit überwintert,
> Ist noch nicht bis ins kleinste klar,
> Doch daß er schon ein Affe war,
> Eh er zum Menschen aufgedämmert,
> Wird uns vom Fachmann eingehämmert.
> Vielleicht ist's wahr, vielleicht gefabelt:
> Ein Ur-Viech, heißt's, hat sich gegabelt,
> Und blieb zurück als Affe teils,
> Schritt teils als Mensch den Weg des Heils.
> Denkt man sich eine Weltzeituhr,
> So lebt der homo sapiens nur
> Von vierundzwanzig vollen Stunden
> Auf dieser Erde fünf Sekunden!

Diese fünf Sekunden reichten ihm jedenfalls, um große Katastrophen zu verursachen und sich selbst an den Rand des Abgrunds zu drängen.

Daß sich ein »Ur-Viech« gegabelt hat, ist im übrigen nicht gefabelt, sondern durchaus wahr: Der heutige Mensch hat mit den Menschenaffen einen gemeinsamen Vorfahren, der sich einstweilen jedoch im dunklen Schacht der Vergangenheit verborgen hält. Allerdings läßt sich heute die Stammesgeschichte der Hominiden relativ gut nachvollziehen, und die etwa fünf Jahrmillionen seit dem Auftreten der ersten »echten« Menschenartigen lassen sich einigermaßen überblicken (vgl. Abb. 36).[6]

Wenn ich nun sage, daß der Mensch die größte Naturkatastrophe sei, so wird das sicher von vielen als Sakrileg oder zumin-

---

6 Zur Evolution des Menschen gibt es eine sehr große Zahl von Publikationen, die hier unmöglich Berücksichtigung finden kann. Auf die knappe populärwissenschaftliche Darstellung von Bräuer (1994) habe ich bereits hingewiesen. Erwähnen möchte ich hier nur noch das gut lesbare, ebenfalls populär geschriebene Buch von Johanson und Shreeve (1990) sowie das stärker systematisch und kompilatorisch gehaltene Werk von Steitz (1993). Einen Überblick über die biologische und kulturelle Evolution des Menschen habe ich auch selbst in einem anderen Buch gegeben (Wuketits 1988 b).

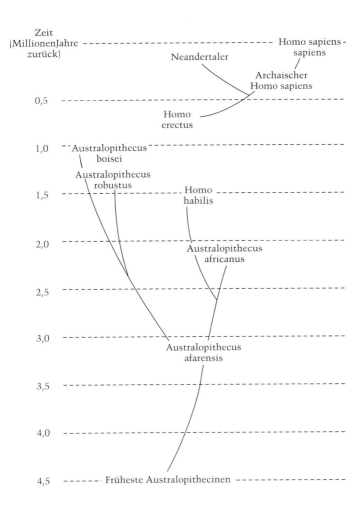

Abb. 36: Stammbaum der Hominiden. Wahrscheinliche stammesgeschichtliche Zusammenhänge nach heutiger Auffassung (unter Berücksichtigung von Angaben mehrerer Autoren).

dest als Übertreibung gesehen. Haben doch gerade Biologen und Evolutionstheoretiker immer wieder betont, daß mit dem Menschen ein neues Zeitalter der Erdgeschichte angebrochen sei, welches unserem Planeten eine neue Chance böte. Selbst ein so überzeugter Verfechter der »Affenabstammung« des Menschen und überhaupt eines materialistischen Weltbildes wie Ernst Haeckel stellte über die vier großen Zeitabschnitte der Erdgeschichte noch das *anthropozoische* Zeitalter als eigenes Zeitalter des Menschen und seiner Kultur (vgl. Haeckel 1891 II). Huxley (1947) betonte die Einzigartigkeit des Menschen, Rensch (1970, S. 210) sprach vom Menschen als der »wunderbaren höchsten Integrationsstufe der Materie«, und Lorenz (1973) meinte, daß das »geistige Leben« des Menschen eine »neue Art von Leben« sei.

Solchen, den Menschen trotz seiner (von keinem Biologen bestrittenen) Abstammung aus der Tierwelt verherrlichenden Aussagen stehen viele wenig schmeichelhafte Äußerungen gegenüber. Beispielsweise hat der Anthropologe Morin (1974) den Menschen als *Homo demens*, ein mit Unvernunft begabtes, wahnsinniges Tier bezeichnet. Löbsack (1983) meint, der Mensch sei ein Störfaktor in der Natur, dessen Tage (oder doch Jahre) bereits gezählt seien. Andere Autoren haben den Menschen als einen »Irrläufer der Evolution« (Koestler 1978) und einen »fehlentwickelten Affen« (Szent-Györgyi 1971) bezeichnet. Schließlich stellt Oeser (1987) trocken fest, daß innerhalb der Welt der Säugetiere das Auftreten des Menschen eine »echte Katastrophe« darstellt.

Die »Spitze« aber bildet folgender Witz: Zwei Planeten treffen einander nach vielen Millionen Jahren. »Du siehst aber schlecht aus«, sagt der eine zum anderen, »bist du krank?« »Ja«, jammert der andere, »ich habe eine seltene Krankheit, ich habe Homo sapiens.« »Ach«, meint darauf wieder der erste, »das ist nicht so schlimm, das dauert nur kurz, geht bald vorüber.«

Vermutlich werden nicht alle Leserinnen und Leser über diesen Witz lachen, und manchen wird das Lachen wohl im Mund gefrieren.

Den Menschen als »Irrläufer der Evolution« zu bezeichnen, ist aber nicht schlimm, und auch der »fehlentwickelte Affe« braucht niemanden aufzuregen. Schließlich sind alle Spezies in gewisser Hinsicht Irrläufer und Fehlentwicklungen oder erweisen sich als solche nach einer gewissen Zeit. Eine für die Ewigkeit geschaffene Art gibt es nicht. Streng genommen dürfte man von Irrläufern und Fehlentwicklungen der Evolution nur reden, wenn man an Fortschritt und Höherentwicklung glaubt. Glaubt man nicht daran, nimmt man die Tatsache des Aussterbens ernst, dann sieht man eigentlich keine Fehlentwicklungen, sondern nur Entwicklungslinien, Arten, die in einem bestimmten Zeitraum relativ erfolgreich waren und es später, nach veränderten Bedingungen, nicht mehr sind. Oder man bezeichnet *alle* Arten als Fehlentwicklungen, weil es keine geschafft hat, einem Ideal der Vervollkommnung zu entsprechen, und zwar nicht nur jetzt, sondern für alle Zeiten. Wir erwähnten auf Seite 46 den Ameisenbären, der in gewisser Hinsicht, zumindest für seine Maßstäbe, ein vollkommenes Tier ist. Aber man bedenke, was mit dem Ameisenbären geschehen wird, wenn sich seine Umgebung nur relativ geringfügig ändert. Und man bedenke nochmals, was mit all den Spezies geschehen wird, die *derzeit* bestens an ihre Umweltverhältnisse angepaßt sind, sich spezialisiert haben, wenn — aus welchen Gründen auch immer — diese Umweltverhältnisse nicht mehr gegeben sind.

Wenn ich nun den Menschen hier als (größte) Naturkatastrophe bezeichne, dann geschieht das nicht, weil ich diejenigen beleidigen will, die das »anthropozoische Zeitalter« hochhalten, sondern weil ich das quantifizierbare Maß an Zerstörungen im Auge habe, das der Mensch in seiner ziemlich kurzen Evolution verursacht hat.

Jedes Lebewesen, um hier keine Mißverständnisse aufkommen zu lassen, greift in seine Umgebung ein, verändert seine Umwelt, zerstört andere Lebewesen. Das wurde schon weiter oben betont. *Kein Lebewesen* greift aber so großflächig ein in die Welt, von der es umgeben ist, wie der Mensch das tut. Die Zahl der Organismenarten, die unter dem Einfluß des Menschen in den letzten Jahrtausenden ausgestorben sind, die der Mensch also *ausgerottet* hat, läßt sich nicht einmal schätzen. Ihre Zahl ist jedenfalls sehr groß. Der Mensch ist eine »Großverbraucherart«, er benötigt mehr Raum, mehr Nahrung, mehr Energie als jede andere Spezies. Da er sich exponentiell vermehrt und bislang in seiner Vermehrung durch nichts einzubremsen war, braucht er natürlich immer mehr Raum, Nahrung und Energie. Daher steigt die Rate der Ausrottung anderer Spezies ständig weiter an, so daß zu vermuten bleibt, daß in den nächsten Jahrzehnten bis zur

Hälfte aller existierenden Spezies dem Menschen gewichen, ausgerottet sein werden (Markl 1983 b). Neuesten Hochrechnungen zufolge ist damit zu rechnen, daß bis zur Jahrtausendwende die Zahl der jährlich ausgerotteten Arten auf bis zu dreißigtausend angestiegen sein wird (vgl. Sisk et al. 1994).

Keine Spezies hat, so wie der Mensch, in so kurzer Zeit so viele andere Arten verdrängt und die Verteilung der Lebewesen auf der Erde so nachhaltig beeinflußt. Da nützt, fürchte ich, auch der Appell an die »Schöpfungsverantwortung« des Menschen (Altner 1991) nicht sehr viel.

Ein nurmehr ethisch begründeter Naturschutz hat wohl keine Zukunft (Miersch 1994). Denn es ist nicht zu sehen und ernsthaft zu erwarten, daß sich der Mensch, der sich selbst die »Krone der Schöpfung« aufgesetzt hat, in nächster Zukunft grundlegend ändern wird. Vielen Menschen sind die durch unseren fortgesetzten und zunehmenden Raubbau an der Natur unabwendbaren ökologischen Katastrophen kaum bewußt. Denn wie es scheint, ist ja noch nichts geschehen, ist ja alles in Ordnung. Der Ökologe Kinzelbach (1989, S. 159 f) merkt dazu treffend folgendes an:

> In den Industriestaaten haben die meisten Einwohner nicht unbedingt das Gefühl, daß sie oder ihre Gesellschaft prinzipiell am Ende sind. Das steht nur in der Zeitung. Hätten sie nicht — dank der abendländischen Kritikfähigkeit und der hocharbeitsteiligen Gesellschaftsstruktur — ihre Reisenden, Berichterstatter, Kommentatoren, Wissenschaftler, Gurus und Panikmacher, kurzum jenen pluralistischen Sauerteig unruhiger Sensoren, so könnten sie, beschwingt von den Statements ihrer Lenker von Ökonomie und Staat, sogar meinen, die Welt sei in Ordnung.

Das ist sie zwar nicht, aber der Mensch ist naturgemäß für frohe Botschaften empfänglich und glaubt daher oft blind seinen politischen Führern, die ihrerseits genau wissen, daß sie, wenn sie wiedergewählt werden sollen, keine Hiobsbotschaften verkünden dürfen, sondern versprechen müssen, daß in Zukunft alles noch besser werden wird, als es heute ohnedies schon ist. Und da jetzt in den westlichen Industrienationen alle politischen Parteien auch die Ökologie direkt oder indirekt in ihre Programme und ihre Propaganda einbauen, könnte man überhaupt vertrauensvoller in die Zukunft blicken. Den Politikern wird schon eine

Lösung für die ökologische Krise einfallen. Der Glaube vermag Berge zu versetzen — sagen die, die wirklich glauben ...

Es wäre falsch zu denken, daß erst der zivilisierte Mensch zur Naturkatastrophe geworden ist. Vielmehr hat das heutige katastrophale Verhalten des Menschen tiefe biologische und anthropologische Wurzeln (vgl. z. B. Löbsack 1983, Verbeek 1990, Wuketits 1993 a, d). Unsere stammesgeschichtlichen Vorfahren waren keine geborenen Naturschützer, sondern geborene Ausbeuter. Sie konnten nur deshalb nicht viel anrichten, weil ihnen die uns heute zur Verfügung stehenden technologischen Möglichkeiten fehlten und weil sie insgesamt nur relativ wenige waren. Während derzeit die Spezies *Homo sapiens* schon sechs Milliarden Individuen zählt, war die Zahl ihrer Individuen ursprünglich und bis zum Beginn des Neolithikums, der Jungsteinzeit, auf ein paar Millionen beschränkt.

Durch ihre Intelligenz waren die Hominiden jedoch den anderen, mit ihnen konkurrierenden Arten und Gattungen bald überlegen. Was ihnen an körperlichen Fähigkeiten fehlte, wurde durch ihre kognitiven Fähigkeiten wettgemacht, die beim modernen *Homo sapiens* ihren bisherigen Höhepunkt erreicht haben. Besonders in diesem Zusammenhang ist man geneigt, von progressiver Evolution zu reden. Tatsächlich unterscheiden sich die Möglichkeiten des *Homo sapiens* von jenen des *Homo erectus* und des *Australopithecus* beträchtlich. Was sich nicht verändert hat, ist indes die »Ausbeuternatur« der Hominiden, die sich stets nicht nur auf die »nicht-menschliche Umgebung«, sondern auch auf die eigene Gattung und Art erstreckt hat. Daß der Mensch des Menschen Wolf sei, ist eine Aussage, die nie wirklich widerlegt werden konnte. Und so dürften einige der fossil überlieferten Hominidenarten anderen Arten ihrer Familie zum Opfer gefallen sein. Immerhin wurde zumindest für die Neandertaler (vgl. Seite 126) bzw. deren ziemlich rasches Verschwinden vor etwa fünfunddreißigtausend Jahren ernsthaft die Hypothese diskutiert, daß dieses Verschwinden auf das Konto des Cro-Magnon-Menschen, also des modernen *Homo sapiens* geht. Was, mit anderen Worten, bedeuten würde, daß dieser jene ausgerottet habe (siehe hierzu z. B. Constable 1973).

Die Schattenseite der kognitiven Evolution der Hominiden ist jedenfalls nicht zu übersehen. Der Mensch hat seine kognitiven Fähigkeiten zu allen Zeiten dazu benutzt, seinen eigenen Artgenossen und Angehörigen anderer Spezies auf den Pelz zu rücken und sie, wo immer ihm unmittelbare Vorteile daraus erwachsen sind, zu eliminieren. Da die meisten Hominidenarten Allesfresser waren — und *Homo sapiens* ist es freilich nach wie vor —, haben sie früh entdeckt, daß auch ihresgleichen verzehrt werden kann. Der *Kannibalismus* begleitet daher alle Phasen der Hominidenevolution. Wer an Details dazu interessiert ist, wird in dem Buch von Winkler und Schweikhardt (1982) das Kapitel »Menschen sind eßbar« aufschlußreich finden.

Die kleinen bis mittleren Katastrophen, die der prähistorische Mensch angerichtet hat, unterscheiden sich jedoch in ihrer Größenordnung nicht nennenswert von jenen Katastrophen, die auch andere Arten in ihrer Umgebung anrichten können oder tatsächlich anrichten. Auch die Dinosaurier haben auf ihren Pfaden Pflanzen und anderes Getier zertrampelt. Aufgrund seiner geringeren Körpergröße konnte der prähistorische Mensch zwar nicht so viel zertrampeln, aber aufgrund seiner Intelligenz konnte er schon systematischer in seine Umwelt eingreifen. Und doch, seine Eingriffe und mithin die von ihm verursachten Katastrophen hielten sich in Grenzen, weil er eben grundsätzlich nicht allzu viel anzurichten in der Lage war. Die großen Zerstörungen kamen später. Aber sie waren nun eine Folge der quantitativen Steigerung jenes destruktiven Potentials, das in uns seit Urzeiten schlummert.

Was den Menschen in der Evolution so »erfolgreich« gemacht hat, ist also nicht nur seine Intelligenz, die die der anderen Arten bei weitem übertrifft, sondern auch der Einsatz dieser Intelligenz zum Zwecke der Zerstörung aller Lebewesen, die ihm irgendwie im Wege stehen, was oft genug Angehörige seiner eigenen Spezies waren und sind. Wir dürfen uns nicht der Illusion hingeben, daß das Töten der eigenen Artgenossen in der Natur »normalerweise« nicht vorkommt — wovon noch Lorenz (1963) überzeugt war —, denn inzwischen sind viele Beispiele für Tiere (Löwen, Gorillas, Schimpansen usw.) bekannt, die Angehörige ihrer eigenen Art (häufig vor allem deren Nachwuchs) töten (vgl. z. B. Vogel 1989, Wuketits 1997). Auch in dieser Hinsicht ist der Mensch also durchaus keine Ausnahmeerscheinung.

Was uns, mit Recht, Angst vor uns selbst einflößt, ist der Umstand, daß wir *trotz besseren Wissens* unseren destruktiven Potentialen freien Lauf lassen. Löwen, denen wir weder weise Voraussicht, noch ein Gewissen zuschreiben können, sind für ihr

Verhalten stets »entschuldigt«. Dasselbe gilt für alle anderen Tiere, die eben nicht in der Lage sind, ihre Instinkte — auch die zu töten — zu zähmen, und die ja gezwungen sind, zu töten, da sie anders nicht überleben könnten. Unsere geistigen Fähigkeiten, mit denen wir glauben, unsere Sonderstellung in der Natur begründen zu können, und auf die wir mächtig stolz sind, vermochten offensichtlich unsere Natur nicht zu ändern. Wir gehen als »Steinzeitmenschen im Frack« (Wuketits 1994) durch die Welt und verursachen in dieser Welt große Katastrophen.

Die Hoffnung, daß die Evolution im Menschen ihren Höhepunkt erreicht habe und ins Stadium der Vollkommenheit eingetreten sei, ist trügerisch — und lächerlich in Anbetracht der Verwüstungen, die wir auf diesem Planeten anzurichten dabei sind. Soll das denn das Ziel der Evolution gewesen sein? Ein Lebewesen zu schaffen, welchem endlich sein eigenes Verhalten *bewußt* ist, welches die Natur, die anderen Lebewesen *bewußt* wahrnimmt, um sie systematisch zu vernichten? Ist der »Punkt Omega« erreicht, wenn das Vernichtungspotential des Menschen ausreicht, diesen weit und breit einzigen »lebensfreundlichen« Planeten zu verwüsten?

Es ist nicht zu leugnen, der Mensch ist eine Naturkatastrophe. Überall auf der Erde, auf dem Festland, in den Ozeanen und in der Luft finden sich Spuren seiner Tätigkeit, meist in Form von für die Biosphäre schädlichen Stoffen. In jedem noch so entlegenen Winkel der Erde hat der Mensch seinen Müll abgeladen. Im Dienste des von Politikern, Industriellen und Gewerkschaften propagierten Fortschritts hat er alle nur denkbaren Regionen dieses Planeten für den Massentourismus »erschlossen«, die Meeresstrände verunreinigt, Flüsse und Seen verschmutzt, Sumpflandschaften trockengelegt, Wälder gerodet, Pflanzen- und Tierarten ausgerottet — und scheinbar unaufhaltsam schreitet dieser Prozeß der Vernichtung unseres *eigenen Lebensraums* (!) fort.

Die Bestätigung von Befürchtungen

»Die Evolution geht nirgendhin — und das ziemlich langsam« (Ruse 1986, S. 203). Angesichts der vom Menschen verursachten Katastrophen könnte man glauben, daß die Evolution nun doch eine Richtung hat; allerdings nicht die, die uns von den Verfechtern des Fortschrittsgedankens verheißen wurde und wird. Denn niemand hatte ja die Zerstörung unseres Planeten im Sinn, ganz im Gegenteil, es sollte alles immer besser werden, der Mensch sollte sich immer besser fühlen, gemäß dem angenommenen »Pfeil der Evolution«, der gerade in diese Richtung weist: in Richtung Verbesserung und Vervollkommnung. Aber die so Denkenden haben die Rechnung ohne die Evolution gemacht, haben ignoriert, daß die Evolution nicht vom Fortschritt abhängt.

Allmählich finden wir also, entgegen allen der Idee des Fortschritts innewohnenden Erwartungen, die folgenden Befürchtungen bestätigt:

1. Die Natur, die Evolution kennt keinen Höhepunkt. Durch die natürliche Auslese werden kurz- bis mittelfristig bestimmte Varianten gefördert, so daß vorübergehend eine bestimmte Richtung eingeschlagen werden kann, die aber meist ziemlich abrupt wieder geändert wird bzw. ihr Ende findet.
2. Der Stammbaum der Lebewesen ist kein mit gleichmäßig nach oben strebenden Ästen wachsender Baum. Regelmäßig bricht ein Ast ab, mit zahlreichen Zweigen, die dann nicht mehr weiter wachsen können. In der Evolution kommt es also fortgesetzt zum Aussterben von Arten, Gattungen, Familien, ja ganzen Klassen und Stämmen. Es ist nicht Aufgabe der Evolution, für sie einen adäquaten Ersatz zu finden oder sie gar durch »höherentwickelte« Lebewesen abzulösen.
3. Der für viele Stammeslinien und die Evolution insgesamt beobachtbaren Komplexitätszunahme steht die Tatsache der Involution gegenüber, die zahlreiche Organismenarten erfaßt hat.
4. Die Evolution ist eine mehr oder weniger kontinuierliche Abfolge von Katastrophen, von denen manche beträchtliche Ausmaße erreichen.
5. Der Mensch selbst ist die größte Naturkatastrophe, weil sein Einfluß seinen Planeten innerhalb relativ kurzer Zeit verändert hat. Das anthropozoische Zeitalter ist in erster Linie ein Zeitalter der Verwüstung und Ausrottung.
6. Es ist zwar nicht zu leugnen, daß sich die kognitiven Fähigkeiten des Menschen innerhalb relativ kurzer Zeit verbessert haben, aber der Mensch setzt diese Fähigkeiten in erster Linie dazu ein, um sich auf der Erde zu behaupten, und nimmt dabei keinerlei Rücksicht auf die anderen Arten. Zu befürchten

steht, daß jede andere Spezies mit vergleichbaren Fähigkeiten ebenso handeln würde.

Von den in die Fortschrittsidee projizierten Hoffnungen bleibt, alles in allem, nicht viel übrig. Ich sagte bereits, daß es gut sei, wenn die Evolutionslehre ihre Funktion als Heilslehre verliert, denn sie ist als Heilslehre ungeeignet. Weder vermag uns die Evolution, so wie wir sie heute — befreit von allem metaphysischen und mystizistischen Beiwerk — sehen müssen, Trost zu spenden und Sinn zu vermitteln; noch darf man sie als Vorschrift für unser soziales bzw. moralisches Verhalten nehmen (wo man das getan hat, war eine verheerende Ideologie die Folge). Aber wir dürfen auch nicht die Augen schließen vor dem Umstand, daß wir uns gemäß alter, stammesgeschichtlich stabilisierter Erbprogramme verhalten, die mit Gut und Böse nichts zu tun haben, für die das Überleben der einzige Richtwert ist (siehe auch Eibl-Eibesfeldt 1988).

Was uns als Trost bleibt — so es wirklich einer ist —, ist, daß seit über drei Jahrmilliarden der »Lebensfaden« niemals gerissen ist. Mögen auch noch so viele Arten ausgestorben sein, es kamen stets andere, neue. Aber das muß nicht so bleiben. Es sind Szenarien denkbar, in denen alle Arten von der Erde verschwinden. Außerdem ist selbst die Erde nicht für die Ewigkeit bestimmt, sondern wird eines Tages ebenfalls untergehen, so wie die Sonne und die anderen Planeten. Diese Erkenntnis ist freilich schon recht alt, und man hat daher früh zum Trost die Vorstellung vertreten, daß alles im Universum zyklisch verläuft, also die Vorstellung vom ewigen Entstehen und Werden, und daß sich auch das Leben im Weltraum regelmäßig ausbreitet, »seit ewigen Zeiten von Sonnensystem zu Sonnensystem, oder von Planet zu Planet innerhalb desselben Sonnensystems« (Arrhenius 1921, S. 223).

Einem individuellen Lebewesen oder auch einer Spezies müßte das nicht zum Trost gereichen. Es sei denn, das Lebewesen ist in der Lage, sich und seine Art als Teil eines grandiosen Plans zu sehen, zu dessen Erfüllung es mit seinem Entstehen, Werden und Vergehen beiträgt. Dieses Problem stellt sich aber ohnedies nur für den Menschen; Hunden, Katzen, Bären, Papageien, Kreuzottern, Käfern und Spinnen scheint es ziemlich gleichgültig zu sein, ob sie als Glieder eines großartigen Schöpfungsplans begriffen und nach ihrem Tod ins ewige Leben eingehen werden. Den meisten Menschen freilich ist das nicht egal, daher entwikkeln sie trostreiche Hypothesen über den Werdegang, die Vergangenheit und Zukunft dieser Welt.

Die Vorstellung, daß wir im Sinne Monods als Zigeuner am Rande des Universums »dahinwurschteln« (wie man in Österreich sagt, wo man die Problematik offenbar klar erkannt hat), ist vielen von uns äußerst unangenehm. Nach allem komme ich aber zu der Schlußfolgerung, daß die ganze Geschichte des Lebens auf der Erde nicht wesentlich mehr ist als ein ständiges »Dahinwurschteln«, wobei es stets nur um das momentane Überleben geht.

Und das scheint auch genau die Strategie des Menschen zu sein. Ernsthaft beschäftigt ist er meist nur mit der nächsten Zukunft, mit der Zukunft seiner Kinder und Enkelkinder. Alles, was darüber hinaus geht, überläßt er entweder seinen Politikern oder dem lieben Gott (wobei die Politiker, vielleicht zum Unterschied von Gott, den Verhaltens- und Denkmustern der meisten anderen Menschen folgen und vor allem um ihre eigene Zukunft nach der nächsten Wahl besorgt sind). »Unsere Gesellschaft gleicht einem Menschen, der ahnungslos in einem Minenfeld umherirrt und sich dabei um seine Altersrente Sorgen macht« (Ditfurth 1985, S. 9). Die Befürchtung, daß wir also trotz unserer außerordentlichen kognitiven Ausstattung aus der Vergangenheit nichts gelernt haben, scheint sich mithin ebenfalls zu bestätigen. Weder die Katastrophen der Naturgeschichte noch die — im nächsten Kapitel zu besprechenden — Katastrophen der Kulturgeschichte haben etwas am menschlichen Verhalten geändert. Der »Gott des Fortschritts« muß schon ein sehr geduldiger Genosse sein, denn sonst hätte er längst ein Zeichen für Veränderung setzen müssen.

Auch die Hoffnung auf den »neuen Menschen« hat sich als trügerisch erwiesen, wir sind mit dieser Hoffnung in eine Evolutionsfalle gelaufen (Verbeek 1992). Denn die Evolution hat die archaischen Verhaltensantriebe des Menschen konserviert und permanent alle diejenigen Lügen gestraft, die an die *Revolution* glauben.

Mittlerweile hat dieser Glaube an Attraktivität eingebüßt, was zur *Endzeitstimmung* beiträgt. Hier ist allerdings der meist unbemerkte Zusammenhang zwischen dem tatsächlichen Ende und dem bloßen Glauben daran zu berücksichtigen. Wenn nämlich der Zeitgeist, das Bewußtsein einer Epoche sagt, diese Epoche gehe unter, dann bleibt sie davon nicht unberührt und geht tatsächlich unter (vgl. Rotermundt 1994). Aber das ist ein kulturhistorisches Problem, mit dem wir uns im nächsten Kapitel noch befassen werden.

Naturkatastrophen — ob von der Natur selbst oder vom Menschen verursacht — stehen gewissermaßen über den kulturhistorischen Phänomenen, und es ist dabei gleichgültig, in welcher Epoche sich die Menschheit gerade befindet und was einzelne Völker von ihren politischen Führern erwarten. Sicher, man könnte sagen, daß die politischen Führer uns zumindest vor jenen Katastrophen bewahren könnten, die wir selbst verursachen. Aber das tun politische Führer nicht, eher tun sie schon das Gegenteil, d.h. sie beschleunigen den Katastrophenverlauf. Natürlich wird heute, wie wir schon festgestellt haben, in den westlichen Industrieländern auf unterschiedlichen politischen Ebenen die Ökologie propagiert, eine »saubere Umwelt« versprochen, eine Schadstoffreduktion per Gesetz angekündigt usw. Aber die Natur ist nicht zu beschwindeln. Die bereits verursachten Schäden sind irreparabel und in ihren langfristigen Folgewirkungen nicht abzusehen. Außerdem sind die Politiker allein nicht verantwortlich. Verantwortlich sind wir alle.

Politische bzw. soziale und/oder kulturelle Revolutionen werden jedenfalls den »neuen Menschen« auch in Zukunft nicht bringen. Wir sollten uns daran gewöhnen, daß die gegenteilige Hoffnung eine verlorene ist. Auch die *menschliche* Natur ist nicht zu beschwindeln. *Homo sapiens* hat im Grunde nichts weiter getan, als das in der Natur *aller* Lebewesen tief verwurzelte Prinzip, sich in der Welt durchzusetzen, kraft seiner kognitiven Potenz auf die Spitze zu treiben. Allerdings könnte das genügen, um den kollektiven Selbstmord — den selbstverständlich keiner will! — auszuführen und diesen Planeten vollends zu verwüsten.

Wir müssen die Dinge ungeschminkt sehen. Während sich Parlamentarier mehr oder weniger überzeugend darum bemühen, die Katalysator-Pflicht für Autos zu dekretieren, während unzählige Expertengutachten die Ursachen des Waldsterbens betreffend eingeholt werden, während Atomkraftwerksgegner die Schließung des einen oder anderen Atomkraftwerks fordern, während lokal die Wiedereinbürgerung von Bären, Wölfen oder Luchsen versucht wird — ja, während all dieser an sich begrüßenswerten Aktionen geht auf unserem Planeten die Vernichtung des Lebensraums unaufhaltsam weiter, zeitigen die bereits entstandenen Schäden erste (und letzte) Konsequenzen. Zu spät denkt man daran, daß all das, was seit Jahrzehnten als Fortschritt verkauft wird, auch seine Schattenseiten haben könnte.

Die Natur ist erbarmungslos, sie kennt keinen Unterschied zwischen dem Menschen und anderen Lebewesen. Diese Einsicht ist eine direkte Konsequenz aus Darwins Selektionstheorie, doch scheint es, daß genau diese Konsequenz selbst vielen der Evolutionstheoretiker, die in der Tradition Darwins stehen, nicht so leicht in den Sinn kommt. Wie sollte man dann erwarten, daß diejenigen, die von Evolution nichts wissen und nichts wissen wollen, solche Einsichten gewinnen könnten!? Unsere Erwartungen waren (und sind immer noch) zu hoch geschraubt. Vor allem neigt der Mensch dazu, seine eigene Unvernunft zu unterschätzen. Er hat sich als vernunftbegabtes Wesen überschätzt und hat geglaubt, der Natur — vor allem seiner eigenen Natur — einen Streich spielen zu können, mit Hilfe der von ihm erfundenen Götter.

Ich möchte hier zwar mit aller Klarheit sagen, daß eine Endzeitstimmung sicher kein guter Entwurf für die Zukunft ist; daß Panikmache gefährlich sein kann, weil sie die prophezeite Katastrophe mit herbeiführt; daß jedem Menschen Lebensfreude zu wünschen ist; daß niemand, der heute geboren wird, bloß mit der Aussicht auf die größte Katastrophe dieses Planeten erzogen werden sollte. Aber man wünscht der jetzigen wie den künftigen Generationen *Kritikfähigkeit*, genau die Kritikfähigkeit, die heutzutage nicht gefördert wird. Denn gefördert werden — durch die Massenmedien — Mediokrität und Dummheit und der Eindruck, daß eigentlich alles in Ordnung sei. Die Gratwanderung auf dem Zickzackweg der Evolution war stets für alle Arten mit großem Risiko verbunden. Es ist bemerkenswert, daß *Homo sapiens*, der dieses Risiko *erkennt*, nichts tut, um es ein wenig zu verkleinern, sondern im Gegenteil dieses Risiko drastisch erhöht. Der Natur freilich ist das gleichgültig, und das Universum wird, wie Oeser (1988) bemerkt, keine Träne weinen um eine seltsame Kreatur, die ihren Untergang selbst heraufbeschwört.

Wir Menschen sind mit einem überaus leistungsfähigen Gehirn ausgestattet, welches uns enorme Möglichkeiten in die Hand gibt. Aber die Befürchtung scheint sich zu bestätigen, daß dieses Gehirn nicht in der Lage ist, sich selbst zu kontrollieren, und daher für die katastrophale Lage, in die sich die Menschheit hineinmanövriert, verantwortlich ist. Die Evolution kann für die schnelle Entwicklung und starke Förderung eines Organs einen hohen Preis fordern.

2 Zickzackweg auf dem schmalen Grat der Ideen

Die dünne Haut der Zivilisation

Während des allergrößten Teils ihrer Evolution lebten die Hominiden als Jäger und Sammler, als Wildbeuter, die in kleinen Gruppen (Horden) organisiert waren. Erst vor etwa zehntausend Jahren, mit der *neolithischen Revolution* (Cole 1970, Röhrer-Ertl 1978), wurden die Menschen allmählich seßhaft und begannen, Nahrung zu *produzieren*. Allerdings haben sich die Wildbeuterkulturen in verschiedenen Regionen der Erde noch lange gehalten und wurden erst in neuerer Zeit fast überall sozusagen von der Zivilisation überrollt (vgl. Abb. 37).

Der Ausdruck *Zivilisation* ist allerdings nicht frei von subjektiven Wertungen. Wir tendieren dazu, ein uns ähnliches Volk als »zivilisiert« einzustufen, je größer aber die Unterschiede zu unserer Zivilisation sind, desto mehr neigen wir dazu, die betreffenden Völker als »unzivilisiert« oder »weniger zivilisiert« zu klassifizieren. Objektiv betrachtet enthält aber jede als Zivilisation zu bezeichnende Kultur im wesentlichen die folgenden Merkmale (vgl. Vivelo 1988):

1. Eine bestimmte, stratifizierte politische Organisation (staatliche Systeme).
2. Eine bestimmte wirtschaftliche Organisation mit Märkten und Handel.
3. Eine bestimmte Art räumlicher Organisation, im allgemeinen Dörfer und Städte (Urbanisierung) nach spezifischen Mustern der Architektur.
4. Bestimmte religiöse und ethische Grundüberzeugungen.
5. Traditionsbildung durch schriftliche Fixierung und Überlieferung von Ideen.

Die produzierende — im Gegensatz zur bloß aneignenden — Lebensweise erfordert auch eine Verfeinerung der Werkzeuge (vgl.

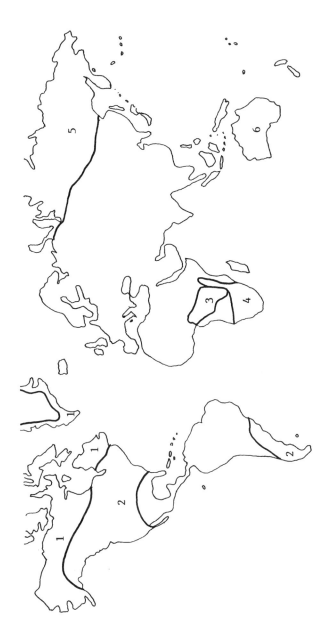

Abb. 37: Verbreitung von Wildbeuterkulturen um das Jahr 1500. 1 Eskimo, 2 Indianer, 3 afrikanische Waldwildbeuter, 4 afrikanische Steppenjäger, 5 nordasiatische Jägerkulturen, 6 australisch-tasmanische Wildbeuter (nach Grahmann und Müller-Beck 1967).

Abb. 38) und führt zu Arbeitsteilung bzw. zu einer Differenzierung der Sozietät nach bestimmten Berufen und Berufsgruppen.

Der Prozeß der Zivilisation wird oft als ein Vorgang der Triebregulierung und der Regulierung des menschlichen »Affekthaushalts« gesehen, sowie als ein Prozeß der »Kultivierung«, der Verfeinerung der Sitten und der zwischenmenschlichen Beziehungen (Elias 1976). Er wird außerdem unter dem Aspekt der ständigen Erfindung und Entwicklung von Geräten und der ständigen Verbesserung und Vervollkommnung bereits vorhandener Werkzeuge betrachtet (Thurnwald 1966). Damit gewinnt er den Anschein eines fortschrittlichen Verlaufs.

Während nicht zu leugnen ist, daß der Mensch in den letzten Jahrtausenden und vor allem in den letzten hundert Jahren immer neue Werkzeuge (Maschinen) mit steigender Leistungsfähigkeit konstruiert hat (siehe Seite 149 f.), bezweifle ich stark, daß der Prozeß der Zivilisation, insbesondere als Kultivierung menschlichen Verhaltens verstanden, dieses Verhalten tatsächlich zu verändern vermochte. Die »Haut der Zivilisation« ist viel zu dünn, um in Jahrmillionen gewachsene und durch die Selektion

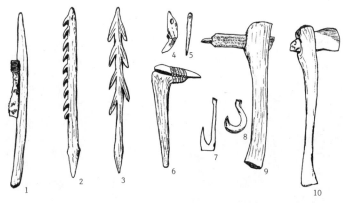

Abb. 38: Werkzeuge aus dem Neolithikum bzw. der Übergangszeit vom Paläo- zum Neolithikum. 1 Sichel (geschliffener Stein in einem Holzgriff), 2, 3, Harpunen aus Geweih oder Knochen, 4, 5 Knochennadeln, 6 Axt mit polierter Steinklinge, 7, 8 Angelhaken, 9 Axt mit polierter Steinklinge, 10 Axt mit polierter Steinklinge (Holzgriff und Mittelteil aus einem Geweihstück) (nach verschiedenen Autoren).

stabilisierte Verhaltensmuster grundlegend verändern zu können. Die entsprechenden Bemühungen der Zivilisation können als gescheitert angesehen werden. In vielerlei Hinsicht hat die Zivilisation sogar zur Verstärkung unserer archaischen Verhaltensantriebe beigetragen.

Der Mensch ist die einzige Primatenspezies, die in anonymen Massengesellschaften lebt, welche eine ebenso anonyme »Zentralgewalt« zu lenken versucht.[1] Die Notwendigkeit staatlicher Organisation der Großgesellschaften wird daher ständig von einer Frustration begleitet (Meyer 1994). Aufgrund unserer biosozialen Grundstruktur sind wir für diese Organisation nicht vorbereitet, wir sind — und das ist heute eine biologische bzw. anthropologische Binsenweisheit — das geborene Kleingruppenwesen (vgl. etwa Eibl-Eibesfeldt 1988, Wuketits 1993 a, 1997 u. a.). Das läßt sich anhand vieler Alltagsbeobachtungen gut belegen.

Wenn man durch eine Großstadt schlendert, dann ignoriert man sozusagen automatisch die meisten Menschen, die an einem vorbeigehen. Man sucht mit niemandem Blickkontakt. Amüsant ist etwa die Situation im Aufzug eines großen Hotels oder Bürogebäudes, den gleichzeitig mehrere einander nicht bekannte Menschen benutzen. Diese Menschen meiden den Blickkontakt, sie versuchen, diese peinlichen Sekunden des Zusammenseins zu überspielen, indem sie zu Boden schauen, den Blick nach oben lenken, verlegen ihre ohnedies perfekt sitzenden Krawatten richten und anderes mehr. Die weniger amüsante Seite des Versuchs, in der Masse mit niemandem in Berührung zu kommen, ist die Gleichgültigkeit, mit der die meisten Menschen in einer Großstadt auch an einem Schwerverletzten vorbeieilen, ohne sich um ihn zu kümmern oder auch nur einen Arzt bzw. die Rettung zu rufen.

Es scheint klar zu sein, daß wir uns persönlich bekannte Menschen bevorzugen und daß mit einer steigenden Zahl von Bekannten der Grad der Vertrautheit und individuellen Beziehung schwächer wird. Man kann nicht zu Tausenden Menschen eine tiefe Freundschaft entwickeln und täglich pflegen; das geht schon »technisch« und aus Zeitgründen nicht. Die Größe einer Sympathiegruppe bleibt auch in den Massengesellschaften naturge-

---

1 Zwar kennt jedermann heute »seine« Politiker aus dem Fernsehen, aber das ist keine persönliche Bekanntschaft. Und der Behördenapparat ist weitgehend anonym, denn der Kompetenzendschungel ist für kaum jemanden durchschaubar.

mäß begrenzt. Daher wurde auch in der Zivilisation bei der Gründung unterschiedlichster Zweckbündnisse — von den Zünften bis zu den Gewerkschaften — »stets die Sippe als Vorbild empfunden, deren Bindungskraft der Mensch in seine nicht naturhaft vorgegebenen, sondern frei gewählten Sozialbindungen zu übertragen suchte« (Mohr 1993, S. 286). Der Erfolg aber blieb eher mäßig, und manche Bündnisse mit edlen Motiven scheitern an unserem angeborenen Nepotismus.

Die Zivilisation hat es also nicht geschafft, unsere Natur zu verändern. Ich sagte zuvor, daß sie unsere archaischen Verhaltensantriebe oft sogar noch verstärkt. Wie ist das zu verstehen? Die Zivilisation schafft besondere Lebensbedingungen, unter denen jene Verhaltensantriebe mit ihrem destruktiven Potential leicht durchbrechen. Man nehme als drastisches Beispiel den *Krieg* zwischen Staaten. Die Existenz von Staaten — mit Territorialansprüchen, der Überheblichkeit ihrer Führer, der dem einzelnen aufoktroyierten Vaterlandsliebe usw. — ist der Grund dafür, daß kämpferische Auseinandersetzungen eine neue Dimension erreicht haben und überregionale Katastrophen bewirken. Die Kämpfe zwischen den altsteinzeitlichen Horden entbehrten gewiß nicht der Brutalität, aber sie blieben marginale Erscheinungen ohne nennenswerte Folgewirkungen. Sie wurden mit sehr bescheidenen Mitteln geführt, und die Zahl der verwundeten und getöteten »Krieger« blieb stets gering, da ja nur verhältnismäßig wenige Individuen in die Auseinandersetzung verwickelt waren. Ganz andere Ausmaße haben die von hochgerüsteten und straff organisierten Streitkräften moderner Staaten geführten Kriege erreicht. Die Individuen, die dabei einander bekämpfen, sind mit demselben Gehirn ausgestattet wie ihre Vorgänger vor, sagen wir, dreißigtausend Jahren, aber mit ganz anderen Waffen und Waffensystemen.

Außerdem sind die Motive der Kriegsführung inzwischen abstrakter geworden. Gerieten zwei Steinzeithorden einander wegen einer Jagdbeute in die Haare, so führten und führen moderne Staaten Kriege auch aus ideologischen Gründen, aus verletztem Nationalstolz oder aufgrund der Überzeugung, die Welt beherrschen zu müssen. Dem paläolithischen Menschen aber war »die Welt« gleichgültig, es ging ihm bloß um sein Überleben bzw. das Überleben seiner Sippe. Der Nationalstolz war ihm ebenso fremd wie ein »Heiliger Krieg«. Insoweit ist es nicht falsch, den Zivilisationsprozeß als einen Vorgang zu bezeichnen, der — parallel zur Akkumulation von Werkzeugen — das menschliche Gewaltpotential systematisch vergrößert hat.

Wie dünn die Haut unserer Zivilisation ist, sieht man am besten an den unzähligen Vorkommnissen in unserem Alltag. Wenn beispielsweise zwei adrett gekleidete, gut erzogene Autofahrer wegen einer Vorfahrt einander wüst beschimpfen und gar handgreiflich werden; oder wenn auf einem Fußballplatz an sich durchaus friedfertige, »kultivierte« Leute ihre Fäuste ballen und wild zu brüllen anfangen, so daß man eine ungefähre Vorstellung von den Ursprüngen der menschlichen Sprache bekommt; oder wenn es bei einer Parlamentsdebatte besonders heiß wird ... Zahlreiche weitere Beispiele in verschiedenen Zusammenhängen ließen sich hier anführen. Doch zeigen sie alle nur, daß der paläolithische Jäger in uns sehr häufig die dünne Schale der Zivilisation durchbricht und dieser seine Grimasse zeigt. Abb. 39 veranschaulicht diese Tatsache aus karikaturistischer Sicht.

Während viele der Alltagsbegebenheiten, die den Steinzeitmenschen in uns hervorkehren, allerdings recht amüsant sind und schlimmstenfalls die überlasteten Bezirks- oder Kreisgerichte wochen- und monatelang beschäftigen, muß uns die Erinnerung an das Dritte Reich den kalten Schrecken einjagen. (Das sollte sie

Abb. 39: Der Steinzeitmensch in uns versteckt sich hinter der Maske des zivilisierten Menschen, die er jedoch immer wieder abnimmt (nach einer Zeichnung von Paul Flora).

wirklich, vor allem in Anbetracht der heute in vielen Ländern wieder verbreiteten nationalsozialistischen und faschistischen Ideen.) In seiner bemerkenswerten Autobiographie erläutert Ditfurth (1989) den Zusammenhang zwischen der unheilvollen Wirkung der Nazi-Ideologie und dem Einfluß des Steinzeitmenschen auf das schier unglaubliche Verhalten so vieler Menschen der damaligen Zeit. Er schreibt:

> Und der Neandertaler in den Köpfen der großdeutschen Germanen begann Morgenluft zu wittern. Als man ihm mehr als nur den kleinen Finger bot, nahm er lustvoll das Heft in die Hand. Nachdem der ohnehin mühsame Versuch, ihn durch sittliche Anstrengung zu domestizieren, endlich erfolgreich als »weibische«, ungermanische und sentimentale Schwäche verleumdet war, gab es kein Halten mehr. Rücksichtslosigkeit gegenüber allem, was nicht der eigenen Gemeinschaft angehörte, war von nun an eine Tugend. Das Wort »international« änderte seinen Charakter und wurde zum Schimpfwort. Denn jegliche Form mitmenschlicher Solidarität, die sich nicht auf den Kreis der eigenen »Volksgenossen« beschränkte, galt von nun an als Verrat. Vorbildlich war es dagegen ..., wenn man die Interessen der »völkischen Schicksalsgemeinschaft« allem anderen überordnete (Ditfurth 1989, S. 158).

Dazu braucht hier nichts weiter gesagt zu werden. Die Analyse könnte treffender nicht sein.

Diejenigen, die also an den Prozeß der Zivilisation glauben und denken, daß dieser in Richtung zunehmenden Fortschritts verläuft, müssen zur Kenntnis nehmen, daß bislang keiner der vielen Versuche, dem Menschen zu seiner sittlichen Höhe zu verhelfen, erfolgreich war. Weder das Christentum, noch die Aufklärung, noch der Marxismus haben das Erbe, welches wir von unseren steinzeitlichen Ahnen erhalten haben, zu ändern vermocht; allenfalls haben sie es gelegentlich vorübergehend ein wenig übertüncht, übermalt mit Hoffnungen und Utopien — aber das ist auch schon alles. Der Umstand, daß wir gelernt haben, mit Messer und Gabel zu essen, daß selbst in jedem abgelegenen Dorfgasthaus das Essen heute in Tellern und nicht direkt auf den Tisch oder auf den Fußboden serviert wird, daß wir uns zum Geschlechtsverkehr meist in die eigenen vier Wände oder ins Hotel zurückziehen, anstatt ihn unbekümmert auf dem Bürgersteig zu zelebrieren, daß wir uns bei einer Theateraufführung als Zuschauer in der Regel ruhig verhalten, daß wir bei wissenschaftlichen Kongressen dem jeweiligen Referenten selten die Zunge zeigen — all das braucht uns nicht mit besonderem Stolz zu erfüllen, denn es zeigt nur, daß wir etwas lernen können und bestimmte Normen in dieser oder jener Situation einzuhalten bereit sind.

Die Situation braucht sich aber nur ein wenig zu ändern, und schon brechen unsere archaischen Verhaltensweisen wieder voll durch. Wenn die Zivilisation ihre Zügel ein wenig lockert, kehrt der Mensch bereitwillig in seinen »Urzustand« zurück.

Das Gebot, den Nächsten zu lieben wie sich selbst, zählt zweifellos zu den nobelsten Geboten, die das christliche Abendland ausgegeben hat. Aber ist dieses Gebot auch wirklich »lebbar«? Sigmund Freud (1856–1939) sagte einmal, daß der Mensch keineswegs ein sanftes und liebebedürftiges Wesen sei, sondern mit einem mächtigen Anteil von Aggressionsneigung rechnen müsse. Genau gesagt, Freud hat in seiner Schrift *Das Unbehagen in der Kultur* (1930) unser Problem aufgegriffen und folgendes festgestellt:

> Die grausame Aggression wartet in der Regel eine Provokation ab oder stellt sich in den Dienst einer anderen Absicht, deren Ziel auch mit mildernden Mitteln zu erreichen wäre. Unter ihr günstigen Umständen, wenn die seelischen Gegenkräfte, die sie sonst hemmen, weggefallen sind, äußert sie sich auch spontan, enthüllt den Menschen als wilde Bestie, der die Schonung der eigenen Art fremd ist. Wer die Greuel der Völkerwanderung, der Einbrüche der Hunnen, der sogenannten Mongolen..., der Eroberung Jerusalems durch die frommen Kreuzfahrer, ja selbst noch die Schrecken des letzten Weltkrieges in seine Erinnerung ruft, wird sich vor der Tatsächlichkeit dieser Auffassung demütig beugen müssen (Freud 1930/1953, S. 102).

Den Zweiten Weltkrieg mit seiner schrecklichen Bilanz von über fünfzig Millionen Toten hat Freud nicht mehr erlebt. Dieses bisher fürchterlichste Ereignis der Menschheitsgeschichte bestätigt seine Analyse aber besonders deutlich. Und vergessen wir nicht die Greuel, die nach dem Jahr 1945 an verschiedensten Plätzen dieses Planeten verübt wurden: im Vietnam-Krieg, im Korea-Krieg, im Krieg zwischen dem Iran und dem Irak, im Golfkrieg, im Bürgerkrieg im ehemaligen Jugoslawien... Die Liste ist lang und wird von Tag zu Tag länger. Dem menschlichen Wahnsinn sind keine Grenzen gesetzt, das menschliche Leid, verursacht durch den Menschen selbst, ist nicht mehr in Worte zu fassen.

Die Zerstörung kultureller Vielfalt

Das Ergebnis der kulturellen Evolution des Menschen sind schätzungsweise über dreitausend verschiedene Kulturen (Winkler und Schweikhardt 1982), die versunkenen nicht mitgerechnet. Ob man Spenglers zyklischer Geschichtstheorie folgt oder nicht, es läßt sich nicht leugnen, daß innerhalb einer relativ kurzen Zeit (in wenigen Jahrtausenden) zahlreiche Kulturen untergegangen sind, von den frühen Hochkulturen Mesopotamiens bis zu den Kulturen der Inka und Azteken. Spuren versunkener Kulturen finden sich auf praktisch allen Kontinenten, viele dieser Spuren geben uns noch keine rechte Vorstellung von den Menschen, die sie hinterlassen haben.

Die Gründe des »Aussterbens« von Kulturen sind verschieden. Es erscheint aber interessant und lohnend, einmal über die Behauptung nachzudenken, daß stehende Zivilisationen mehr Aussicht auf ein langes Leben haben als dynamische.

> Wir müssen uns hüten, den Maßstab westlicher Rastlosigkeit und westlichen Fortschritts an Zivilisationen anzulegen, die mit anderem Maß gemessen sein wollen. Unser westliches Maß paßt durchaus nicht für alle Völker der Erde. Weder Dynamik noch jagender Fortschritt im westlichen Sinn bringen der Menschheit Glück. Das schlafende und träumende Dasein vieler Ozeanvölker, die Stille ohne Pflichten, das unbewußte Sündigen, dieses ganze lachende und stöhnende Leben im Rhythmus des Pazifik, das nur den Augenblick und nicht Vergangenheit und Zukunft kennt, besitzt wahrscheinlich das tiefere und bessere Geheimnis. So haben die Polynesier große Zeitspannen überdauert (Lissner 1977, S. 19 f).

Wir sollten uns freilich davor hüten, bei anderen Völkern paradiesische Zustände anzunehmen und, wie das viele Kulturanthropologen zu Beginn dieses Jahrhunderts getan haben, aus dieser Annahme Schlüsse für die Organisation *unserer* Gesellschaft in der Zukunft zu ziehen.[2] (Siehe hierzu nochmals Freeman 1983). Ebenso falsch ist es, unsere Kultur als Maßstab zu nehmen. Die

---

2 Mit *unserer* Gesellschaft ist hier (und in der Folge) die sogenannte westliche Zivilisation gemeint. Wir müssen uns aber vor Augen führen, daß diese Zivilisation Elemente verschiedener anderer Zivilisationen bzw. Kulturen enthält, was sich etwa anhand der Etymologie vieler Wörter »westlicher Sprachen« zeigen läßt. Außerdem ist »westlich« kein streng geographischer Begriff. Wenn wir von der westlichen Zivilisation sprechen, übersehen wir oft die Tatsache, daß die von ihr erfaßten Länder eine höchst unein-

»Zwangszivilisierung« nach europäischem Vorbild hatte verheerende Konsequenzen und führte zur Zerstörung vieler Kulturen.

Ein von mehreren Autoren (z. B. Erben 1981, Mohr 1993) herangezogenes Beispiel dafür sind die Ik, die *Mountain People* im nördlichen Uganda, deren Schicksal ursprünglich von dem englischen Anthropologen Colin M. Turnbull beobachtet und aufgezeichnet worden war.

Die Ik lebten als Jägervolk im Dreiländereck zwischen Uganda, Kenia und dem Sudan und wurden in den Norden Ugandas zwangsweise umgesiedelt. In dieser regenarmen Gebirgsregion wurden sie gezwungen, sich auf den Ackerbau umzustellen, waren damit aber erfolglos, teils aufgrund der ungünstigen Boden- und Wetterverhältnisse, teils wegen der für sie ungewohnten Arbeit. Damit begann ihre Tragödie. Innerhalb von nur drei Generationen kam es zum völligen sozialen Zusammenbruch. Wie Turnbull zu Beginn der siebziger Jahre berichtete, fehlte den Ik schließlich jede Gruppensolidarität, sie wurden unter den für sie schweren Lebensbedingungen extrem egozentrisch; selbst die eigenen Kinder wurden nur lieblos versorgt, im Alter von drei Jahren jeweils ausgestoßen und sich selbst überlassen; Mitgefühl und Mitleid — Grundlage jeder funktionierenden Gruppe — waren nicht mehr vorhanden, an ihre Stelle waren Habgier und Neid getreten, Bosheit und Schadenfreude. Schließlich waren die Ik nicht einmal mehr an ihrer eigenen Fortpflanzung interessiert. Sie hatten also resigniert, ihre soziale und kulturelle Identität aufgegeben und sich sozusagen sehenden Auges für den Untergang entschieden.

Die Schlußfolgerung, die sich hier aufdrängt, ist die, daß veränderte Lebensbedingungen katastrophale Folgen für die betroffenen Völker haben können. Aber das ist mittlerweile überall auf dem Erdball sichtbar. Wo sich einmal Massen von Touristen einnisten, ist es mit sozialer bzw. kultureller Identität der jeweiligen »Urbevölkerung« in aller Regel vorbei. Und wenn man aus ökonomischen Gründen ein Volk verändern will, dann gelingt diese Veränderung meist schneller, als man denkt: Das betreffende Volk stirbt entweder aus oder wird assimiliert, so daß nichts mehr von seiner ursprünglichen Kultur bleibt. Dasselbe gilt ja auch auf der Ebene des Individuums. Würde man beispielsweise einen alten Bauern

---

heitliche Geschichte und ihre Völker sehr verschiedene Traditionen haben — und daß diese Unterschiede nur nachträglich verwischt worden sind.

aus einem Tiroler Gebirgsdorf nach Düsseldorf übersiedeln und ihn zwingen, dort in einem Supermarkt zu arbeiten, dann käme das seinem Todesurteil gleich. Kein Mensch kann ohne Folgen an jeden beliebigen Ort »verpflanzt« werden und jede beliebige Lebensgewohnheit annehmen.

Während nun manche Völker und Kulturen ein tragisches Schicksal erlitten haben, weil man sie zu einer Aufgabe ihrer Lebensbedingungen und -gewohnheiten zwang, sind andere direkt ausgerottet worden. Eines von mehreren Beispielen sind die Tasmanier, die in nur fünfundsiebzig Jahren vernichtet wurden (vgl. Erben 1981). Um das Jahr 1800 dürfte es etwa viertausend Angehörige dieses Volkes gegeben haben. Als zwei Jahre später auf Tasmanien die Sträflingskolonie Restdown errichtet wurde, war ihr Schicksal besiegelt. Ähnlich wie die Ik, hatten auch die Tasmanier resigniert und sich schließlich geweigert, Kinder zu zeugen. Im Jahre 1877 starb das letzte Mitglied dieses alten Volkes.

Derzeit sind weitere Völker und Kulturen vom Aussterben bedroht. So etwa die kürzlich in einem Bildbericht von Wimberg (1994) in der Zeitschrift *Abenteuer Natur* vorgestellten Insel-Kariben. Im 16. Jahrhundert hatten die Kariben auf der Insel Dominica in der Karibik den weißen Eroberern noch Widerstand geleistet. Heute bewohnen sie ein Gebiet von etwa acht Quadratkilometern, zwei Prozent der Gesamtfläche von Dominica: dieses Gebiet wurde ihnen von den ehemaligen britischen Kolonialherren überlassen. Ein Volk, das einst Millionen Menschen zählte, ist heute auf eine kleine Population von nicht mehr als fünfundzwanzigtausend Individuen zusammengeschrumpft. Sein Aussterben ist unaufhaltsam; seine Sprache, die Caribsprache, schon verschwunden. Nur zum Karneval auf Dominica schürzen sich die Kariben noch einmal mit jenen Kleidungsstücken, die sie für traditionell halten (und können damit Touristen, die nichts von der Tragödie dieses Volkes wissen und wissen wollen, in helles Entzücken versetzen).

Konnten wir im letzten Kapitel für die Gegenwart ein dramatisches Aussterben von Organismenarten feststellen, so müssen wir jetzt dem Drama des Völkersterbens unsere Aufmerksamkeit widmen. Dieses Drama spielt sich oft unspektakulär ab, genauso wie das Drama des Aussterbens bzw. der Ausrottung vieler Pflanzen- und Tierarten. Es bleibt für die meisten von uns unbemerkt, nur wenige Medien finden es der Mühe wert, darüber zu berichten. Die Parallelen zwischen dem Arten- und Völkersterben sind nicht zu übersehen: Beide, die Artenvielfalt und die Vielfalt der Kulturen, weichen dem »Fortschritt«, besser gesagt dem, was die westliche Zivilisation darunter versteht.

Das ethnozentrische Denken der Europäer hat viele Völker von vornherein als Wilde und Barbaren abgestempelt (vgl. Seite 121). Entsprechend erniedrigend wurden diese Völker von den Europäern behandelt. Um hier nicht mißverstanden zu werden: Ethnozentrisches Denken, das Gefühl der Erhabenheit der eigenen Kultur, ist in *allen* Völkern verwurzelt (vgl. z.B. Winkler und Schweikhardt 1982); allerdings haben bisher die Europäer ihre Vorstellung von Zivilisation am erfolgreichsten verbreitet. Heute muß man aber schon von einer »Amerikanisierung« der Völker sprechen, die vor allem die Minderjährigen aller Breiten erfaßt zu haben scheint, der sich aber auch viele Erwachsene offenbar nicht ganz entziehen können. Doch ist dies ein eigenes Thema, das ich hier nicht weiter verfolgen kann.

Es geht ja an dieser Stelle auch nur darum, daß ein bestimmter Lebensstandard einseitig von einer Kultur — die natürlich alles andere als homogen ist (vgl. Anm. 2) — auf den Rest der Welt übertragen wird und tatsächlich überall als erstrebenswert gilt. Ob aber wirklich alle Völker die mit der Annahme dieses Lebensstandards verbundene Veränderung ihres Lebens *wollen*, ist eine ganz andere Frage. Die westliche Zivilisation jedenfalls hat sie nicht gefragt, was sie wirklich wollen und brauchen. Ich kann mir nur schwer vorstellen, daß die Indianer oder Eskimos jenen technischen Fortschritt angestrebt haben, der ihnen etwa das Fernsehen beschert. Sie haben nie in Begriffen des Fortschritts gedacht. Die Idee des Fortschritts ist unter ganz bestimmten Rahmenbedingungen der Kulturgeschichte Europas geboren worden, sie auf außereuropäische Völker zu übertragen, war theoretisch falsch und ist in der Praxis verheerend. Eines freilich hätte der Europäer mit seinem »Geschichtsbewußtsein« wissen sollen: Daß *alle* Völker ihre Geschichte haben, auch wenn sie diese nicht ständig mit sich herumtragen, daß ihre Sitten und Bräuche, Religionen und Normensysteme »gewachsen« sind und daher auch die für ihn, den Europäer, nicht unmittelbar verständlichen Gepflogenheiten ihren Sinn und Grund haben.

Umgekehrt übersieht man gerne, wie viele archaische Elemente die europäisch-amerikanische Gesellschaftsform heute nach wie vor enthält. Damit ist jetzt nicht der Neandertaler in uns gemeint, sondern der Brauch, daß einige wenige sich anmaßen, über das Schicksal vieler zu entscheiden, da sie dafür eine besondere Qualifikation — zumindest auf dem Papier — vorweisen können. In den sogenannten primitiven Gesellschaften wurde und wird dem Magier als dem fähigsten Mann die Aufgabe übertragen, die Angelegenheiten in der Sozietät zu regeln, über Gut und Böse zu entscheiden (vgl. Frazer 1951). Wir übertragen diese Aufgabe den Richtern, die — im Talar und mit dem Kruzifix auf dem (Richter-) Tisch — sich auch als Magier gebärden, ihre Urteile allerdings auf der Basis unverständlicher Gesetzestexte begründen. Ob sie zu den fähigsten Männern (und Frauen) unserer Gesellschaft gehören, ist nicht so wichtig, denn es genügt, daß sie dem einzelnen Furcht einflößen können, so wie die Magier »primitiver Gesellschaften«.

Wir glauben nun, unser Moral-, Normen- und Rechtssystem auf alle Völker dieser Erde übertragen zu müssen, in der Meinung, daß es das beste sei, das die Zivilisation hervorgebracht hat. Theoretisch könnten das auch alle anderen Völker von ihren Wert- und Rechtsvorstellungen behaupten (und sie tun es auch), jedoch haben sie mit diesen Vorstellungen keinen weltweiten Erfolg. Man wird sagen, dies sei gut. Denn niemand von uns würde eine Bestrafung durch Peitschenhiebe begrüßen, das Töten von Neugeborenen (vor allem Mädchen) oder die Todesstrafe für Ketzer gutheißen — alles Dinge, die manche Völker als moralisch und rechtlich in Ordnung empfinden. Andere Völker, andere Sitten, so sagt man, und sicher ist auch Feyerabend (1980) grundsätzlich zuzustimmen, wenn er dafür plädiert, die Menschen jeweils selbst darüber entscheiden zu lassen, was für sie im Rahmen ihrer Tradition richtig und gut ist. Allerdings liegt diesem Plädoyer die falsche Hoffnung zugrunde, daß die Menschen überall mündig sind und tatsächlich frei entscheiden können. In Wahrheit werden wichtige Entscheidungen vom Individuum meist delegiert, dem Medizinmann, dem Schamanen, dem Erzbischof, dem Ministerpräsidenten, dem König oder sonst einem Führer und seinen Vertretern überlassen.

Nun will ich hier nicht darüber entscheiden, ob wir tatsächlich alle Sitten und Bräuche, auch die, die uns inhuman erscheinen, akzeptieren und im Sinne der kulturellen Vielfalt begrüßen sollten. Ich habe dazu an anderer Stelle unter ethischem Aspekt einiges gesagt (vgl. Wuketits 1993 a). Tatsache ist, daß unsere Zivilisation maßgeblich von einem Fortschrittsbegriff geprägt ist, der —

implizit oder explizit — alle Völker und Kulturen, die seinen Inhalt nicht kennen und übernehmen, als »rückschrittlich« ausschließt; oder »kolonisiert«; oder einfach ausrottet. Sollen das die anderen Völker akzeptieren . . . ?

Man kann die kulturelle Evolution insgesamt als eine *Evolution der Ideen* beschreiben und Darwins Selektionskonzept darauf anwenden.[3] Dieser Ansatz wurde von Popper (1972) vertreten, findet sich aber mit unterschiedlichen Akzentsetzungen und in verschiedenen Versionen auch bei vielen anderen Autoren, so etwa bei Boyd und Richerson (1985), Lumsden und Wilson (1981) und Oeser (1987, 1988), die die Zusammenhänge zwischen der organischen und der kulturellen Evolution betonen. Demnach ließe sich die kulturelle Evolution als Resultat eines *Wettbewerbs von Ideen* beschreiben (analog zu Darwins Wettbewerb der Organismen). Am erfolgreichsten wäre dann diejenige Kultur, welche die sie tragenden Ideen am weitesten verbreiten kann.

Vielleicht mag man diese Analogie zur Selektionstheorie Darwins nicht, aber man wird nicht leugnen können, daß sich die Ausbreitung von Kulturen bzw. den ihnen innewohnenden Ideen doch nach diesem Muster vollzogen hat. Natürlich hat die Verbreitung von Ideen nichts mit Genetik zu tun; um eine Idee zu verbreiten, bedient sich der Mensch seiner Sprache und Schrift (in neuerer Zeit helfen ihm vor allem auch Rundfunk und Fernsehen). Aber der Drang des Menschen, Ideen zu verbreiten, scheint nicht schwächer zu sein als der Fortpflanzungsdrang. Der Umstand, daß so viele Kulturen ausgestorben oder von anderen verdrängt worden sind, läßt meines Erachtens noch eine andere Analogie zur organischen Evolution zu.

So wie diese im letzten Kapitel als Zickzackweg auf dem schmalen Grat des Lebens, den jede Organismenart geht, beschrieben wurde, kann nun die kulturelle Evolution als Zickzackweg auf dem schmalen Grat der Ideen charakterisiert werden. Und so wie es in der organischen Evolution keine »ewigen Sieger« gibt, gibt es auch in der kulturellen Evolution keinerlei Garantie dafür, daß sich irgendeine Kultur auf Dauer durchsetzen wird. Es gibt demnach keinen Vektor für den Fortschritt, der eine weitere Einflußnahme der westlichen Zivilisation unvermeidbar machen

---

3 Dies Konzept ist hier ausdrücklich nur in einem deskriptiven, beschreibenden Sinne gemeint, und nicht als *Norm* bzw. *Wertung*.

würde. Diese Zivilisation kann sich, wofür es viele Anzeichen gibt, in Zukunft selbst vernichten; es gibt aber immer noch die Möglichkeit, daß sie von einer anderen Zivilisation (z. B. der islamischen) verdrängt wird.

Der Unterschied dieser Auffassung zur Geschichtsphilosophie eines Oswald Spengler sollte klar sein. Spengler glaubte an historische Gesetze (vgl. Seite 128 f.), während ein Konzept, wie ich es hier im Sinn habe, solche Gesetze nicht kennt, sondern mit vorübergehenden Trends auskommen muß und mit ständigen Verschiebungen des »historischen Niveaus« rechnet. Um jedoch Mißverständnisse zu vermeiden, möchte ich nochmals, vorsichtshalber, betonen, daß aus einem solchen Konzept keinerlei *Rechtfertigung* für die Zerstörung kultureller Vielfalt folgt. Das Konzept eignet sich nur dazu, zu beschreiben, was in der Kulturgeschichte tatsächlich geschah und heute geschieht.

Der kulturelle Wärmetod

Die Zerstörung kultureller Vielfalt — gleich, welche der Kulturen bzw. Zivilisationen dafür verantwortlich sind — hat aber einen Effekt, den wir aus der organischen Evolution nicht kennen; den allenfalls der Mensch, wenn er so weitermacht, herbeibeschwören wird: die Reduktion der Vielfalt auf ein Ausmaß, welches Evolution als »Weiterentwicklung« (nicht Fortschritt!) eigentlich nicht mehr ermöglicht.

Zur Erinnerung: Evolution findet nur dort statt, wo es unterschiedliche Systeme gibt, wo eine Wettbewerbssituation eintritt, wo Selektionsbedingungen herrschen. Kurzum: Evolution bedarf einer gewissen Vielfalt. Diese wird bei jeder Organismenart durch die voneinander verschiedenen Individuen (genetisch) gewährleistet. Eine kulturelle Evolution kann nur dort stattfinden, wo verschiedene Individuen auch verschiedene Ideen haben. Der *Wärmetod*[4] einer Kultur tritt ein, wenn diese ihren Individuen nicht erlaubt, Ideen zu entwickeln und auszudrücken. Eine solche

---

4 Mit dem Wärmetod bezeichnen Physiker, einfach gesagt, die zu erwartende »Totenstarre« des Universums, wenn dieses den Zustand ausgeglichener Energie- und Temperaturunterschiede erreicht haben wird. Als Metapher eignet sich der Wärmetod für viele Systeme innerhalb des Universums, so durchaus auch für (menschliche) Kulturen.

Kultur kann sich theoretisch auch über den ganzen Erdball ausdehnen und alle übrigen Kulturen vernichten, sie bedeutet aber dann das Ende nicht nur ihrer eigenen, sondern der kulturellen Evolution überhaupt.

Ähnliche Überlegungen sind wiederholt angestellt worden. Beispielsweise schrieb Gehlen (1974, S. 63) folgendes:

> Sollte sich in näherer oder fernerer Zukunft eine Weltherrschaft herausbilden, dann wäre sie im Unterschied zu früheren Epochen von außen her nicht mehr störbar... Hätten wir... in naher oder ferner Zukunft ein Universalreich zu erwarten oder ein Gleichgewicht weniger Großmächte, dann wären solche Überraschungen ausgeschlossen, denn die Spionage-Satelliten sehen alles, und bis auf absehbare Zeit wäre dann die Großgeschichte, wenn Sie mir diesen Ausdruck erlauben, zu Ende.

Die Frage ist, ob unter diesen Umständen eine »Großgeschichte«, als kulturelle Evolution, überhaupt noch beginnen könnte. Wenn ja, dann wohl nur unter der Voraussetzung, daß sich innerhalb der »Weltkultur« Teilsysteme, Subkulturen, bilden könnten, die das »Großreich« zu unterwandern und letztlich zu zerstören in der Lage wären.

Wohl träumen nach wie vor Repräsentanten verschiedener Nationen von einem Weltreich, doch dürften ihre Träume schwer realisierbar sein, weil der Mensch als Kleingruppenwesen (vgl. Seite 209) dazu tendiert, Subkulturen zu etablieren, die nur die Schreckensherrschaft eines Tyrannen unterbinden kann. Der heute allerorten an die Oberfläche tretende Nationalismus signalisiert eher die einer »Weltkultur« entgegengesetzte Tendenz (mit allen ihren Gefahren und ihrer zerstörerischen Wirkung). Andererseits ist die schon erwähnte Amerikanisierung auch nicht zu übersehen. Nur wenige Winkel unseres Planeten sind bisher von der »Coca Cola-Kultur« (nichts gegen das Getränk!) verschont geblieben, und das »kurzärmelige Leiberl« heißt inzwischen auch in Österreich *T-Shirt* (in der Ukraine aber wohl auch nicht anders). Diese Phänomene haben jedoch weniger mit der Sehnsucht nach einer »Weltkultur« zu tun, sondern mit der Überzeugung vor allem der Jugendlichen, mit dem *Trend der Zeit* gehen zu müssen, ohne zu fragen, woher dieser Trend kommt (denn er wird über das Werbefernsehen vermittelt, das keine kulturelle Differenzierung kennt). Die *Trendsetter* appellieren freilich nicht an die kulturelle

Vielfalt, sondern an die Tiefenschichten des Gehirns, welches bei den Fünfzehn-, Sechzehn- und Siebzehnjährigen noch in besonderem Maße manipulierbar ist.

An dieser Stelle ist die Frage interessant, ob es auch in der kulturellen Evolution so etwas wie Involution gibt, die wir für die organische Evolution bereits im letzten Kapitel festgestellt haben. Denn Involution würde letztlich zum kulturellen Wärmetod führen. Es wird nicht überraschen, daß diese Frage gerade in neuerer und neuester Zeit eifrig diskutiert worden ist, obwohl diese Diskussion nicht unbedingt Anleihen aus der Biologie nimmt und nehmen muß. So kommt der Soziologe Baudrillard (1994) zu dem bemerkenswerten Schluß, daß es zwar kein Ende der Geschichte gibt, auch keine »Post-Histoire«, sondern nur eine Inversion, eine Rückwendung. Er formuliert seine Auffassung unter dem Eindruck der Auflösung der sozialistischen Systeme in Osteuropa, der darauf ursprünglich gebauten, inzwischen aber weitgehend zerstobenen Hoffnungen, der mit der schwindenden Hoffnung sich ausbreitenden Unsicherheit und der vielerorts um sich greifenden Endzeitstimmung. Ich darf hier eine längere Passage aus einem einschlägigen Aufsatz wiedergeben:

> Man hat sich gefragt, wozu dieses Ende des Jahrhunderts wohl gut sein könnte. Und das ist die Antwort: zu einem geschichtlichen Rückfall (»relapse historique«) als Versuch, dem Kollaps der Geschichte zu entkommen. Aber die eingefrorene und wieder aufgetaute Demokratie, die vorgetäuschten Freiheiten, die Neue Weltordnung unter Zellophan und die Ökologie unter Mottenpulver, mit ihren immungeschwächten Menschenrechten, all das ändert nichts an der melancholischen Melodie; denn diese plötzliche Zurückwendung des Jahrhunderts auf sich selbst bedeutet, daß wir dabei sind, gegenüber der Geschichte eine Trauerarbeit zu leisten, die unmöglich ist. Wir werden in Wirklichkeit niemals über das Jahrhundert hinauskommen, weil es sich inzwischen auf sich selbst zurückgewendet haben und in die umgekehrte Richtung aufgebrochen sein wird (Baudrillard 1994, S. 11).

Wie immer man zu dieser Auffassung stehen mag, man wird Anzeichen für Involutionstendenzen in der kulturellen Evolution heute nicht übersehen können. Wir werden diese Anzeichen noch anhand einiger konkreterer Beispiele (auf Seite 232 ff.) näher betrachten.

Der kulturelle Wärmetod der abendländischen Zivilisation ist jedenfalls keine bloße Erfindung unverbesserlicher Pessimisten, die ihrer morbiden Sehnsucht nach Untergängen Luft machen wollen, sondern ein im Bereich des Möglichen und sogar Wahrscheinlichen stehendes, zu erwartendes Ereignis, welches in Teilbereichen längst seine Schatten vorauswirft.

Einen veritablen Beitrag zum kulturellen Wärmetod leistet ein Prozeß, der schon von José Ortega y Gasset (1883–1955) in seinem bekannten Buch *der Aufstand der Massen* (1929/1958, S. 242) als »Verstaatlichung des Lebens« charakterisiert wurde, »die Einmischung des Staates in alles, die Absorption jedes spontanen sozialen Antriebs durch den Staat«. Ortega sah die Gefahr des Staates in der »Unterdrückung der historischen Spontaneität« und wäre wohl einverstanden, den Staat als Motor jener Entwicklung zu bezeichnen, die den kulturellen Wärmetod beschleunigt. Allerdings hatte schon Friedrich Nietzsche (1844–1900) — ausgehend von der Beobachtung, daß allmählich jeder und jedes auf irgendeine (äußerst kostspielige) Weise »vertreten« wird — für den Staat des 19. Jahrhunderts »einen unsinnig dicken Bauch« konstatiert (vgl. Nietzsche 1983 II, S. 250).

Dieser Prozeß der Verstaatlichung, der Bürokratisierung des Lebens hat heute, im ausklingenden 20. Jahrhundert, an der Schwelle zum dritten Jahrtausend, ungeheure und ungeheuerliche Ausmaße erreicht. Der bürokratische Apparat mischt sich in alles ein, will alles verwalten und kontrollieren, leidet aber inzwischen — um Nietzsches Metapher abzuwandeln — unter akuten Blähungen und droht zu kollabieren. Der demokratische (!) Staat hat keine andere Aufgabe, als seine Bürger zu schützen. Daher müßten seine Befugnisse mit jenem Instrument, das Popper (1984) als das »liberale Rasiermesser« bezeichnet, auf ein Mindestmaß zurückgestutzt werden. Allerdings setzt die Anwendung dieses Instruments *Mündigkeit* beim Bürger voraus. Der aber wird, eben durch den Staatsapparat, systematisch entmündigt und nur noch mit der Frage alleingelassen, wie er sich vor diesem Apparat schützen kann. Schon Kant (1798/1968 X, S. 522 f) bemerkte, daß sich Staatsoberhäupter »Landesväter« nennen, weil sie ihre Untertanen beglücken (sprich: entmündigen) wollen, während »das Volk ... zu einer beständigen Unmündigkeit verurteilt« sei. Kant (1784/1968 IX, S. 53) sah das vornehme Ziel der *Aufklärung* im »Ausgang des Menschen aus seiner selbstverschuldeten Unmündigkeit«. Doch statt diesem Ziel näherzukommen, nähert sich unsere Zivilisation heute, zweihundert Jahre später, noch schneller dem kulturellen Wärmetod.

Die Beschleunigung dieses Prozesses bedarf keiner ausdrücklichen »Weltherrschaft«. Denn die Aufklärung, deren Bedeutung ich wiederholt unterstrichen habe (Wuketits 1985, 1988 b)[5], stößt auf enorme Widerstände von seiten all derer, die »das Volk« ausbeuten wollen. Das sind heute aber nicht nur Politiker (»Staatsoberhäupter«) und »Staatsmandarine« bzw. Bürokraten, die den Bürger im Namen ihres Staates permanent belästigen; sondern das sind längst auch die Großkonzerne, die mit immer aggressiveren Geschäftspraktiken die Märkte und mit immer aufdringlicheren Werbeeinschaltungen in allen Medien die Herzen (d. h. das Gehirn) potentieller Konsumenten erobern.

Es entbehrt nicht einer gewissen Paradoxie, daß der kulturelle Wärmetod gerade von jener Idee heraufbeschworen wird, die einst dem Menschen Höchstes versprach: der Idee des Fortschritts. In jenen hoffnungsfrohen Tagen der Aufklärung im späten 18. Jahrhundert war sie der Schlüssel zu der Tür, die dem Menschen den »Ausgang aus seiner selbstverschuldeten Unmündigkeit« weisen sollte.

Aber Unvernunft, Hilflosigkeit, Bequemlichkeit, Lüge und Täuschung waren stärker. Der Fortschrittsgedanke erwies sich als willkommenes Instrument der Verführer und Blender, die den Menschen auf den dunklen Pfaden bloßer Hoffnung und Illusionen lassen wollen (und ihren eigenen Illusionen zum Opfer fallen).

Die Katastrophen der Kulturgeschichte

Wer heute noch glaubt, daß die Kulturgeschichte der Menschheit ein linearer Prozeß sei, ist entweder blind oder will einfach jenen Zickzackweg nicht sehen, der für jede mittel- bis langfristige Ent-

---

5 Natürlich habe nicht nur ich diese Bedeutung unterstrichen. Ich nenne mich hier, zugegebenermaßen nicht sehr bescheiden, stellvertretend für viele zeitgenössische Autoren, von denen sich aber der eine oder andere in diesem Buch namentlich finden wird. Im Grunde genommen leistet jeder Gelehrte seinen Beitrag zur Aufklärung, wenn er sich darum bemüht, die Position des Menschen in dieser Welt zu erhellen und insbesondere die Fallen zu zeigen, in die so viele Menschen im Namen dubioser Ideologien bereitwillig stolpern.

wicklung charakteristisch ist. Zudem ist die Kulturgeschichte, ähnlich der organischen Evolution, eine Anhäufung von Krisen und Katastrophen, mit dem einen Unterschied, daß wir dabei wesentlich kürzere Zeiträume zu überblicken haben. (Und daß der Mensch stets der Verursacher der Katastrophen ist.)

Der »Katastrophenverlauf« der Weltgeschichte zeigt sich am deutlichsten in den *Kriegen*. Löwenhard (1982) gibt dazu unter Berücksichtigung einschlägiger historischer Studien einige Daten, die jeden Menschen nachdenklich stimmen müssen.

Seit etwa fünftausendsechshundert Jahren — dieser Zeitraum entspricht ungefähr der Geschichte der Hochkulturen — gab es ca. *dreitausendfünfhundert* kriegerische Auseinandersetzungen unterschiedlichen Ausmaßes. Das Resultat waren über *dreieinhalb Milliarden Tote*, Menschen, die entweder direkt getötet wurden oder an den Folgen der Kriege (Hungersnöte, Epidemien usw.) zugrunde gingen.

Nimmt man beispielsweise den Zeitraum zwischen 1100 und 1900, so läßt sich nachweisen, daß innerhalb dieser neun Jahrhunderte insgesamt elf europäische Nationen in Kriege verwickelt waren, und zwar im Durchschnitt etwa sechsundzwanzig Jahre lang innerhalb jeder Periode von fünf Jahrzehnten.

Zwischen 1945 und 1982 fanden weltweit über *einhundertdreißig* bewaffnete Konflikte oder Kriege statt, also durchschnittlich fünf pro Jahr. Die Zahl der Toten ging in die Millionen.

Mir liegt kein genaues Zahlenmaterial für die Zeit nach 1982 vor, aber viele der in dieser kurzen Zeit stattgefundenen oder immer noch stattfindenden Kriege sind uns gegenwärtig, vor allem der über drei Jahre tobende Krieg in Bosnien mit vielen gescheiterten Friedensplänen.

Ich bin kein besonders aufmerksamer Beobachter der Tagespolitik. Aber wann immer ich den Weltnachrichten lausche, ist die Rede von irgendeinem Konflikt, irgendeinem Krieg; vom Einmarsch bewaffneter Truppen da oder dort; von Terroranschlägen; von Truppenaufmärschen. Ein beachtenswert großer Teil der Menschheit beschäftigt sich also offenbar mit Kriegen. Eine ganze Industrie, mächtiger als die Automobilindustrie (sofern nicht auch diese ohnehin die Kriegsmaschinerie unterstützt), ist der Vernichtung von Menschen gewidmet. Wir haben gesehen, daß die Natur kein Paradies ist und Lebewesen miteinander konkurrieren. Aber keine Spezies hat es (aus verschiedenen Gründen) geschafft, mit einer derart ausgeklügelten Methodik und Systematik gegen ihre Artangehörigen ins Feld zu ziehen.

Daß der Mensch aus all diesen Kriegskatastrophen noch immer nicht die Konsequenzen gezogen hat und sich zum weltweiten Frieden bereitfinden konnte (der ja ständig propagiert wird), ist bezeichnend und läßt *Homo sapiens* einmal mehr als *Homo demens* erscheinen. Durch Kriege werden Menschenleben ausgelöscht, viele Menschen werden verstümmelt, verlieren Arme oder Beine, werden zu lebenslangen Invaliden, die die Folgen des Kriegswahnsinns Jahre und Jahrzehnte mit sich herumtragen. Darüber hinaus werden durch Kriege Landschaften zerstört, Wälder, Tiere und Pflanzen, so daß jeder Krieg auch für die Natur unmittelbare, zumindest regional katastrophale Auswirkungen hat. Schließlich ist nicht zu übersehen, was an Kulturgütern schon durch Kriege zerstört worden ist. Wüßte man mittlerweile nichts von den im Menschen tief sitzenden destruktiven Potentialen, dann dürfte man all das gar nicht glauben. Religionen lehren den Menschen zwar Menschlichkeit und Nächstenliebe, aber sie *veranlassen* ihn auch häufig zu Gewalttaten. (Katholische Bischöfe haben auch nichts dabei gefunden, Panzer und andere Kriegsinstrumente zu segnen — welcher Hohn!)

Kriege, allen voran natürlich die beiden Weltkriege, gehören zu den größten Katastrophen der Kulturgeschichte. Diese kann man, wie gesagt, als einen Wettbewerb der Ideen beschreiben. Allerdings erschöpfen sich unsere Ideen nicht in Vorstellungen über den Aufbau des Sonnensystems, Theorien über die Entstehung des Universums und den Untergang der Dinosaurier. Viele Ideen, die in einer Kultur geboren werden, dienen der Vernichtung anderer Völker und Kulturen. Das ist die Kehrseite der Evolution der Ideen, der *Homo sapiens* seine Einzigartigkeit verdankt. Da Ideen nicht nur miteinander im Wettbewerb stehen, sondern auch ausgetauscht werden, verdichtet sich der Prozeß der kulturellen Evolution zu einem soliden »Ideenblock« und gibt dem Menschen enorme Möglichkeiten — darunter auch nie dagewesene Möglichkeiten der Zerstörung und Vernichtung.

Neben den großen Katastrophen der Kulturgeschichte haben wir, wie im Falle der Naturgeschichte, auch mittlere und kleine Katastrophen zu berücksichtigen. Die Grenzen sind aber auch hier fließend, und das Ausmaß der Katastrophe hängt jeweils wiederum vom Standpunkt des Beobachters ab.

Die technische Evolution, die dem Menschen vor allem in den letzten einhundert Jahren so viele ungeahnte Möglichkeiten beschert hat, hat auch eine neue Art von Katastrophen hervorgebracht: Auto- und Eisenbahnunfälle, Flugzeugabstürze, Betriebsunfälle in Bergwerken, Fabriken und Kraftwerken, Schiffskatastrophen usw. Während bei solchen Unfällen die Bilanz der Toten und Verletzten meist ziemlich rasch erstellt ist, sind die langfristigen Auswirkungen mancher Katastrophen oft schwer oder überhaupt nicht abzuschätzen. Die ökologischen Folgen von Unfällen in Kernkraftwerken, von denen dann wiederum auch Menschen betroffen sind, sind kaum noch abzusehen. (Dabei blieb uns bisher glücklicherweise die »wirklich große« Kernkraftwerkskatastrophe erspart, ausschließen aber kann sie niemand für die Zukunft.) Zu erwähnen sind auch die Tankerkatastrophen, die sich in den letzten Jahren häufen und deren unmittelbare ökologische Folgen katastrophal sind.[6]

Da Industrie und Landwirtschaft heute mit vielen giftigen Substanzen arbeiten, passieren fortwährend kleinere, d. h. regionale Katastrophen, die kaum noch jemanden aufzuregen scheinen. Man könnte sagen: Der Mensch hat gelernt, mit den täglichen Katastrophen in seiner Zivilisation zu leben. Man kann aber auch sagen: Nur ein wahnsinniges Lebewesen ist bereit, all die Risiken einzugehen, die diese Zivilisation ihm täglich beschert

Die *eine, größte* Katastrophe, eine Katastrophe planetarischen Ausmaßes, die selbst die beiden Weltkriege in den Schatten stellen wird, droht aber — auch wenn ein Konflikt mit Nuklearwaffen ausbleiben sollte — von der systematischen Zerstörung der ökologischen Kreisläufe. Der Mensch ist dabei, die Erde aus dem Gleichgewicht zu bringen, und hat keine Ahnung, welche Dimensionen die Folgen seines Tuns annehmen werden. Die Abholzung der tropischen Wälder, die Unmengen von Giftgasen, die täglich von Autos, Flugzeugen und Industriebetrieben in die Luft geblasen werden, die Verschmutzung der Flüsse, Seen und Ozeane, die Anhäufung von Müll, die einseitige Bewirtschaftung von Ackerland, der zur Idiotie gesteigerte Konsumzwang, der die

---

6 Zwischen 1978 und 1992 gab es siebzehn schwere Tankerkatastrophen. Bei der schwersten dieser Katastrophen (1983 an der Südküste Afrikas) sind über *zweihundertfünfzigtausend* Tonnen Öl ausgeflossen. (Quelle: Harenberg Lexikon der Gegenwart, '94, 1993, S. 474.)

Spirale der Müllproduktion ankurbelt — all das *kann auf Dauer nicht folgenlos sein*. Gewiß, schon vor über dreißig Jahren ist eindringlich gewarnt worden vor den Folgen des sorglosen, katastrophalen Umgangs des Menschen mit seinem Planeten, beispielsweise von Rachel Carson in ihrem aufrüttelnden Buch *Silent Springs* (1962) und von Konrad Lorenz, der in einem Vortrag zu Beginn der sechziger Jahre betonte, daß ohne gescheite Ökologie auf Dauer keine gescheite Ökonomie möglich sein wird.

Inzwischen ist zwar Ökologie, wie bereits erwähnt wurde, zu einem politischen Schlagwort geworden, und es gibt in einigen Ländern mehr oder weniger strenge Gesetze betreffend die Müllentsorgung und -trennung, doch geht der Wahnsinn im wesentlichen unverändert weiter. Die technologische Entwicklung und der Aufwand, der sie beschleunigen soll, sind offenbar nicht zu stoppen, die Industrie will blühen, und das geht letztlich nicht ohne gravierende ökologische Eingriffe, ohne Zerstörung. Das Problem ist nicht die Maschine, sondern der Mensch (Verbeek 1990), der in seiner Entwicklung in der Steinzeit steckengeblieben ist, seine Triebe sofort, hier und jetzt, befriedigt wissen will, ohne Rücksicht auf mögliche Folgewirkungen. Die Versprechung, im Jenseits Erfüllung zu finden, wirkt in *diesem* Fall offenbar nicht. So kommt es heute, im Zeitalter des exponentiellen Wachstums der Information, der Gebrauchsgüter und des Wahnsinns, zu der von Lübbe (1994) so genannten *Gegenwartsschrumpfung;* die, zusammen mit unserer angeborenen Unfähigkeit, in langen Zeiträumen zu denken, Katastrophen begünstigt, optimale Voraussetzungen für sie schafft. Wir werden uns dieses Phänomen später noch etwas genauer ansehen, weil es eine Tendenz zum Ausdruck bringt, über die sich inzwischen viele beklagen, die aber von vielen — selbst denen, die über sie klagen — ständig verstärkt wird.

Die Permanenz des Wahnsinns

Die bedrückende Einsicht, zu der wir kommen, wenn wir unseren Blick zurück auf ein paar Tausend Jahre Geschichte werfen, ist, daß — obgleich diese sich nicht zyklisch wiederholt — bestimmte Grundmuster menschlicher Wahnsinnstaten immer wiederkehren. Der Grund dafür liegt nicht in der Existenz historischer Gesetze (vgl. Seite 136), sondern in dem Umstand, daß der Mensch mit einem Gehirn ausgestattet ist, welches erhebliche destruktive Potentiale in sich trägt und ihn fortgesetzt zu Wahnsinnstaten treibt. Man sollte doch glauben, daß ein intelligentes Lebewesen, welches bislang als Gattung so viele Naturkatastrophen überstanden hat, aus den Katastrophen, die es selbst verursacht, lernt und zumindest nicht immer die gleichen Katastrophen herbeiführt. Aber nein, aus den unzähligen Kriegen seiner Geschichte hat der Mensch noch immer nicht gelernt, daß es besser wäre, keine Kriege mehr zu führen.

Vor einiger Zeit schrieb Koestler (1968, S. 354), daß es ein unberechtigter Glaube sei, »die Konflikte, Krisen, Konfrontationen und Kriege der Vergangenheit würden sich in den kommenden Jahren, Jahrzehnten und Jahrhunderten in den verschiedensten Teilen der Welt nicht wiederholen«. Leider ist eine solche Hoffnung tatsächlich unberechtigt. Denn Kriege werden ständig irgendwo geführt. Wird an einem Ort ein Friedenspakt geschlossen, bricht an einem anderen ein Konflikt aus. Die Geschichte verläuft diesbezüglich mit erschreckender Kontinuität. Ein Krieg ist wie jeder andere. Das Ergebnis sind immer Tote und Verwundete, Kinder, die ihre Väter, Frauen, die ihre Ehemänner, Mütter und Väter, die ihre Söhne verloren haben; Leichen, Trümmer, Leid, Elend und Schmerz. Bemerkenswert ist die Einstellung zum Krieg, die manche Leute zur Schau tragen oder jedenfalls angesichts einer konkreten kriegerischen Auseinandersetzung mitunter zum Ausdruck bringen. Als Anfang 1991 gerade der Golfkrieg wütete und die Amerikaner mit ihren Verbündeten die Irakis aus Kuweit vertrieben, bemerkte ein österreichischer Journalist anläßlich einer Fernsehdiskussion mit Pathos: »Dieser Krieg ist nicht nur gerecht, er ist auch weise.«

Die Leserin und der Leser werden Nachsicht üben, wenn ich weder den Namen des Journalisten noch die Fernsehsendung als Quelle genau angebe. Sie dürfen mir glauben, daß mich dieser Satz damals so beeindruckt hat, daß ich ihn nie vergessen werde. Ein »*weiser* Krieg« — welch perverse Wortschöpfung! Man möge darüber streiten, ob ein Krieg gerecht sein kann. Man wird die Berechtigung eines Volkes, sich gegen einen Aggressor zu verteidigen, nicht bestreiten. Man kann akzeptieren, daß ein Volk einem anderen, bedrängten zu Hilfe kommt und sie dem Aggressor gemeinsam die Zähne zeigen. Im Zusammenhang mit einem Krieg aber den Ausdruck »Weisheit« zu strapazieren, ist schon absurd. Ein Krieg, *jeder* Krieg ist der deutlichste Beweis dafür, daß der Mensch die oberste und jüngste Schicht seines Gehirns, den *Neocortex*[7], dem er seine Vernunft verdankt, nicht zu nutzen weiß; daß ihm als Konfliktlösung nichts anderes einfällt als die seit jeher in der Evolution der Organismen praktizierte *Gewalt*. Doch während unsere steinzeitlichen Ahnen mit dem Faustkeil aufeinander losgingen, bedient sich die moderne Militärmaschinerie ausgeklügelter technischer Systeme, die wesentlich effektiver sind und außerdem zwischen dem Angegriffenen und dem Angreifer eine relativ große Distanz entstehen lassen: Der, der von einem Kampfflugzeug aus eine Bombe wirft, sieht nicht, was er »da unten« anrichtet (sondern erfährt es allenfalls im nachhinein aus dem Fernsehen).

Der Wahnsinn der Kriege nimmt kein Ende; trotz wiederholter, ehrlicher Friedensbemühungen in den verschiedenen Krisenregionen der Erde gehen Kämpfe und Kriege überall weiter. Wo also kann hier von Fortschritt die Rede sein? Nur im Zusammenhang mit der ständigen Verbesserung der Technologie der Kriegsführung!

Karl Popper hat wiederholt betont, daß der Mensch gegenüber anderen Lebewesen den großen Vorteil habe, seine Theorien, seine Ideen an seiner Stelle sterben lassen (sie *falsifizieren*) zu können (vgl. z. B. Popper 1972). Ein Kosmologe, der eine falsche Vorstellung von der Entstehung des Universums entwickelt hat, wird, nachdem er seinen Irrtum eingesehen hat, physisch weiterexistieren; er wird seine Theorie aufgeben, eine neue Theorie entwickeln und sich weiterhin seines Lebens erfreuen. (Man stelle sich vor, das wäre nicht so: Die Wissenschaft hätte eine überdurchschnittlich große Zahl früh Verstorbener unter ihren Repräsentanten zu beklagen.) Ergänzend muß man aber hinzufügen, daß der Mensch auch das einzige Lebewesen ist, das *für* seine Ideen stirbt: für Gott, für das Vaterland, für die Nation, für irgendeine Ideologie. Glücklicherweise gibt es genügend »Feiglinge«, die dieser biologischen Anomalie nicht zu folgen bereit sind, ihr eigenes Leben schützen wollen und über jede Ideologie

---

7 Neocortex bedeutet »Neuhirnrinde«. Er bildet beim Menschen sozusagen den Ort höchster Gehirnleistungen und ist im allgemeinen (bei den Säugetieren) der Sitz höchster nervöser Funktionen, die am »progressivsten« entwickelte Struktur des Nervensystems der Wirbeltiere.

stellen. Andernfalls wären wir wohl schon ausgestorben. Denn so viele Ideologien haben vom Menschen schon seine Selbstopferung verlangt, daß nur dank eines uralten Überlebenstriebs, der sich oft im letzten Moment doch noch einstellt, selbst von einer Ideologie bereits beträchtlich manipulierte Individuen die Flucht ergreifen und damit passiv zur Auflösung der betreffenden Ideologie beitragen.

Der Wahnsinn wird allerdings weitergehen, solange sich nicht *jeder* individuelle Mensch auf seine relative Autonomie besinnt und seinen Führern die kalte Schulter zeigt. Jedoch läßt sich die Masse[8] von ihren Führern gern beglücken, und einmal beglückt — sprich: manipuliert — hat sie dann oft nicht mehr die Kraft, aus sich selbst heraus Individualitäten zu entfalten, denen die Führer nichts mehr anhaben können. Der Mensch ist von Natur aus ein soziales Lebewesen, also will er nicht das fünfte Rad am Wagen sein. Diese alte, stammesgeschichtlich tief verwurzelte Tendenz erweist sich dann als sehr gefährlich, wenn bestimmte Ideologien eine Gesellschaft zusammenhalten. Zu verweisen wäre in diesem Zusammenhang auf die gefährlichen nationalistischen Bewegungen, die heute wieder überall beobachtbar sind.

Aus evolutionstheoretischer Sicht kann man sagen, daß das Leben insgesamt ein *erkenntnisgewinnender Prozeß* ist (vgl. z. B. Lorenz 1973, Wuketits 1986, 1990), ein Lernprozeß, der insbesondere beim Menschen ständige Fehlerkorrektur erlaubt. Unseren kognitiven Fähigkeiten müßte man daher eine kontinuierliche Verbesserung zuschreiben, und es wird auch gelegentlich (z. B. von Levinson 1982, 1988) behauptet, daß unserer Erkenntnis, unserem Erkenntnisvermögen prinzipiell keine Grenzen gesetzt seien. Dieser hoffnungsvollen Aussicht steht leider die Tatsache gegenüber, daß der Mensch sein Erkenntnisvermögen, sein sich vermehrendes Wissen nicht immer sehr klug einzusetzen weiß, sondern damit vor allem seine destruktiven Neigungen unterstützt. Das ist heute so, und das war so in früheren Zeiten.

Daher dürfen wir von einer Permanenz des Wahnsinns reden, wobei der Ausdruck *Wahnsinn* durchaus wörtlich zu nehmen ist. Er erfährt seine Steigerungsform im *kollektiven* Wahnsinn, der in

---

8 Der Ausdruck »Masse« ist nicht abwertend gemeint. Er bezeichnet lediglich eine große, nicht näher bestimmbare Zahl von Individuen, die, ohne miteinander eng verbunden zu sein, unter bestimmten Rahmenbedingungen das gleiche Ziel verfolgen.

den heutigen Massengesellschaften des *Homo sapiens* grauenvolle Blüten hervorbringt. Kollektive Begeisterung für Kriege ist ein Phänomen, welches unter allen uns bekannten Lebewesen nur der Mensch zu entwickeln vermag und so oft schon entwickelt hat, da es ihm auch nie an Führern gefehlt hat, die diese Begeisterung kraft ihres eigenen Wahnsinns zu entfachen verstanden haben. Mit der Zunahme des Wissens geht also eine Zunahme an Wahnsinnstaten einher, so daß der kognitive Fortschritt jedenfalls seine düsteren Schattenseiten hat.

Involution und Inflation des Wissens, der Werte, Normen und Gesetze

Ist es aber überhaupt berechtigt, vom kognitiven Fortschritt zu sprechen? Grundsätzlich bedeutet, wie in früheren Kapiteln dieses Buches deutlich gemacht wurde, der Fortschritt »nicht mehr als eine geschichtsphilosophische Konstruktion« und die Idee des Fortschritts eine willkürliche »Interpretation der Vergangenheit, [die] der Orientierung über die Vergangenheit hinaus, in Richtung auf Gegenwart und Zukunft dienen soll« (Sticker 1973 S. 31). Andererseits ist das *Wachstum wissenschaftlicher Erkenntnisse* und *wissenschaftlicher Produktion* längst nicht mehr zu übersehen. Dazu gleich ein Beispiel.

Nach zuverlässigen Schätzungen sind bisher weit über zehn Millionen wissenschaftlicher Aufsätze veröffentlicht worden, und gegenwärtig werden in ca. dreißigtausend wissenschaftlichen Zeitschriften jährlich um die sechshunderttausend neue Aufsätze publiziert (vgl. Rescher 1982; Abb. 40). Die Zahl der wissenschaftlichen Zeitschriften und Bücher ist in neuerer Zeit exponentiell gewachsen, und es ist bereits errechnet worden, daß die wissenschaftliche Information in den letzten Jahrhunderten ziemlich konstant mit dem exponentiellen Tempo von sechs bis sieben Prozent gewachsen ist, so daß heute von einer wahren Literaturüberflutung die Rede sein kann. Das Volumen wissenschaftlicher Publikationen hat ungefähr alle fünfzig Jahre um die Größenordnung von einer Zehnerpotenz zugenommen (vgl. Rescher 1982).

Diese enorme Wissensvermehrung, die Steigerung wissenschaftlicher Produktivität ebenso wie der Zahl der aktiven Wis-

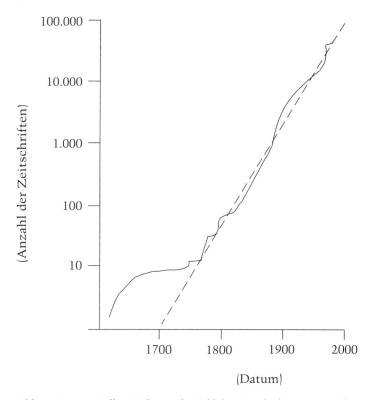

Abb. 40: Exponentielles Wachstum der Zahl der Zeitschriften seit etwa dreihundert Jahren. Das Wachstum verläuft nahezu wie eine gerade Linie: die »Einbrüche« gelten für Zeiten, in denen — wie etwa während des Zweiten Weltkriegs — die Produktion stagnierte (aus Rescher 1982).

senschaftler[9], wirft aber einige Fragen grundsätzlicher Natur auf. Ich erwähnte bereits auf Seite 228 das von Lübbe (1994) als *Gegenwartsschrumpfung* bezeichnete Phänomen, das hier offenbar besonders deutlich zum Vorschein kommt. Denn die ungeheure Produktion von Wissen und die enorme Zahl der Publikationen führen dazu, daß jede einzelne Veröffentlichung häufig nur für

---

9 In den Vereinigten Staaten etwa gab es 1950 ca. einhundertfünfzigtausend Wissenschaftler, 1970 bereits knapp eine halbe Million (nach Rescher 1982).

eine »sehr kurze Gegenwart« bedeutsam ist und dann schnell wieder vergessen wird. Ein zweites Problem besteht darin, daß kein Mensch mehr in der Lage ist, auch nur einen Bruchteil der (wissenschaftlichen) Veröffentlichungen zu lesen, zu verstehen, geschweige denn ihrem Inhalt und ihren Aussagen nach zu überprüfen. Zwar kann man sagen, es gibt für jedes Gebiet heute Spezialisten, und ein Molekularbiologe ist ja nicht gezwungen, die Veröffentlichungen auf dem Gebiet der Hochenergiephysik zu lesen (oder umgekehrt). Spezialisten kontrollieren einander gegenseitig, jede(r) liest die Bücher und Aufsätze auf seinem oder ihrem Gebiet und damit ist die Sache schon in Ordnung. (Nur wir philosophische Enzyklopädisten haben das Vorrecht, kreuz und quer durch die Disziplinen zu lesen und alles uns Wichtige zu einer großen Synthese zusammenzubauen.)

Allerdings geht es hier weniger um das Problem, was und wieviel man lesen kann, sondern um die Produktion selbst und vor allem die Bedeutung des Produzierten. Oeser (1988) sieht in der Entwicklung der Wissenschaft deutliche Involutionstendenzen und findet zum Zwecke ihrer Beschreibung auch deutliche Worte: Viele schwache Gehirne sitzen heute an starken Apparaten; die Beschleunigung wissenschaftlicher Kommunikation führt durch seichte Kanäle; es werden Wegwerftheorien produziert und wissenschaftliche Erkenntnisse schnell entwertet; dem Wissenschaftler und seiner Arbeit stehen nur mehr kurze Brennzeiten zur Verfügung. In der Tat kann heute nicht nur von einer Involution, sondern auch von einer *Inflation* des Wissens gesprochen werden, so daß auch eine allgemeine Unsicherheit unter den Konsumenten wissenschaftlicher Erkenntnisse um sich greift. Was soll man denn davon halten, wenn ein Forschungsteam z. B. an der University of California in Los Angeles herausgefunden haben will, daß Wein für den menschlichen Organismus grundsätzlich schädlich sei, und gleichzeitig eine andere Forschergruppe, sagen wir, an der Universität Zürich, zu dem Schluß kommt, Wein habe eine positive Wirkung und müsse aus medizinischen Gründen krankheitsvorbeugend regelmäßig genossen werden? Was soll ein interessierter Leser von den vielen einander widersprechenden Theorien über die Ursachen das Waldsterbens halten? Man will sich doch auf wissenschaftliche Erkenntnisse verlassen!

Mancher hat allerdings das Wesen der Wissenschaft mißverstanden und übersehen, daß die Produktion erster und letzter und ewiger Wahrheiten eben nicht zum Geschäft der Wissenschaften gehört (vgl. z. B. Hübner 1974). Übersehen wird meist auch die Tatsache, daß innerhalb der Wissenschaft, unter den Wissenschaftlern, ein Wettbewerb stattfindet und der Fortschritt einer Theorie daran gemessen wird, »wie viele andere Theorien sie umbringt« (Oeser 1988, S. 192). Das Problem dabei etwa für den sterbenden Wald ist allerdings, daß er weiter zugrunde geht, während Botaniker, Ökologen, Entomologen und Chemiker ihren Wettbewerb austragen, und bis endlich die eine, richtige Theorie alle anderen Theorien über die Ursachen des Waldsterbens umgebracht hat, wird der Wald wohl auch umgebracht sein.

Eine große Gefahr bilden umgekehrt alle diejenigen Tendenzen, die aus einer Skepsis gegenüber der Wissenschaft heraus entstehen: die Zuflucht in allerlei pseudowissenschaftliche und (pseudo-)religiöse, irrationale Denksysteme, die dem Leichtgläubigen das Blaue vom Himmel versprechen, da sie — im Gegensatz zur Wissenschaft — letzte und ewige Wahrheiten zu besitzen vorgeben. Auf wissenschaftliche Erkenntnisse können wir nämlich nicht verzichten, denn paradoxerweise brauchen wir auch für die Lösung der von den Wissenschaften selbst verursachten Probleme wiederum die Wissenschaft. Um so gefährlicher aber sind die Involutionsprozesse der gegenwärtigen Wissenschaft. Zwar sind manche Autoren sehr optimistisch. Levinson (1988) vertraut der expandierenden Technologie der Wissensproduktion, und Rescher (1982) meint, daß — wenn er nicht völlig falsch liegt — die Wissenschaft nie ein absolutes Hindernis für ihr Streben nach Erkenntnis, nach einem tieferen Eindringen in die Natur, erfahren wird. Das ist alles schön und gut, es ist nicht daran zu zweifeln, daß sich die wissenschaftlichen Methoden auch in Zukunft verfeinern werden, und selbst aus den Wogen einer noch stärker inflationären Wissensproduktion wird da und dort eine »wirklich wichtige« Erkenntnis auftauchen. Das Gefährliche, das Bedrohliche an der Involution der Wissenschaft ist aber, daß sich die Wissenschaft zu ihrem Erzeuger, dem Menschen, zurückwenden kann, in der Anwendung ihrer Erkenntnisse also zu einer Zerstörung der Menschheit führt. Die direkte und indirekte Beteiligung vieler Wissenschaften und Wissenschaftler an der ständigen Verbesserung der militärischen Vernichtungsmaschinerie mag als Hinweis auf diesen Aspekt der Involution genügen.

Das Problem, mit dem wir hier eigentlich konfrontiert sind, liegt darin, »daß das wissenschaftlich-technisch bedingte Fortschrittsverständnis an der Unterrepräsentanz der anthropologisch-ethischen Grundbestimmungen leidet« (Götschl 1988, S. 22). Mit anderen Worten: Der Fortschritt ist nicht bloß mit einem Maß der Wissensproduktion zu bemessen. Von »wirklichem« Fortschritt könnten wir nur dann reden, wenn mit der Entwicklung wissenschaftlicher Erkenntnisse auch Vernunft und Weisheit, Moral und Verantwortung ansteigen. Das aber ist nicht der Fall. Im Gegenteil, mit zunehmender Wissensproduktion wird unsere Ratlosigkeit immer größer, die Kluft zwischen dem Machbaren und dem Verantwortbaren immer breiter.

Wissenschaft und Technik laufen uns davon, wir sind immer weniger in der Lage, relevante von irrelevanten Erkenntnissen, lebenswichtige von lebensbedrohenden Forschungsresultaten zu unterscheiden. Dabei wäre es naiv zu glauben, daß die Resultate wissenschaftlicher Arbeit wertneutral sind. Das Motiv vieler Forschungsunternehmungen ist heute von vornherein die mögliche Anwendung der zu erzielenden Ergebnisse, und manche harmlos scheinende Untersuchung auf einem »unverdächtigen« Forschungsgebiet findet oft auf Schleichwegen zur Anwendung, zu einer Praxis, die ihrerseits wiederum oft genug den Menschen das Fürchten lehrt.

Die Involution der Wissenschaft ist aber nur ein besonderer Aspekt der allgemeinen Involution unserer Kultur. Die Ratlosigkeit im ethischen Bereich trifft nicht nur auf die Produkte wissenschaftlicher Forschung zu. Sie äußert sich in einem allgemeinen Unbehagen in einer Welt, in der alles immer schneller läuft und die Gegenwart immer kürzer wird. So wie in der Wissenschaft viele Wegwerftheorien produziert werden, um unversehens im riesigen Mülleimer des Wissens zu landen, so produzieren beispielsweise auch die Juristen ungemein viel Informationsmüll. Es gibt keinen Bereich des menschlichen Lebens — vom Geschlechtsakt über die Geburt bis über den Tod hinaus —, für den sich eifrige Gesetzesbastler noch keine juristischen Regelungen ausgedacht hätten. Die Juristen selbst kennen sich mittlerweile im Gesetzes- und Verordnungsdschungel nicht mehr aus, das meiste bleibt eine Frage der Interpretation und Auslegung. An die Stelle von Moral, Recht und Gerechtigkeit treten daher mehr und mehr formale Spitzfindigkeiten; die Frage, ob Recht oder Unrecht gesprochen wird, tritt gegenüber der Frage, ob irgendein behördliches Schriftstück den formal vorgeschriebenen Amtsweg genommen hat, deutlich in den Hintergrund. Viele Gesetze, Vorschriften und Verordnungen gehören von vornherein ins juristische Mülldepot. Aber Vorsicht: Genau in einer solchen Situation kann der Staat versuchen, die Macht mit aller Gewalt an sich zu reißen!

Moral und Recht sind in der Evolution der Hominiden entstanden, um das Leben und Überleben in der Gruppe zu regeln, und hatten daher ursprünglich einen klar bestimmten biosozialen Sinn (siehe auch Wuketits 1993 a, c, 1997). Ähnlich bemerkt Gruter (1993, S. 196): »Gerechtigkeitsgefühl und der Wunsch des einzelnen, in einer Gesellschaft zu leben, die er für gerecht hält, ist ... eine biologische Realität, die in der menschlichen Natur wurzelt.« Von dieser haben sich aber die Gesetzgeber schon viele Meilen weit entfernt: Werte werden auf Normen reduziert, diese wieder auf Gesetzestexte, die nicht nur niemand mehr lesen kann, sondern deren Anwendbarkeit auf das konkrete menschliche Leben oft mehr als fragwürdig ist. So neu ist diese Situation aber anscheinend nicht, weil sich schon Voltaire über sie beklagt hat. Mit seiner spitzen Feder notierte er:

> Aus Mangel, die Ausdrücke fest zu umreißen, und hauptsächlich aus Mangel geistiger Klarheit, sind die meisten Gesetze, die doch klar wie Arithmetik und Geometrie sein sollten, dunkel wie ein Logogryph.[10] Der traurige Beweis besteht darin, daß fast alle Prozesse auf der Auslegung der Gesetze beruhen, die fast immer verschieden von Kläger, Anwalt und Richter aufgefaßt sind (zit. nach Gleichen-Rußwurm 1905, S. 35).

Wenn es also einen Fortschritt gäbe — hätte sich die Situation dann nicht seit Voltaires Zeiten ein wenig zum Besseren ändern müssen? Hätten sich die Gesetzgeber nicht zumindest bemühen sollen, ihre Auffassungen von Recht und Unrecht, ihre Paragraphen in einer weniger kryptischen und eindeutigeren Sprache zu formulieren?

Und was nochmals die Errungenschaften unserer wissenschaftlich-technischen Zivilisation betrifft, dürfen wir nicht vergessen, daß diese die Erwartungen, die einst in sie von ihren Pio-

---

10 Logogryph (Logogriph) = Buchstabenrätsel.

nieren gesetzt worden waren, zwar in vielen Teilbereichen schon überholt hat, daß aber der dafür zu zahlende Preis wesentlich höher ist, als man je erwartet hätte. Zum ersten Mal in der Menschheitsgeschichte haben wir ein Stadium erreicht, in dem Fehler passieren können, die nicht mehr korrigierbar sind. »Die Fehler, die die moderne Zivilisation begehen kann, sind irreparable Katastrophen, aus denen man nichts mehr lernen kann« (Oeser 1988, S. 198). Ein Atomkrieg, dessen Gefahr nach dem Fall des Eisernen Vorhangs keineswegs gebannt ist, kann mit einem Schlag alle Kulturen dieses Planeten zerstören, und wir würden nicht einmal mehr die Zeit haben, diese beispiellose Dummheit zu bedauern.

Aber es gibt noch weitere Seiten der rapiden Entwicklung der wissenschaftlich-technischen Zivilisation, die uns deren hohes Preisniveau vor Augen führen und uns zwingen, den Fortschrittsglauben zu verabschieden. So wie wir nämlich mittels modernster Agrartechnik die Erträge der Landwirtschaft dramatisch gesteigert haben, so leisten wir mit gerade dieser Technik auch einen Beitrag zur Umweltzerstörung. Und so wie die Medizin, wiederum mit Hilfe einer ausgeklügelten Technik, das Leben eines Menschen verlängern kann, so kann sie auch das Leiden verlängern und mit Hilfe der Produkte der pharmazeutischen Industrie zwar Schmerzen lindern, gleichzeitig aber den menschlichen Organismus damit in einen Müllhaufen für chemische Abfälle verwandeln. Und so wie wir uns insgesamt durch die Technik unseren Alltag leichter gemacht haben, so sorgen wir auch dafür, daß unser Planet insgesamt in eine riesige Mülldeponie verwandelt wird.

Die Situation heute ist deswegen so prekär, weil wir nicht mehr hoffen können, was noch ältere Zivilisationen, trotz aller von ihnen verursachten Katastrophen, hoffen durften: Ausweichmöglichkeiten zu finden. »Die alten Zyklen von Aufgang und Untergang menschlicher Kulturen waren möglich, weil sich immer an anderer Stelle der Erde dieser Prozeß wiederholen konnte« (Oeser 1988, S. 198). Indessen geschieht die Zerstörung der ökologischen Systeme heute *global*. Und einer globalen Katastrophe können wir nicht mehr ausweichen. (Nur unverbesserliche Phantasten glauben selbst in dieser Situation, daß sich Auswege immer finden werden, der Mensch auf andere Planeten ausweichen und dort eine neue Zivilisation aufbauen könnte. Sogar wenn dies in absehbarer Zeit technisch realisierbar sein sollte, wäre ein Leben beispielsweise auf der Venus wohl wenig erbauend.) Das eben ist das Wesen des Wärmetods unserer Zivilisation: daß ihr Untergang kein Übergang mehr sein kann und keine neue Entwicklung mehr ermöglicht. Es ist verständlich, daß sich mit diesem Gedanken die meisten Menschen nicht anfreunden können und sich an Illusionen festklammern.

Und damit ist ein weiterer Gesichtspunkt in der Analyse des Fortschrittsdenkens angesprochen.

Hypertrophien des Fortschritts

Unter einer Hypertrophie versteht man in Biologie und Medizin die Vergrößerung eines Organs oder Gewebes, etwa aufgrund erhöhter Leistungsanforderung. Dem Paläontologen sind viele Beispiele hypertrophen Wachstums einzelner Organe bei verschiedenen Gattungen bekannt, die infolge dieses Wachstums ausgestorben sind. Dazu gehören die Säbelzahntiger mit ihren »exzessiv« ausgebildeten Eckzähnen oder der eiszeitliche Riesenhirsch mit seiner enormen Geweihspannweite. Beim Menschen wäre das Gehirn als hypertrophes Organ zu erwähnen, welches in einem relativ kurzen Zeitraum ein verhältnismäßig mächtiges Volumen erreicht hat.

Ich halte es für legitim, den Ausdruck »Hypertrophie« in einem erweiterten Sinn zu verwenden und, ohne die unterschiedlichen Mechanismen zu leugnen, auch im Bereich der kulturellen Evolution zu gebrauchen. Hypertrophien (zumindest im übertragenen Sinn) gibt es auch im Verhalten der Lebewesen und daher ebenso im menschlichen Denken. Ein einfaches Beispiel, eher ein Gedankenexperiment, mag hier zur Auflockerung dienen. Nehmen wir an, jemand, der — mit Recht — um seine und die Sicherheit seiner Wohnung besorgt ist, läßt ein Sicherheitsschloß an der Wohnungstür anbringen. Nachher fühlt er sich sicherer. Nun aber könnten ihn Zweifel überkommen: Ist dieses Sicherheitsschloß wirklich genug? Und wenn es schon eine gewisse Sicherheit bringt, dann müßten doch (logisch!) *zwei* Sicherheitsschlösser doppelt so gut sein. Noch besser freilich wären drei oder gleich *vier* ... Irgendwann (schwer zu sagen, wann genau) wären (vielleicht mit zehn Sicherheitsschlössern) die Wohnung und der ach so Besorgte wohl wirklich vor Einbrechern sicher. Nun stelle man sich vor, daß in der Wohnung ein Brand ausbricht. Wie lange wohl dauert es, bis eine Tür mit vielen, sagen wir zehn, Sicherheitsschlössern geöffnet ist? (Zu berücksichtigen wäre, daß der Wohnungsinhaber durch den Brand in Panik versetzt werden kann und beim Aufsperren der Tür mit seinen zitternden Händen Fehler macht und daher ziemlich lang braucht, um ins Freie zu gelangen.) Der Wunsch nach Sicherheit kann sich also gegen den Sicherheitsbedürftigen selbst wenden und ihn sogar vernichten.

Ich wurde zu diesem Beispiel durch Watzlawicks amüsantes Buch *Vom Schlechten des Guten* (1986) angeregt, das keineswegs nur als Unterhaltungslektüre gedacht ist, sondern ziemlich genau das beschreibt, worum es bei den Hypertrophien menschlichen Denkens eigentlich geht. Watzlawick spricht treffend von Pa*t*endlösungen, um anzudeuten, daß manche nach der Logik des Sicherheitsfanatikers gefundene Paten*t*lösungen auch denjenigen beseitigen können, der sie anwendet.

Die wissenschaftlich-technische Zivilisation ist auf dem besten Wege, eine Patentlösung für die Menschheit zu finden, indem sie alles, was sie für gut befindet, nicht nur zehnmal, sondern hundert- und tausendmal vermehrt und vergrößert. Wenn auch das Wüstentankauto (vgl. Seite 150) nicht realisiert werden konnte, so hat die Hypertrophie in der Technik doch in vielen anderen (realisierten) Projekten ihren Ausdruck gefunden. Beispielsweise in den riesigen Öltankern, die die Meere befahren und permanent Katastrophen verursachen (vgl. Anm. 6). Oder in den modernen Hochhäusern, die zwar Platz (Grundfläche) sparen, aber der Alptraum jedes Feuerwehrmanns sind und bei zweiundsiebzig Stockwerken einen Brand im vierundvierzigsten Stockwerk zu einer Katastrophe von beträchtlichem Ausmaß machen. Auf *den Menschen* und seine Bedürfnisse haben die Hochhaus- und Großstadtarchitekten ohnehin keine Rücksicht genommen und verwirklichten ihre Ideen ohne jedes räumliche Bewußtsein und ohne Berücksichtigung der Umwelt (vgl. Hoffmann 1972).

Natürlich manifestieren sich die Hypertrophien des Fortschritts wiederum auf besonders drastische Weise in der raschen Entwicklung der militärischen Vernichtungsmaschinerie. Man sieht das daran, daß innerhalb weniger Jahrzehnte auf der Erde Atomwaffenarsenale errichtet wurden, die in ihrer Größe und potentiellen Wirkung unbegreiflich sind. Denn die bestehenden Atomwaffen reichen immer noch aus, die Menschheit gleich *mehrmals* zu vernichten (einmal ist wohl nicht genug . . .).[11] Derjenige, der an seiner eigenen Wohnungstür zehn Sicherheitsschlösser anbringen läßt, wäre noch zu belächeln, aber eine *Menschheit*, die in ihrem Sicherheitsbedürfnis und ihrer Angst vor Feinden (die doch immer nur der eigenen Spezies angehören) in nukleare und sonstige Waffen unzählige Milliarden Dollar investiert, ist eigentlich nicht mehr zu retten.

War also die Fortschrittsidee dereinst — und das wollen wir ihr zugestehen — von der Hoffnung getragen, das menschliche Leben zu erleichtern, das Individuum von den fatalen Dogmen der Finsterlinge unter den Angehörigen unserer Spezies zu befreien, so haben ihre Verteidiger inzwischen längst über dieses Ziel geschossen, haben gute Absichten in verheerende Folgen verkehrt und böse Absichten hundertfach verstärkt.

Unser grundsätzliches Dilemma dabei ist, daß es uns, die wir von unseren stammesgeschichtlichen Vorfahren ein Gehirn mit begrenzten Möglichkeiten der Abschätzung von Folgewirkungen unseres Tuns geerbt haben, entsetzlich schwerfällt, Entwicklungen vorauszusagen. Unsere Wirtschaftsexperten sind nicht einmal in der Lage, die genauen Kosten eines größeren Bauprojekts zu errechnen (glauben aber, daß sie »alles im Griff« haben). Mit welcher Berechtigung glauben wir dann, daß wir in der Lage sind, die Folgen unserer beständigen und beständig größer werdenden Eingriffe in die ökologischen Kreisläufe voraussehen zu können (und unter Kontrolle zu haben)! Wir lassen uns von technischen Großprojekten blenden, die uns den Nimbus von Halbgöttern verleihen, wundern uns aber gleichzeitig, wenn diese katastrophale Auswirkungen haben — und sehen nicht ein, daß wir geblendet waren.

---

11 Daran ändert sich auch heute nichts, obwohl das Spannungsverhältnis zwischen Ost und West nicht mehr besteht. Verschiedene Staaten haben in den letzten Jahren mehr oder weniger im Geheimen ihre Physiker und Ingenieure an der Herstellung von Atomwaffen arbeiten lassen. Neuerdings haben auch viele Privatleute mit dem Schmuggel von Uran und Plutonium eine lukrative Beschäftigung gefunden.

Wachstum in die Katastrophe

Wir dürfen also festhalten: Unsere Zivilisation wächst wie ein hypertrophes Organ. Diese Feststellung ist kein Bekenntnis zu einem »Biologismus«, wie man ihn vor allem den kulturkritischen Schriften von Konrad Lorenz immer wieder vorgeworfen hat. Aus einer allgemeineren, systemtheoretischen Perspektive zeigen unterschiedliche Systeme unter bestimmten Randbedingungen die gleichen Tendenzen, etwa die Tendenz, sich zu vergrößern; und ist eine bestimmte Größe überschritten, dann ist der Untergang des Systems eine geradezu zwingende Konsequenz. Systemtheoretisch gesehen macht es also keinen »formalen« Unterschied, ob das in Rede stehende System ein biologisches Organ ist, ein Industriebetrieb oder eine ganze Zivilisation.

Die wohl eklatanteste Form hypertrophen Wachstums ist das Wachstum der Erdbevölkerung, das schon vor einigen Jahrzehnten von Huxley (1956, S. 64) als »*das* Problem unseres Zeitalters« bezeichnet worden war. (Dabei lebten damals mehr als die Hälfte weniger Menschen als heute!) Die Entwicklung dürfte hinreichend bekannt sein, da sie in vielen Medien wiederholt präsentiert worden ist und wird. Ich darf mich kurz fassen: Während für das Paläolithikum praktisch kein Bevölkerungswachstum (also ein »Nullwachstum«, wie man heute sagt) wahrscheinlich ist, erfolgte der erste Schub mit dem Übergang des *Homo sapiens* zur Seßhaftigkeit, und um Christi Geburt dürften schon etwas mehr als dreihundert Millionen Exemplare seiner Art gelebt haben. Die erste Milliarde war etwa um das Jahr 1850 erreicht, 1930 (also nach nur noch achtzig Jahren) war die Zwei-Milliarden-Genze überschritten, die dritte Milliarde folgte schon 1960, und nach nur sechzehn weiteren Jahren tummelten sich (1976) bereits vier Milliarden Menschen auf der Erde, während Mitte der achtziger Jahre die fünfte Milliarde voll war (vgl. z. B. Ahrens 1987, Erben 1987 u. a.). Und mit großen Schritten haben wir eine Weltbevölkerung von sechs Milliarden erreicht.

Für solche Formen *exponentiellen* Wachstums fehlt uns das rechte Vorstellungsvermögen, daher haben wir keine Ahnung, wann das berühmte Faß zum Überlaufen kommen wird. Nun ist *Homo sapiens* schon als der prototypische Ausbeuter charakterisiert worden, und es bedarf keiner allzu strengen Überlegung, um einzusehen, daß eine so rasante Vermehrung der Individuen seiner Spezies auch die Ausbeutung des Lebensraums exponentiell verstärkt.

Das Grundproblem dabei ist, daß dieser Lebensraum endlich ist und die Ressourcen nicht mit dem Wachstum der Erdbevölkerung mitwachsen. Dies wurde von dem englischen Ökonomen und Demographen Thomas Robert Malthus (1766–1834) — der ein wichtiger Bezugsautor für Darwin werden sollte — klar ausgesprochen: »Die Kraft der Population ist in unbestimmtem Maße größer als das Vermögen der Erde, für den Unterhalt des Menschen zu sorgen« (zit. nach Ahrens 1987, S. 28).[12] Die Tragekapazität der Erde ist also, was uns nicht weiter zu wundern braucht, begrenzt, für das Bevölkerungswachstum jedoch sind keine Grenzen abzusehen.

Der Mensch ist einerseits auf die ihm von der Natur zur Verfügung gestellten Ressourcen (Nahrung und Energie) angewiesen, andererseits hat er sich in seiner Lebensweise in der Zivilisation vom »Primärkonsumenten« zum »Sekundärkonsumenten« entwickelt, *bearbeitet* die Natur und konsumiert in der Hauptsache die Erträge einer zuvor mit Hilfe der Technik manipulierten Natur. Dies wiederum hat zur Folge, daß die Natur »als solche« systematisch zerstört wird — und sich der Mensch dadurch den Boden unter den eigenen Füßen wegzieht. Aber zuerst müssen, um die »rohe Natur« für uns genießbar zu machen, Industrie und Technik wachsen. Das tun sie auch in einem schwindelerregenden Ausmaß, nach dem erwähnten Prinzip: »Wenn ein Sicherheitsschloß gut ist, dann sind zwei besser, drei noch besser usw.« Leider sind in unserer Wachstumseuphorie keine Sicherungen eingebaut, die uns vor ihren schlimmen Folgen bewahren könnten.

Was wir also als Fortschritt angebetet haben, wird sich früher oder später als größte Katastrophe sowohl der Kultur-, als auch der Naturgeschichte herausstellen. In vielen Bereichen merken wir bereits, daß unser Wachstum ungebremst nicht weitergehen kann, daß aber — und dies ist unsere Tragödie — ein gebremstes Wachstum ebenso fatale Folgen haben kann. Ein »Zurückdrehen« unserer Zivilisation mit weniger Güterproduktion, weniger Arbeitsplätzen, weniger Wirtschaftskraft könnte soziale Konsequenzen haben, die in ihrer Dramatik nicht absehbar sind. Aber

---

12 Ähnliche Gedanken, wenn auch mit geringerer Präzision als bei Malthus ausgeführt, finden sich schon bei älteren Autoren (vgl. Stangeland 1966).

zu schnell haben sich die Menschen zumal im Westen daran gewöhnt, daß ihr Lebensstandard beständig steigt, ihre medizinische Versorgung garantiert und ihre Renten und Pensionen unantastbar sind; daß die Löhne und Gehälter steigen und einer immer kürzeren Arbeitszeit eine immer längere Freizeit (mit mehr und mehr Möglichkeiten ihrer Gestaltung) gegenübersteht. Man tut dabei so, als ob das naturgesetzlich bedingte Vorgänge seien, die sich nicht mehr ändern können. Dabei müssen wir infolge der enormen Kostenexplosion in den Krankenhäusern damit rechnen, daß bereits in absehbarer Zeit die medizinische Versorgung *aller* zu einem relativ geringen Preis oder gar kostenlos nicht mehr möglich sein und bald auch die Renten und Pensionen nicht mehr gewährleistet sein werden. (Für meine Generation etwa betrachte ich die Sicherung der staatlichen Altersversorgung nicht mehr als Selbstverständlichkeit.)

Die Folgen der sich mithin abzeichnenden Entwicklung sind abzuschätzen. Aber man wird nach einem signifikanten Wachstumsstop mit Massenarmut, noch stärker ansteigender Kriminalität, der raschen Verbreitung von Krankheiten und vor allem reduzierter sozialer Solidarität des Individuums mit seinen Mitmenschen rechnen müssen; im Falle des weiterhin ungebremsten Wachstums dürften uns allerdings ähnliche Konsequenzen bevorstehen.

Offene Gesellschaft, offene Zukunft — unvermeidlicher Holocaust

Gegenüber allen Theorien der organischen und der kulturellen Evolution, die mit einer gesetzmäßig bestimmten Entwicklung rechnen, steht die in diesem Buch vertretene Auffassung einer *offenen Evolution*, mit der sich auch die Verteidigung einer *offenen Gesellschaft* in Einklang bringen läßt (vgl. Wuketits 1987 c). Den Propheten »besserer« Welten schenken wir also keinen Glauben, zumal sie an ihre Phantasien Handlungen geknüpft haben, deren Folgen für die Menschheit jeweils verheerend waren. Die Zukunft kann man nicht erzwingen, d. h. bestimmte Vorstellungen von der Zukunft müssen nicht mit dieser übereinstimmen. Es kann also alles ganz anders kommen ...

Bisher habe ich in diesem Buch keinen Zweifel daran gelassen, daß unsere Zukunft alles andere als rosig aussehen wird, unsere Zivilisation dem Untergang geweiht ist und *Homo sapiens* dem Schicksal von Millionen anderer Arten, dem Aussterben, nicht entrinnen kann. Offenbar meine ich also doch zu wissen, was kommen wird, so daß ich es der Leserin und dem Leser nicht verdenken kann, wenn sie mich einer inkonsequenten Argumentationsweise bezichtigen. Aber...
Jeder Schritt in der (organischen wie auch kulturellen) Evolution erschließt den Lebewesen, dem Menschen neue Möglichkeiten, verwehrt ihnen aber zugleich eine Rückkehr zu früheren Entwicklungsstadien. (Auch die Parasiten sind keine Rückentwicklungen in diesem Sinne; sie haben sich von ihren Vorläuferstadien so weit entfernt, daß diese für sie längst unerreichbar geworden sind.) Wir sprachen in diesem Zusammenhang von einer Einengung der evolutiven Bandbreite (vgl. Seite 96). Ohne dieses Prinzip strikt auf die kulturelle Evolution anwenden zu wollen, müssen wir doch zumindest ähnliche Tendenzen auf diesem Evolutionsniveau feststellen. Durch unsere Zivilisation haben wir uns nämlich in die Abhängigkeit von unseren eigenen (!) Produkten begeben. Nun wäre es mir zwar möglich gewesen, dieses Buch bei Kerzenlicht mit Tinte und Gänsefeder zu schreiben, und jeder einzelne von uns wäre gewiß in der Lage, das tägliche Leben wieder mit primitiveren Mitteln zu meistern (Holzofen statt Elektroherd, Taschenmesser statt Brotschneidemaschine usw.), zumal viele Geräte und Maschinen keineswegs lebensnotwendig sind und wir sie nur liebgewonnen haben, weil sie unserer Bequemlichkeit entgegenkommen. Die Zivilisation als *Ganzes* würde aber zusammenbrechen, gäbe es plötzlich keinen elektrischen Strom mehr, denn es hängt einfach schon zu vieles dran.
Man braucht an keine strengen Evolutionsgesetze und Gesetze der Menschheitsgeschichte zu glauben, um zu erkennen, daß die Situation für ein System immer gefährlicher wird, wenn es bereits von ganz bestimmten Rahmenbedingungen abhängt, die sich — alles ist offen! — jederzeit zum Nachteil des Systems ändern können. Die Zukunft unserer Zivilisation steht weder in den Sternen (denn die kümmern sich nicht um uns), noch ist sie aus der bisherigen Evolution der Lebewesen, einschließlich unserer eigenen Spezies zwingend abzuleiten. *Wir selbst* haben uns spezifische Rahmenbedingungen für unser Leben geschaffen, befinden uns

aber in dem gefährlichen Glauben, daß diese sich nicht von selbst ändern können, sondern unseren Erwartungen gehorchen werden. Wir sind dermaßen abhängig von den Errungenschaften unserer Zivilisation, daß wir nicht mehr in der Lage wären, Naturkatastrophen wie einen langen Winter mit permanentem Schneefall oder Temperaturen von anhaltend zwanzig Grad unter Null ohne den Schutzmantel der Zivilisation zu überstehen. Solche Katastrophen haben gewiß auch unseren Vorfahren in der Stammesgeschichte arg mitgespielt. Wir aber haben im Falle derartiger Katastrophen mehr zu verlieren. (Das sich regelmäßig, jedes Jahr beim ersten Schnee wiederholende Verkehrschaos — niemand scheint im Dezember ein paar Schneeflocken zu erwarten! — gibt nur einen kleinen Hinweis auf das Unvermögen unserer Zivilisation, größere Naturkatastrophen zu bewältigen.)

Ich sehe die Zukunft nicht voraus, ich kann sie aus dem Rückblick, der mir auf die bisherige Evolution (unter Berücksichtigung aller Wissenslücken und der Unvollkommenheit »historischer Erkenntnis«) gegönnt ist, nicht zwingend ableiten. Aber *gegenwärtige Tendenzen* bleiben mir keineswegs verborgen, und diese tragen Gefahren in sich, die jeder, der um sich blickt, deutlich erkennen müßte. Popper hat vor den Gefahren des Pessimismus gewarnt, vor »dem dauernden Versuch, den jungen Menschen zu sagen, daß sie in einer schlechten Welt leben« (Popper und Lorenz 1985, S. 42). Sicher, dieser Versuch stellt die Bedeutung der Erziehung in Frage, und warum soll man junge Menschen auf ihre Zukunft vorbereiten, wenn sie ohnedies keine haben? Ein Hamburger Arzt erzählte mir einmal von einer Gymnasiallehrerin, die meinte, sie würde ihren Schülerinnen und Schülern lieber nicht die Gefahren, sich mit dem AIDS-Virus anzustecken, auseinandersetzen — man dürfe den jungen Leuten doch nicht den Spaß verderben. So kann man es auch sehen. Wenn aber Pessimismus eine pädagogische Gefahr darstellt, dann ist das Verschweigen von Problemen und möglichen Katastrophen nicht minder gefährlich und unverantwortlich.

Lorenz, der sich selbst immer wieder als einen »pathologischen Optimisten« bezeichnete, propagierte den pädagogischen Wert der Naturbetrachtung und meinte:

Ein Mensch, der die Schönheit eines Frühlingswaldes, die Schönheit von Blumen, die herrliche Komplikation irgendeines Tierstammes genau kennt, kann unmöglich an dem Sinngehalt der Welt zweifeln. Die Möglichkeit zur Höherentwicklung, zu ungeahnter, zu nie dagewesener Höherentwicklung ist ebenso offen wie die Möglichkeit, daß die Menschheit sich zu einer Termitengemeinschaft schlimmster Art entwickelt (Popper und Lorenz 1985, S. 43).

Als Vertreter der Fortschrittsidee konnte Lorenz nicht anders, als der Höherentwicklung ihre Chancen zu geben, auch wenn er die Gefahren unserer Zivilisation deutlich erkannte. Er erkannte ebenso die Gefahren einer zerstörten Natur für die menschlichen Sinnesempfindungen. Aber eine ausbeuterische Zivilisation schert sich nicht um die »Schönheit eines Frühlingswaldes«, die »Schönheit von Blumen« oder die »Komplikation irgendeines Tierstammes«. Sie versorgt die Kinder und Heranwachsenden mit einem lückenlosen Fernsehprogramm, Videospielen und Stereoanlagen und gibt ihnen kaum die Chance zu erkennen, was sie alles schon zerstört hat und weiterhin zerstört.

Manche sorgen sich um den *Wiederaufbau des Menschlichen* und verlangen *Verträge zwischen Natur und Gesellschaft* (Riedl 1988). Nun kann man bestenfalls unsere *Ideen* und *Ideale* vom Menschlichen wiederaufbauen, nicht aber das Menschliche selbst. Denn dieses existiert in uns allen ohnehin weiter, nämlich seit grauer Vorzeit in den Vernichtungs-, Jagd- und Ausbeuterstrategien (und braucht daher nicht wiederaufgebaut zu werden). Doch sind das bloß semantische Probleme. Mit Idealen sollten wir, wie uns die Geschichte zeigt, aus anderen Gründen vorsichtig sein: »Der massenweise Tod eröffnet dem eigenen Ideal eine strahlende Zukunft« (Verbeek 1990, S. 206). »Verträge« zwischen Natur und Gesellschaft (Zivilisation) wären sicher wünschenswert, auch wenn sie stets einseitig unterzeichnet blieben — die Natur braucht uns und unsere Zivilisation nicht. Mit der Natur Frieden zu schließen könnte also nur heißen, daß wir eingesehen haben, daß wir selbst am meisten gefährdet sind, weil die Natur, wenn sie lange genug belästigt wird, auf jeden Fall zurückschlägt.

Unser Problem ist aber vor allem die gefährliche *Selbstorganisation* in der Entwicklung der wissenschaftlich-technischen Zivilisation. Gerade eine offene Evolution organisiert sich (im Zickzackweg) selbst und ist unberechenbar bzw. unvorhersehbar. Ebenso sind Gesellschaften sich selbst organisierende Systeme (vgl. Leydesdorff 1993, Luhmann 1987), sie sind von keinem

»Weltgeist« abhängig. Das wäre doch für unsere Gesellschaft, für unsere Zivilisation eine Hoffnung? Vielleicht, aber wir wissen eben nicht, *wohin* sich diese Gesellschaft, diese Zivilisation letzten Endes organisieren wird. Die Rahmenbedingungen, die wir selbst ihr mit unserer Technik, Industrie und Wirtschaft gesetzt haben (und zwar ohne Berücksichtigung der *natürlichen* Rahmenbedingungen), zwingen sie, sich immer schneller zu organisieren, schneller zu expandieren, zu wachsen. Dieses Wachstum hat schon den Holocaust vieler Kulturen und vieler Organismenarten mit sich gebracht. Das war aus der Sicht unserer Zivilisation — und man verstehe mich hier bitte nicht falsch — gewissermaßen eine Notwendigkeit, denn anders hätte sie ihre heutigen Dimensionen nicht erreicht.

Da aber kein System auf Dauer nur von der Vernichtung anderer Systeme leben kann, wird sich unsere Zivilisation wahrscheinlich in ihren eigenen Holocaust manövrieren. Dies ist nun keine auf den Glauben an historische Gesetze gegründete Prophezeiung, sondern die Schlußfolgerung aus der Kenntnis der bisherigen (chaotischen) Evolutionsverläufe in Natur und Kultur.

Wir wandeln auf dem schmalen Grat unserer eigenen Ideen (und Ideale) und rechnen nicht damit, daß wir mit diesen dramatisch scheitern können. Vielmehr ziehen wir aus unserer bisherigen Entwicklung die Bilanz, daß es *immer* »irgendwie« weiterging — und daher auch in alle Zukunft weitergehen muß. Wenn wir nicht an übergeordnete, höhere Gesetze glauben, dann gibt es für dieses Muß überhaupt keine Begründung. Nochmals: Ich sage nicht die Zukunft voraus, ich meine nur, daß der Holocaust unserer Zivilisation unvermeidlich sein wird, *wenn sie sich so wie bisher weiterentwickelt*. Wie sie sich sonst weiterentwickeln sollte, vermag ich nicht zu sagen, weil uns verschiedene Entwicklungswege gleichsam aus systeminternen Gründen bereits versperrt sind.

Längst ist man sich vielerorts darüber im klaren, daß wir alle sozusagen in einem Boot sitzen und die Menschheit, wenn überhaupt, ihre Probleme nur mit vereinten Kräften lösen könnte. Aber wir können, wie jüngst wieder Mohr (1995, S. 25) betont hat, »kein weltweit gleiches Bewußtsein für den Wert ökologischer Güter« annehmen. Trotz des weltweit steigenden Einflusses der westlichen Zivilisation, von der man optimistischerweise oft glaubt, sie würde, weil sie so fortschrittlich sei, auch die von ihr selbst verursachten Krisen lösen, wird sich ein globales ökologisches Bewußtsein kaum durchsetzen, weil die Ressourcen ebenso wie die Produktivkräfte auf unserem Planeten höchst ungleich verteilt sind. Und auf eine »Weltregierung«, die zum globalen ökologischen Umdenken zwingen könnte, würde ich nur dann zählen, wäre ich ein Anhänger gefährlicher Utopien.[13]

Selbst Charles Galton Darwin, ein Enkel Charles Darwins, sah daher — obwohl er das gegenwärtige, von den Wissenschaften geprägte Zeitalter als ein Goldenes bezeichnete und die Wissenschaften als Grundlage einer Weltkultur betrachtete — unsere Zukunft eher düster. Er schrieb:

> Während der meisten Zeit und im größten Teil der Welt wird der schwere Druck eines Bevölkerungsüberschusses herrschen, und Hungersnöte werden ständig wiederkehren. Daraus wird eine Geringachtung des einzelnen Menschenlebens folgen, und es werden Greuel vorkommen von einem Ausmaß, daß wir nur mit Schaudern daran denken können (Darwin 1953, S. 156).

Mehr, denke ich, braucht an dieser Stelle nicht gesagt zu werden.

---

13 Ein globaler »Öko-Terror« ist sicher auch nicht das erträumte Ziel der Menschheit. Fanatismus, egal, in welcher Richtung er geht, ist immer ein Schritt in die Katastrophe.

3 Begrabene Hoffnungen

Das Elend der Utopien

Noch aber ist die Aufgabe, der sich dieses Buch stellt, nicht ganz beendet. Ein paar Konsequenzen aus dem Gesagten sind noch darzulegen, einige Gedanken zu formulieren, die die hier vorgenommene Skizze der Fortschrittsidee, ihrer Implikationen und ihrer Verabschiedung in die richtige Perspektive stellen.

Zunächst ist zu bemerken, daß der Fortschrittsgedanke mit seiner ganzen Tragweite das Elend aller Utopien deutlich zeigt. Was unter einer Utopie im wesentlichen zu verstehen ist, wurde bereits auf Seite 141 gesagt; und wie schön eine Utopie sein kann, läßt sich durch das folgende Zitat belegen:

> Es ist durchaus in unserer Kraft, eine Situation auf unserem Planeten zu schaffen, in der Unsicherheit, Habgier und Angst einem intelligenten und geistvollen Bewußtsein davon, was der Mensch sein kann, gewichen sind. Statt von Zwietracht und Ärger zerrissen zu werden und wie Treibholz auf den Fluten der Veränderungen zu treiben, könnten wir die Herausforderung annehmen, unseren Ursprung, unsere Entwicklung und den Beitrag zu reflektieren, den jeder von uns zum Verständnis des Kosmos als Ganzes leisten kann. Unter diesen Voraussetzungen gäbe es keine Kriege mehr ... und kein erbarmungsloses Streben nach wirtschaftlicher und politischer Macht. Eingeschlossen in eine Familie und mit neuer Würde wäre unserer Spezies dann ihre evolutive Bestimmung und ihre besondere Rolle im Universum voll bewußt (Carrington 1963, S. 275 f).

Ich gebe gerne zu, daß mir eine solche Welt sehr gefallen und ich sie mir auch wünschen würde. Aus evolutionstheoretischer Sicht ist das Bewußtsein, daß wir Menschen — ungeachtet aller soziokulturellen Unterschiede — zu ein und derselben Familie bzw. Spezies gehören, plausibel. Der, der eingesehen hat, daß wir alle einen Primaten als Vorfahren haben, der vor Jahrmillionen von den Bäumen herabgestiegen war, daß wir uns also in einer gemeinsamen Wurzel finden — der darf, konsequenterweise, rassistische und diskriminierende Auffassungen nicht vertreten. Aber das sind *rationale* Überlegungen, die den mächtigen vorrationalen, vorbewußten Unterbau unserer Seele zwar ein wenig überlagern, aber nicht zuschütten können.

Die Vorstellung, daß die Menschheit in absehbarer Zeit ihre Ruhe und ihren Frieden darin finden wird, daß alle Menschen ihre stammesgeschichtlich einheitliche Wurzel und ihren möglichen Beitrag zum Verständnis des Universums reflektieren werden, ist utopisch. Drogenhändler, Menschenschmuggler und Plutoniumdiebe haben andere Ziele. Aber auch alle übrigen kleinen und großen Geschäftemacher, auf der Seite des Legalen und an dessen Grenze, dürften nicht allzu sehr um ihren möglichen Beitrag zum Verständnis der Hominidenevolution und die Stellung des Menschen im Kosmos besorgt sein. Und für die Hungernden und Verfolgten dieser Welt stellt sich ohnedies nur die Frage des nackten (biologischen) Überlebens. Um jene erwünschte Situation, ein Leben in Eintracht, Frieden und Lebensglück in Anbetracht des Universums zu erzielen, müßten wir in einer anderen Welt leben. Auch der Manager eines internationalen Konzerns wird vielleicht gelegentlich von »höheren Reflexionen« heimgesucht, und der eine oder andere Staatsanwalt mag sich mitunter fragen, ob es eine »höhere Gerechtigkeit« in dieser Welt gibt. Schließlich ist einzuräumen, daß sogar Politiker manchmal an unsere affenartigen Vorfahren denken und sich fragen, wie sich aus diesen unsere heutige Narrenwelt entwickelt haben könnte. Aber diese vereinzelten und stets temporären Reflexionen vermögen nichts an jener Realität zu ändern, die von Profit und Kapital und (politischen) Zugzwängen definiert wird und an die sich alle, als wäre es das Selbstverständlichste in der Welt, anzupassen versuchen. Bleiben zuletzt die Astronomen, Physiker, Paläontologen, Biologen, Anthropologen, Sozialwissenschaftler, Psychologen und Philosophen — sie befassen sich professionell mit dem Aufbau des Universums, den Naturgesetzen, dem Leben, dem Menschen, und werden dafür bezahlt, daß sie wichtige Fragen in diesem Zusammenhang beantworten. Aber ihre (wenngleich ständig steigende) Zahl ist ziemlich klein, und die Welt verbessern können sie nicht. Und wo sie es versucht haben, war das Ergebnis außerdem nicht immer sehr erfreulich; also sollten wir äußerste Vorsicht walten lassen!

Das Elend der Utopien ist, daß sie uns eine Welt als Wunschvorstellung präsentieren, die unter den gegebenen Rand- und Rahmenbedingungen nicht realisierbar ist. Und während viele von uns von einer besseren Welt träumen und Utopien verwirklichen wollen, geht die Zerstörung *dieser* Welt — nicht zuletzt unter dem Einfluß der Utopien! — systematisch weiter.

Das Ende der Illusionen

Unter Illusionen versteht man in der Psychologie im allgemeinen Veränderungen eines gegebenen Sachverhaltes durch die subjektive Wahrnehmung. Jeder Mensch ist anfällig für Illusionen, und die *Bedeutung*, die wir einem gegebenen, »objektiven« Sachverhalt beiräumen, unterliegt stets der Bewertung durch das wahrnehmende Subjekt. Insoweit wird es nie ein Ende von Illusionen geben, solange Menschen *Menschen* sind und nicht Roboter. Aber es gibt *kollektive Illusionen*, die über mehr oder weniger lange Zeiträume nicht nur das Individuum, sondern eine ganze Kultur prägen — und in die Irre führen. Sie sollte man erkennen und verabschieden. Zu ihnen gehört die Idee des Fortschritts in der Evolution im Sinne einer gesetzmäßigen Entwicklung zum Besseren.

Als diese Idee vor etwa zweihundert Jahren klare Konturen annahm, war sie allerdings keineswegs absurd und als bloße Illusion erkennbar. Vieles schien plötzlich veränderbar, machbar; die Menschen begannen ihre zuvor von kirchlichen und weltlichen Herrschern verschleierten Möglichkeiten zu entdecken und hatten eine gewisse Berechtigung zu glauben, daß sie ihr eigenes Leben künftighin allein zu verbessern in der Lage sein würden. Neue Erkenntnisse in den Wissenschaften und neue, verheißungsvolle technische Erfindungen beflügelten ihren Glauben und ihre Hoffnungen (vgl. Seite 150).

Man muß also den Fortschrittsgedanken vor dem Horizont jener Zeit betrachten, die ihn emportrieb. Inzwischen sind zwei Jahrhunderte verstrichen, und wir sehen, was uns dieser Gedanke gebracht hat. Wir sehen, daß wir praktisch alles, was der sogenannte Fortschritt hervorgebracht hat, teuer bezahlen mußten und müssen. Wir sehen — oder sollten zumindest sehen —, daß sich der Mensch keineswegs verändert hat; daß alle neuen Techniken in seiner Hand eine Vergrößerung der Gefahren für ihn selbst bedeutet haben und bedeuten. Glaubte man einst, daß der menschlichen Verbesserungsfähigkeit keine Grenzen gesetzt seien, so müssen wir heute erkennen, daß der menschlichen Destruktivität keine Grenzen gesetzt sind. Kurz gesagt, als sich die Menschen bedingungslos dem Fortschrittsglauben anvertrauten, vertrauten sie sich einer Illusion an und stolperten von einem Irrtum zum anderen.

In unsere kognitiven Fähigkeiten haben wir große Hoffnungen gesetzt. Wir sind stolz darauf, daß wir *erkennende* Wesen sind, zu Einsichten fähig, die auch unsere Irrtümer als solche enthüllen. Warum aber tun wir uns so schwer, einzusehen, daß der Glaube an den Fortschritt ein Irrtum war, eine Illusion, die zwar das Leben mancher Menschen erleichtert hat, insgesamt aber auch den kollektiven Wahnsinn zu seinem Höhepunkt treibt? Vielleicht, weil uns Illusionen einfach darüber hinwegtäuschen, wie diese Welt wirklich beschaffen ist (eben nicht wie die »beste aller möglichen Welten«); und weil es sich mit Illusionen gut leben läßt, bevor sie als solche erkannt sind.

Was aber tun wir nach dieser Erkenntnis? Wie sollen wir leben, wenn wir eingesehen haben, daß wir einem Selbstbetrug zum Opfer gefallen sind?

Anfang, Ende — Neubeginn?

Bislang konnte man (vgl. Seite 238) mit der Hoffnung leben, daß jedes Ende zugleich einen neuen Anfang signalisiert. Der, der meinte, daß das individuelle Glück, weil ohnedies zeitlich stark limitiert, dem Aufstieg und Glück der Menschheit im Ganzen untergeordnet sei, konnte sich selbst über lokale Katastrophen und die Aussicht auf den eigenen Tod mit der Hoffnung in die Menschheit hinwegtrösten. Zwar bin ich skeptisch, wenn Leute sich nur für die »Menschheit« — und weniger für sich selbst oder das *individuelle* Glück anderer — interessieren. Diese Leute sind gefährlich; sie rechtfertigen mit ihrem (angeblichen) Engagement für die Menschheit viele kleine und größere Übel, die sie ihren Mitmenschen zufügen. Aber selbst wenn das nicht so wäre, ist es an der Zeit, einzusehen, daß es einmal ein *Ende der Menschheit ohne Neubeginn* geben kann (und wird) und daß der Mensch selbst dieses Ende heraufbeschwört.

Es ist müßig, darüber zu spekulieren, wie die Evolution nach dem Untergang des *Homo sapiens* auf der Erde weitergehen könnte. Vermutlich würde selbst eine globale Klimakatastrophe von ungeahntem Ausmaß nicht sämtliche Organismenarten auf der Erde zerstören. Man bedenke, daß es ja immer Arten gegeben hat, die unter extremen klimatischen Verhältnissen überlebt haben, ja auf solche Verhältnisse geradezu spezialisiert waren (und sind).[1] Das heißt, die Evolution konnte »irgendwie« weitergehen, andere, neue Arten hervorbringen. Daß sich aber noch einmal diejenigen Arten entwickeln werden, die heute existieren, ist so unwahrscheinlich, daß wir daran nicht ernsthaft zu denken brauchen. Daß im Falle einer Vernichtung *allen* Lebens auf der Erde dieses nochmals entstehen, wieder von vorn beginnen könnte, ist noch unwahrscheinlicher, war doch schon seine Entstehung vor über drei Jahrmilliarden nicht wahrscheinlich. Eigen (1987) betont, daß das Motto der Evolution stets *Überleben* bedeutet. Überleben setzt Leben voraus. Aber wo nichts ist, hat der Kaiser sein — oder die Selektion ihr — Recht verloren.

Die Erde war am Anfang wust und leer (darin hat die Bibel recht). Warum also sollte sie nicht wieder wüst und leer werden? Wir haben keine Garantie dafür, daß das Leben in jedem Falle auf diesem Planeten, solange er steht — besser gesagt: um die Sonne rotiert — in irgendeiner Form erhalten bleiben muß. Doch selbst wenn dem so wäre, muß das für eine Menschheit, die sich systematisch selbst vernichtet, kein Trost sein. Oder sollen wir uns darüber freuen, daß es in fünf Millionen Jahren in irgendwelchen Eiswüsten vielleicht bestimmte Würmer geben wird, die sich mit hakenartigen Fortsätzen über das Eis kriechend fortbewegen und extreme Kälte mühelos bewältigen werden? Und aus denen sich vielleicht, nach weiteren Jahrmillionen, größere und schneller sich fortbewegende, den heutigen flügellosen Insekten ähnliche Geschöpfe entwickeln werden? Sollen wir uns darüber freuen, daß es in fünfzig Millionen Jahren vielleicht »Panzerigel« geben wird, zusammen mit vielen anderen Tier- und Pflanzenarten, die der

---

1 Man denke dabei etwa an die antarktischen Pinguine. Es gibt beispielsweise auch Tiere, die Temperaturen nahe dem absoluten Nullpunkt ebenso überleben wie Temperaturen von einhundertundfünfzig Grad über dem Gefrierpunkt. (Sogenannte Bärtierchen oder Tardigrada, winzige, knapp einen Millimeter große Verwandte der Gliederfüßler oder Arthropoda mit Spinnentieren, Krebstieren und Insekten.)

Paläontologe Dixon (1982) in seinem spekulativen Entwurf einer Evolution der Zukunft erfunden hat? Nicht unbedingt.

Aus leicht verständlichen Gründen freuen wir Menschen uns immer nur darüber, was jetzt geschieht oder zu unseren Lebzeiten noch geschehen kann (vorausgesetzt, es handelt sich tatsächlich um Erfreuliches). Daher müßte uns die Aussicht auf eine Auslöschung unserer Spezies traurig stimmen. Mit unserer trickreichen Psyche schaffen wir es allerdings, diese Aussicht zu verdrängen. Denn welche Wahnsinnstaten auch immer unser Geist ersinnt, der in uns tief verwurzelte (biologische) Lebenstrieb ist (glücklicherweise) in der Regel sehr stark, so stark, daß er uns auch ein Leben mit der Atombombe ermöglicht hat (immerhin!).

Was uns also bleibt, ist der Augenblick, das Hier und Jetzt, die Möglichkeit, Dinge zu erleben, uns an ihnen zu erfreuen — solange sie noch nicht zerstört sind. Und vielleicht die Freude, einige dieser Dinge zu bewahren, hier und jetzt, ohne daran zu denken, daß sie mit uns eines Tages verschwinden werden. Warum aber sollten wir nicht *alles* bewahren? Warum können wir, die wir uns freuen können, uns nicht dazu aufraffen, wirklich Frieden mit der Natur, mit allen Lebewesen und vor allem mit allen Angehörigen unserer eigenen Spezies zu schließen? Vielleicht, weil unserem Lebensantrieb, unserer Freude am Leben, ein zweiter, gegensätzlicher Trieb zur Seite steht — Freuds *Todestrieb*, Lorenz' *Aggressionstrieb* oder eine Neigung zur *Nekrophilie*, ein Hingezogensein »zu allem, was tot, verfault und rein mechanistisch ist« (Fromm 1977, S. 22f).[2]

Wie immer wir diese (Schatten-)Seite unseres Daseins beschreiben, mit welchen Begriffen wir sie auch charakterisieren wollen — sie beherrscht, wie uns unsere bisherige Entwicklungsgeschichte (von jenen Hominiden, die einander mit Steinen erschlugen, bis zur Entwicklung der Atombombe) sehr deutlich zeigt, unser Leben in beträchtlichem Maße. Wir scheinen also zur Unmoral verdammt zu sein (Wuketits 1993 a) und lassen das Böse über das Gute triumphieren. Gerade deswegen hoffen wir sehr, daß die Evolution in ihrem Kern von »guten Geistern« beflügelt wird und wir eines Tages andere sein werden; daß es in der Evolution einen durchgehenden Fortschritt gibt, der uns einmal in die

---

2 Nach Fromm hängt es jedoch von den sozialen Umständen eines Menschen ab, ob die ihn beherrschende Leidenschaft Liebe oder Zerstörungsdrang ist.

lichten Höhen einer von uns erträumten Welt führen wird. Aber diese Hoffnung ist unberechtigt. Die Natur hat keine Lieblingskinder, keine Wünsche und Ziele, und wird von keinen Absichten geleitet.

Bibliographie

Abel, O. (1909): Bau und Geschichte der Erde. Tempsky und Freytag, Wien—Leipzig.
Ahrens, R. (1987): Die Aktualität des Malthusianismus. In: Lindauer, M. und Schöpf, A. (Hrsg.): Die Erde unser Lebensraum. Überbevölkerung und Unterbevölkerung als Probleme einer Populationsdynamik. Klett, Stuttgart (S. 17–58).
Albert, H. (1978): Science and the Search for Truth. In: Radnitzky, G. and Andersson, G. (eds.): Progress and Rationality in Science. Reidel, Dordrecht—Boston—London (pp. 203–220).
Altner, G. (1991): Naturvergessenheit. Grundlagen einer umfassenden Bioethik. Wissenschaftliche Buchgesellschaft, Darmstadt.
Alvarez, W. and Asaro, F. (1990): An Extraterrestrial Impact. *Scientific American* 263 (4), 44–52.
Arrhenius, S. (1921): Das Werden der Welten. Akademische Verlagsgesellschaft, Leipzig.
Aster, E. v. (1932): Naturphilosophie. Mittler & Sohn, Berlin.
Ayala, F. J. (1974): The Concept of Biological Progress. In: Ayala, F. J. and Dobzhansky, T. (eds.): Studies in the Philosophy of Biology. University of Califiornia Press, Berkeley—Los Angeles (pp. 339–355).
Ayala, F. J. (1988): Can »Progress« be Defined as a Biological Concept? In: Nitecki, M. H. (ed.): Evolutionary Progress. The University of Chicago Press, Chicago—London (pp. 75–96).

Balandin, R. K. (1988): Naturkatastrophen. Der Pulsschlag der Naturgewalten. Teubner, Leipzig.
Basalla, G. (1988): The Evolution of Technology. Cambridge University Press, Cambridge—New York.
Bastian, H. (1955): Höhenwege der Menschheit. Kurzweilige Entwicklungsgeschichte des naturwissenschaftlichen Weltbildes. Safari-Verlag, Berlin.
Baudrillard, J. (1994): Die Rückwendung der Geschichte. In: Sandbothe, M. und Zimmerli, W. (Hrsg.): Zeit — Medien — Wahrnehmung. Wissenschaftliche Buchgesellschaft, Darmstadt (S. 1–13).
Benzon, W. (1996): Culture as an Evolutionary Arena. *Journal of Social and Evolutionary Systems* 19, 321–362.
Bergson, H. (1921): Schöpferische Entwicklung. Diederichs, Jena.
Bernal, J. D. (1970). Wissenschaft. Science in History. 4 Bände. Rowohlt, Reinbek.
Besson, W. (1961): Historismus. In: Besson, W. (Hrsg.): Das Fischer Lexikon, Band 24 (Geschichte). Fischer Bücherei, Frankfurt/Main. (S. 102–116).
Besterman, T. (1971): Voltaire. Winkler, München.

Binnig, G. (1989): Aus dem Nichts. Über die Kreativität von Natur und Mensch. Piper, München—Zürich.

Böhme, W. (1983): Das Übel in der Evolution und die Güte Gottes. *Herrenalber Texte* 44, 80–85.

Bölsche, W. (1894): Entwicklungsgeschichte der Natur. 2 Bände. Knaur, Berlin—Leipzig.

Bölsche, W. (1903): Vom Bazillus zum Affenmenschen. Naturwissenschaftliche Plaudereien. Diederichs, Leipzig.

Bölsche, W. (1934): Das Leben der Urwelt. Aus den Tagen der großen Saurier. Dollheimer, Leipzig.

Bowler, P. J. (1976): Fossils and Progress. Science History Publications, New York.

Boyd, R. and Richerson, P. J. (1985): Culture and the Evolutionary Process. The University of Chicago Press, Chicago—London.

Bresch, C. (1977): Zwischenstufe Leben. Evoluton ohne Ziel? Piper, München—Zürich.

Bräuer, G. (1994). Vom Vormenschen zum Menschen. *Kosmos*, Heft 11 (November), 26–37.

Breuer, R. (1983): Das anthropische Prinzip. Der Mensch im Fadenkreuz der Naturgesetze. Meyster, München.

Broad, C. D. (1925): The Mind and its Place in Nature. Routledge & Kegan Paul, London.

Bronowski, J. (1973): The Ascent of Man. British Broadcasting Corporation, London.

Büchner, L. (1872): Der Mensch und seine Stellung in der Natur in Vergangenheit, Gegenwart und Zukunft. Oder: Woher kommen wir? Wer sind wir? Wohin gehen wir? Thomas, Leipzig.

Burckhardt, J. (1905/1989): Weltgeschichtliche Betrachtungen. Über geschichtliches Studium. Deutsche Buch-Gemeinschaft, Berlin–Darmstadt—Wien.

Burton, M. (1956): Living Fossils. Thames and Hudson, London.

Butler, S. (1920): Luck, or Cunning, As the Main Means of Organic Modification? An Attempt to Throw Additional Light Upon Darwin's Theory of Natural Selection. Fifield, London.

Campanella, T. (1602/1955): Der Sonnenstaat. Idee eines philosophischen Gemeinwesens. Akademie-Verlag, Berlin.

Camus, A. (1953/1984): Der Fremde. Rowohlt, Reinbek.

Carr, E. H. (1964): What is History? Penguin Books, Harmondsworth.

Carrington, R. (1963): A Million Years of Man. The Story of Human Development as a Part of Nature. New American Library, New York.

Carson, R. (1962): Silent Spring. Crest Books, New York.

Chaisson, E. J. (1988): Our Cosmic Heritage. *Zygon* 23, 469–479

Chapman, H. C. (1873): Evolution of Life. Lippincott, Philadelphia.

Childe, G. (1942): What Happened in History. Penguin Books, Harmondsworth.

Clarke, B. (1975): The Causes of Biological Diversity. *Scientific American* 233 (2), 50–60.

Coates, M. I. (1993): Ancestors and Homology. *Acta Biotheoretica* 41, 411–424.
Cole, S. (1970): The Neolithic Revolution. Trustees of the British Museum, London.
Comte, A. (1841/1933): Die Soziologie. Die positive Philosophie. Kröner, Leipzig.
Constable, G. (1973): Die Neandertaler. TIME-LIFE International, Amsterdam.

Dacqué, E. (1936): Aus der Urgeschichte der Erde und des Lebens. Tatsachen und Gedanken. Oldenbourg, München—Berlin.
Darwin, Ch. (1859/1988): Die Entstehung der Arten durch natürliche Zuchtwahl. Wissenschaftliche Buchgesellschaft, Darmstadt.
Darwin, Ch. (1871). The Descent of Man. Murray, London.
Darwin, Ch. G. (1953): Die nächste Million Jahre. Ein Ausblick auf die künftige Entwicklung der Menschheit. Vieweg, Braunschweig.
Dawkins, R. (1987): Der blinde Uhrmacher. Ein neues Plädoyer für den Darwinismus. Kindler, München.
Desmond, A. J. (1979): Designing the Dinosaur: Richard Owen's Response to Robert Edmont Grant. *ISIS* 70, 224–234.
Desmond, A. J. (1982): Archetypes and Ancestors. Palaeontology in the Victorian London 1850–1875. Blond & Briggs, London.
Desmond, A. J. und Moore, J. (1984): Darwin. Rowohlt, Reinbek.
Di Gregorio, M. A. (1984): Thomas Huxley's Place in Natural Science. Yale University Press, New Haven.
Ditfurth, H. v. (1985): So laßt uns denn ein Apfelbäumchen pflanzen. Es ist soweit. Rasch und Röhring, Hamburg.
Ditfurth, H. v. (1989): Innenansichten eines Artgenossen. Meine Bilanz. Claasen, Düsseldorf.
Dixon, D. (1982): Die Welt nach uns. Eine Zoologie der Zukunft. Bertelsmann, München.
Dobzhansky, T. (1958): Die Entwicklung zum Menschen. Evolution, Abstammung und Vererbung. Ein Abriß. Parey, Hamburg—Berlin.
Dobzhansky, T. (1965): Dynamik der menschlichen Evolution. Gene und Umwelt. S. Fischer, Frankfurt/M.
Dobzhansky, T., Ayala, F. J., Stebbins, G. L. and Valentine, J. W. (1977): Evolution. Freeman, San Francisco.
Dodds, E. R. (1977): Der Fortschrittsgedanke in der Antike. Artemis, Zürich.
Driesch, H. (1928): Philosophie des Organischen. Quelle & Meyer, Leipzig.
Drummond, H. (1891): Das Naturgesetz in der Geisteswelt. Hinrich, Leipzig.
Drummond, H. (1897): The Ascent of Man. Hodder and Stroughton, London.
Du Bois-Reymond, E. (1907): Über die Grenzen des Naturerkennens. Veit, Leipzig.
Dunnell, R. C. (1988): The Concept of Progress in Cultural Evolution. In: Nitecki, M. H. (ed.): Evolutionary Progress. The University of Chicago Press, Chicago—London (pp. 169–194).
Durant, J. (ed., 1985): Darwinism and Divinity. Blackwell, Oxford—New York.

Economos, A. C. (1981): The Largest Land Mammal. *Journal of Theoretical Biology* 89, 211–215.

Edlinger, K., Gutmann, W. F. und Weingarten, M. (1991): Evolution ohne Anpassung. *Aufsätze und Reden der Senckenbergischen Naturforschenden Gesellschaft* Nr. 37, 1–92.

Eibl-Eibesfeldt, I. (1988): Der Mensch — das riskierte Wesen. Piper, München—Zürich.

Eigen, M. (1987): Stufen zum Leben. Die frühe Evolution im Visier der Molekularbiologie. Piper, München–Zürich.

Eigen, M. und Winkler, R. (1975): Das Spiel. Naturgesetze steuern den Zufall. Piper, München—Zürich.

Eiseley, L. C. (1958): Darwin's Century. Evolution and the Men Who Discovered It. Doubleday, New York.

Elias, N. (1976): Der Prozeß der Zivilisation. 2 Bände. Suhrkamp, Frankfurt/M.

Engels, F. (1883/1973): Dialektik der Natur. Dietz, Berlin.

Erben, H. K. (1979): Über das Aussterben in der Evolution. *Mannheimer Forum* 78/79, 73–120.

Erben, H. K. (1981): Leben heißt Sterben. Der Tod des einzelnen und das Aussterben der Arten. Hoffmann und Campe, Hamburg.

Erben, H. K. (1984): Intelligenzen im Kosmos? Die Antworten der Evolutionsbiologie. Piper, München—Zürich.

Erben, H. K. (1987): Populationsdynamik und Artentod: Unser Dilemma. In: Lindauer, M. und Schöpf, A. (Hrsg.): Die Erde unser Lebensraum. Überbevölkerung und Unterbevölkerung als Probleme einer Populationsdynamik. Klett, Stuttgart (S. 90–119).

Erben, H. K. (1988): Die Entwicklung der Lebewesen. Spielregeln der Evolution. (3. Aufl.) Piper, München—Zürich.

Farrington, B. (1982): What Darwin Really Said. Schocken Books, New York.

Ferruci, F. (1988): Die Schöpfung. Das Leben Gottes von ihm selbst erzählt. Hanser, München.

Feyerabend, P. (1980): Erkenntnis für freie Menschen. Suhrkamp, Frankfurt/M.

Flügel, E. und Hüssner, H. (1987): Paläontologische Beiträge zur Evolution der Organismen. In: Siewing, R. (Hrsg.): Evolution. Bedingungen — Resultate — Konsequenzen. (3. Aufl.) Fischer, Stuttgart–New York (S. 259–292).

Fox, R. (1989): The Search for Society. Quest for a Biosocial Science and Morality. Rutgers University Press, New Brunswick—London.

Frazer, J. G. (1951): The Golden Bough. A Study in Magic and Religion. (Abridged Edition) Macmillan, New York.

Freeman, D. (1983): Liebe ohne Aggression. Margaret Meads Legende von der Friedfertigkeit der Naturvölker. Kindler, München.

Freud, S. (1930/1953): Abriß der Psychoanalyse. Das Unbehagen in der Kultur. Fischer Taschenbuch Verlag, Frankfurt/M.

Frieling, H. (1940): Herkunft und Weg des Menschen. Abstammung oder Schöpfung. Klett, Stuttgart.

Fromm, E. (1977): Anatomie der menschlichen Destruktivität. Rowohlt, Reinbek.

Futuyma, D. J. (1990): Evolutionsbiologie. Birkhäuser, Basel— Boston—Berlin.

Gehlen, A. (1974): Ende der Geschichte? In: Schatz, O. (Hrsg.): Was wird aus dem Menschen? Der Fortschritt. Analysen und Warnungen bedeutender Denker. Styria, Graz—Wien—Köln (S. 61–75).

Gittleman, J. L. (1994): Are the Pandas Successful Specialists or Evolutionary Failures? *BioScience* 44, 456–464.

Gleichen-Rußwurm, A. v. (1905): Aus Voltaires Gedankenwelt. Deutsche Bibliothek, Berlin.

Gobineau, J.-A. (1853/1922): Versuch über die Ungleichheit der Meschenracen. 4 Bände. Frommann, Stuttgart.

Goertzel, B. (1992): Self-Organizing Evolution. *Journal of Social and Evolutionary Systems* 15, 7–53.

Goethe, J. W. v. (1806/1982): Schriften zur Biologie. Langen-Müller, München—Wien.

Goll, R. (1972): Der Evolutionismus. Analyse eines Grundbegriffs neuzeitlichen Denkens. Beck, München.

Götschl, J. (1988): Wissenschaftlicher Fortschritt und Bedingungen für Humanitätsgewinn (Aspekte eines Humanismus der wissenschaftlich-technischen Kultur). *Zeitschrift für Wissenschaftsforschung* 3 (2), 9–23.

Gould, S. J. (1982): The Panda's Thumb. More Reflections in Natural History. Norton, New York—London.

Gould, S. J. (1984): The Mismeasure of Man. Penguin Books, Harmondsworth.

Gould, S. J. (1985): The Flamingo's Smile. Reflections in Natural History. Norton, New York—London.

Gould, S.J. (1988): On Replacing the Idea of Progress with an Operational Notion of Directionality. In: Nitecki, M. H. (ed.): Evolutionary Progress. The University of Chicago Press, Chicago—London (pp. 319–338).

Gould, S. J. (1989a): Wonderful Life. The Burgess Shale and the Nature of History. Norton, New York — London.

Gould, S. J. (1989b): Punctuated Equilibrium in Fact and Theory. *Journal of Social and Biological Structures* 12, 117–136

Gould, S. J. and Lewontin, R. C. (1979): The Spandrels of San Marco and the Panglossian Paradigm. A Critique of the Adaptationist Program. *Proceedings of the Royal Society London (B)* 205, 581–598.

Grahmann, R. und Müller-Beck, H. (1967): Urgeschichte der Menschheit. (3. Aufl.) Kohlhammer, Stuttgart—Berlin—Köln—Mainz.

Grassi, E. (1980): Die Theorie des Schönen in der Antike. DuMont, Köln.

Graybosch, A. J. (1994): Two Concepts of Utopia. *The Journal of Value Inquiry* 8, 1–14.

Grobstein, C. (1974): The Strategy of Life. (2nd ed.) Freeman, San Francisco.

Gruter, M. (1993): Rechtsverhalten. Biologische Grundlagen mit Beispielen aus dem Familien- und Umweltrecht. Schmidt, Köln.

Haeckel, E. (1891): Anthropogenie oder Entwicklungsgeschichte des Menschen. (4. Aufl.) 2 Bände. Engelmann, Leipzig.

Haeckel, E. (1900): Die Welträtsel. Gemeinverständliche Studien über Monistische Philosophie. (5. Aufl.) Strauß, Bonn.

Haeckel, E. (1902): Natürliche Schöpfungs-Geschichte. Gemeinverständliche wissenschaftliche Vorträge über die Entwickelungs-Lehre. (10. Aufl.) 2 Bände, Reimer, Berlin.

Haeckel, E. (1905): Die Lebenswunder. Gemeinverständliche Studien über Biologische Philosophie. Kröner, Stuttgart.
Hahn, W. (1989): Symmetrie als Entwicklungsprinzip in Natur und Kunst. Langewiesche, Königstein.
Hasenfuß, I. (1987): Die Selektionstheorie. In: Siewing, R. (Hrsg.): Evolution: Bedingungen — Resultate — Konsequenzen. (3. Aufl.) Fischer, Stuttgart — New York (S. 339–552).
Hassenstein, B. (1980): Biologische Teleonomie. *Neue Hefte für Philosophie* 20, 60–72.
Heberer, G. (1943): Das Typenproblem in der Stammesgeschichte. In: Heberer, G. (Hrsg.): Die Evolution der Oganismen. Ergebnisse und Probleme der Abstammungslehre. Fischer, Jena (S. 545–585).
Heberer, G. (1980): Allgemeine Abstammungslehre. (2. Aufl.) Muster-Schmidt, Göttingen—Zürich.
Hentschel, W. (1922): Vom aufsteigenden Leben. Ziele der Rassenhygiene. Matthes, Leipzig—Hartenstein.
Herbig, J. (1991): Der Fluß der Erkenntnis. Vom mythischen zum rationalen Denken. Hoffmann und Campe, Hamburg.
Herder, J. G. (1885): Ausgewählte Werke. 6 Bände. Cotta, Stuttgart.
Hoernes, R. (1911): Das Aussterben der Arten und Gattungen sowie der größeren Gruppen des Tier- und Pflanzenreiches. Leuschner & Lubensky, Graz.
Hofer, H. und Altner, G. (1972): Die Sonderstellung des Menschen. Naturwissenschaftliche und geisteswissenschaftliche Aspekte. Fischer, Stuttgart.
Hoffmann, H. (1972): Die Stadt als Ausweg. In: Gadamer, H.-G. und Vogler, P. (Hrsg.): Neue Anthropologie. Band 3: Sozialanthropologie. Deutscher Taschenbuch Verlag und G. Thieme, München—Stuttgart (S. 314–381).
Hölder, H. (1960): Geologie und Paläontologie in Texten und ihrer Geschichte. Alber, Freiburg—München.
Hübner, K. (1974): Zur Frage des Relativismus und des Fortschritts in den Wissenschaften. *Zeitschrift für allgemeine Wissenschaftstheorie* 5, 285–303.
Humboldt, A. v. (1849): Ansichten der Natur. (2. Aufl.) Cotta, Stuttgart.
Huxley, J. (1942): Evolution. The Modern Synthesis. Allen & Unwin, London.
Huxley, J. (1947): Man in the Modern World. Chatto & Windus, London.
Huxley, J. (1953): Evolution in Action. Harper & Brothers, New York.
Huxley, J. (1956). World Population. *Scientific American* 194 (3), 64–76.
Huxley, J. (1958): The Evolutionary Process. In: Huxley, J., Hardy, A. C. and Ford, E. B. (eds.): Evolution as a Process. (3rd ed.) Allen & Unwin, London (pp. 1–23).
Huxley, J. (1962): Higher and Lower Organisation in Evolution. *Journal of the Royal College of Surgeons of Edinburgh* 7, 163–179.
Huxley, J. (1964): Der evolutionäre Humanismus. Zehn Essays über die Leitgedanken und Probleme. Beck, München.
Huxley, T. H. (1894): Evolution and Ethics. Appleton, New York.

Illies, J. (1979): Schöpfung oder Evolution. Ein Naturwissenschaftler zur Menschwerdung. Edition Interfrom, Zürich.

Jaeger, M. A. (1963): Die Zukunft des Abendlandes. Kulturpsychologische Betrachtungen. Francke, Bern—München.
Jantsch, E. (1979): Die Selbstorganisation des Universums. Vom Urknall zum menschlichen Geist. Hanser, München—Wien.
Jensen, H. (1969): Die Schrift in Vergangenheit und Gegenwart. VEB Deutscher Verlag der Wissenschaften, Berlin.
Jeßberger, R. (1990): Kreationismus. Kritik des modernen Antievolutionismus. Parey, Berlin—Hamburg.
Johanson, D. und Shreeve, J. (1990): Lucy's Kind. Auf der Suche nach dem ersten Menschen. Piper, München—Zürich.

Kanitscheider, B. (1993): Von der mechanistischen Welt zum kreativen Universum. Zu einem neuen philosophischen Verständnis der Natur. Wissenschaftliche Buchgesellschaft, Darmstadt.
Kant, I. (1968): Werke. 10 Bände. Wissenschaftliche Buchgesellschaft, Darmstadt.
Keith, A. (1929): The Antiquity of Man. 2 volumes. Williams and Norgate, London.
Kinzelbach, R. (1989): Ökologie — Naturschutz — Umweltschutz. Wissenschaftliche Buchgesellschaft, Darmstadt.
Koch, H. W. (1973): Der Sozialdarwinismus. Seine Genese und sein Einfluß auf das imperialistische Denken. Beck, München.
Koestler, A. (1968): Das Gespenst in der Maschine. Molden, Wien—München—Zürich.
Koestler, A. (1978): Der Mensch. Irrläufer der Evolution. Die Kluft zwischen unserem Denken und Handeln — eine Anatomie menschlicher Vernunft und Unvernunft. Scherz, Bern—München.
Koppers, W. (1949): Der Urmensch und sein Weltbild. Herold, Wien.
Kuhn-Schnyder, E. (1977): Paläozoologie zwischen gestern und heute. *Vierteljahresschrift der Naturforschenden Gesellschaft in Zürich* 122 (2), 159–195.
Küng, H. (1982): Ewiges Leben? Piper, München—Zürich.
Küppers, B.-O. (1986): Der Ursprung biologischer Information. Zur Naturphilosophie der Lebensentstehung. Piper, München—Zürich.
Küttler, W. (1985): Voraussetzungen für Gesetzesaussagen in der Dialektik von Ereignis, Struktur und Entwicklung des historischen Prozesses. In: Hörz, H. und Wessel, K.-F. (Hrsg.): Struktur — Bewegung — Entwicklung. VEB Deutscher Verlag der Wissenschaften, Berlin (S.124–134).

Lamarck, J.-B. de (1809/1990, 1991): Zoologische Philosophie. 3 Bände. Akademische Verlagsgesellschaft Geest & Portig, Leipzig.
Landmann, M. (1961): Der Mensch als Schöpfer und Geschöpf der Kultur. Reinhardt, München—Basel.
Laskowski, W. (1968, Hrsg.): Der Weg zum Menschen. Vom Urnebel zum Homo sapiens. De Gruyter, Berlin.
Laszlo, E. (1993): Kosmos: Geburt und Wiedergeburt einer Vision. In: Sens, E. (Hrsg.): Am Fluß des Heraklit. Neue kosmologische Perspektiven. Insel, Frankfurt/M.—Leipzig (S. 27–43).

Lauder, G. V. (1982). Historical Biology and the Problem of Design. *Journal of Theoretical Biology* 97, 57–67.

Leibniz, G. W. (1710/1883): Die Theodicee. 2 Bände. Reclam, Leipzig.

Lennox, J. G. (1993): Darwin *was* a Teleologist. *Biology & Philosophy* 8, 409–421.

Levinson, P. (1982): Evolutionary Epistemology Without Limits. *Knowledge: Creation, Diffusion, Utilization* 3, 465–502.

Levinson, P. (1988): Mind at Large. Knowing in the Technological Age. JAI Press, Greenwich.

Levinson, P. (1989): Cosmos Helps Those Who Help Themselves: Historical Patterns of Technological Fulfillment, and Their Applicability to the Human Development. *Research in Philosophy & Technology* 9, 91–100.

Lewin, R. (1987): Bones of Contention. Controversies in the Search for Human Origins. Simon & Schuster, New York—London—Toronto.

Leydesdorff, L. (1993): Is Society a Self-Organizing System? *Journal of Social and Evolutionary Systems* 16, 331–349.

Linton, R. (1955): The Tree of Culture. Knopf, New York.

Lissner, I. (1977): So habt ihr gelebt. Die großen Kulturen der Menschheit. Deutscher Taschenbuch Verlag, München.

Löbsack, T. (1983): Die letzten Jahre der Menschheit. Vom Anfang und Ende des Homo sapiens. Bertelsmann, München.

Lorenz, K. (1963): Das sogenannte Böse. Zur Naturgeschichte der Aggression. Borotha-Schoeler, Wien.

Lorenz, K. (1973): Die Rückseite des Spiegels. Versuch einer Naturgeschichte menschlichen Erkennens. Piper, München—Zürich.

Lorenz, K. (1974): Das wirklich Böse. Involutionstendenzen in der modernen Kultur. In: Schatz, O. (Hrsg.): Was wird aus dem Menschen? Der Fortschritt. Analysen und Warnungen bedeutender Denker. Styria, Granz—Wien—Köln (S. 287–305).

Lorenz, K. (1983): Der Abbau des Menschlichen. Piper, München—Zürich.

Lovejoy A. O. (1936): The Great Chain of Being. A Study of a History of an Idea. Harvard University Press, Cambridge/Mass.

Löwenhard, P. (1982): Knowledge, Belief and Human Behaviour. *Göteborg Psychological Reports* 12 (11), 1–71.

Lozek, G. (1990): Historismus. In: Sandkühler, H. J. (Hrsg): Europäische Enzyklopädie zu Philosophie und Wissenschaften. Band 2. Meiner, Hamburg (S. 549–552).

Lübbe, H. (1981): Die Einheit von Naturgeschichte und Kulturgeschichte. Bemerkungen zum Geschichtsbegriff. *Akademie der Wissenschaften und der Literatur (Abhandlungen der Geistes- und Sozialwissenschaftlichen Klasse)* Nr. 10, 1–19.

Lübbe, H. (1990): Der Lebenssinn der Industriegesellschaft. Über die moralische Verfassung der wissenschaftlich-technischen Zivilisation. Springer, Berlin—Heidelberg—New York.

Lübbe, H. (1994): Zivilisationsdynamik. Über die Aufdringlichkeit der Zeit im Fortschritt. In: Sandbothe, M. und Zimmerli, W. (Hrsg.): Zeit — Medien — Wahrnehmung. Wissenschaftliche Buchgesellschaft, Darmstadt (S. 29–35).

Luhmann, N. (1987): Soziale Systeme. Grundriß einer allgemeinen Theorie. Suhrkamp, Frankfurt/M.

Lumsden, Ch. J. and Wilson, E. O. (1981): Genes, Mind and Culture. The Coevolutionary Process. Harvard University Press, Cambridge/Mass.— London.

Lyell, Ch. (1857, 1858): Geologie oder Entwicklungsgeschichte der Erde und ihrer Bewohner. 2 Bände. Duncker & Humblot, Berlin.

Lyons, S. L. (1993): Thomas Huxley: Fossils, Persistence and the Argument from Design. *Journal of History of Biology* 26, 545–569.

Markl, H. (1983a): Anpassung und Fortschtitt: Evolution aus dem Widerspruch. *Verhandlungen der Deutschen Gesellschaft der Naturforscher und Ärzte* (112. Versammlung, 1982), 41–58.

Markl, H. (1983b): Untergang oder Übergang — Natur als Kulturaufgabe. *Mannheimer Forum* 82/83, 61–98.

Mayr, E. (1979): Evolution und die Vielfalt des Lebens. Springer, Berlin—Heidelberg—New York.

Mayr, E. (1984): Die Entwicklung der biologischen Gedankenwelt. Vielfalt, Evolution und Vererbung. Springer, Berlin—Heidelberg—New York—Tokyo.

Mayr, E. (1991): Eine neue Philosophie der Biologie. Piper, München—Zürich.

McShea, D. W. (1991): Complexity and Evolution: What Everybody Knows. *Biology & Philosophy* 6, 303–324.

Medawar, P. B. (1962): Die Zukunft des Menschen. S. Fischer, Frankfurt/M.

Meyer, P. (1994): The Evolution of the State: Necessity and Frustration. *Politics and the Life Sciences* 12, 23–25.

Meyer-Abich, A. (1950): Beiträge zur Theorie der Evolution der Organismen: Typensynthese durch Holobiose. Brill, Leiden.

Midgley, M. (1985): Evolution as a Religion. Strange Hopes and Stranger Fears. Methuen, London—New York.

Miersch, M. (1994): Naturschutz ohne Ideologie. *Abenteuer Natur*, Nr. 3, 26—27.

Mohr, H. (1983): Leiden und Sterben als Faktoren der Evolution. *Herrenalber Texte* 44, 9–25.

Mohr, H. (1993): Der moralische Notstand – wird die Gegenwart an der Vergangenheit scheitern? In: Voland, E. (Hrsg.): Evolution und Anpassung. Warum die Vergangenheit die Gegenwart erklärt. Hirzel, Stuttgart (S. 281–294).

Mohr, H. (1995): Umwelt ist nicht konsensfähig! *Abenteuer Natur*, Nr. 1, 24–25.

Monod, J. (1971): Zufall und Notwendigkeit. Philosophische Fragen der modernen Biologie. Piper, München—Zürich.

Morin, E. (1974): Das Rätsel des Humanen. Grundfragen einer neuen Anthropologie. Piper, München—Zürich.

Müller, G. B. and Wagner, G. P. (1991): Novelty in Evolution: Restructuring the Concept. *Annual Review Ecology and Systematics* 22, 229–256.

Munz, P. (1980): Finches, Fossils and Foscarini or the Future of Historical Study. *The New Zealand Journal of History* 14, 132–152.

Naef, A. (1933): Die Vorstufen der Menschwerdung. Eine allgemeine Darstellung der menschlichen Stammesgeschichte und eine kritische Betrachtung ihrer allgemeinen Voraussetzungen. Fischer, Jena.
Nietzsche, F. (1983): Werke. 4 Bände. Caesar, Salzburg.
Nitschke, A. (1994): Die Zukunft in der Vergangenheit. Systeme in der historischen und biologischen Evolution. Piper, München—Zürich.

Oeing-Hanhoff, L. (1981): Zur Geschichte und Herkunft des Begriffs »Fortschritt«. In: Löw, R., Koslowski, P. und Kreuzer, Ph. (Hrsg.): Fortschritt ohne Maß? Eine Ortsbestimmung der wissenschaftlich-technischen Zivilisation. Piper, München—Zürich (S. 48—67).
Oeser, E. (1974): System, Klassifikation, Evolution. Historische Analyse und Rekonstruktion der wissenschaftstheoretischen Grundlagen der Biologie. Braumüller, Wieqn–Stuttgart.
Oeser, E. (1988): Psychozoikum. Evolution und Mechanismus der menschlichen Erkenntnisfähigkeit. Parey, Berlin—Hamburg.
Oeser, E. (1988): Das Abenteuer der kollektiven Vernunft. Evolution und Involution der Wissenschaft. Parey, Berlin—Hamburg.
O'Hara, R. J. (1991): Representations of the Natural System in the Nineteenth Century. *Biology & Philosophy* 6, 225–274.
Oldroyd, D. R. (1986): Charles Darwin's Theory of Evolution: A Review of our Present Understanding. *Biology & Philosophy* 1, 133–168.
Ortega y Gasset, J. (1929/1958): Der Aufstand der Massen. In: Ortega y Gasset, J.: Signale unserer Zeit. Essays. Europäischer Buchklub, Stuttgart—Salzburg (S. 151–304).
Orwell, G. (1949/1976): Neunzehnhundertvierundachtzig. Ullstein, Frankfurt/M.—Berlin—Wien.
Osche, G. (1966): Die Welt der Parasiten. Zur Naturgeschichte des Schmarotzertums. Springer, Berlin—Heidelberg—New York.
Osche, G. (1975): Die vergleichende Biologie und die Beherrschung der Mannigfaltigkeit. *Biologie in unserer Zeit* 5, 139–146.
Ostwald, W. (1902): Vorlesungen über Naturphilosophie. (2. Aufl.) Veit, Leipzig.

Pauly, A. (1905): Darwinismus und Lamarckismus. Entwurf einer psychophysischen Teleologie. Reinhardt, München.
Peters, H. M. (1972): Historische, soziologische und erkenntniskritische Aspekte der Lehre Darwins. In: Gadamer, H.-G. und Vogler, P. (Hrsg.): Neue Anthropologie. Band 1: Biologische Anthropologie (erster Teil). Deutscher Taschenbuch Verlag und G. Thieme, München—Stuttgart (S. 326–352).
Petersen, J. (1940): Erde und Mensch. Eine gemeinverständliche kurze Entwicklungsgeschichte der Erde und des Menschen. Columbus-Verlag, Berlin.
Popper, K. R. (1961): The Poverty of Historicism. Routledge & Kegan Paul, London—Henley.
Popper, K. R. (1962): The Open Society and Its Enemies. 2 volumes. (4th ed.) Routledge & Kegan Paul, London.
Popper, K. R. (1972): Objective Knowledge. An Evolutionary Approach. Clarendon Press, Oxford.

Popper, K. R. (1984): Auf der Suche nach einer besseren Welt. Vorträge und Aufsätze aus dreißig Jahren. Piper, München—Zürich.
Popper, K. R. und Lorenz, K. (1985): Die Zukunft ist offen. Piper, München—Zürich.
Portmann, A. (1956): Zoologie und das neue Bild vom Menschen. Biologische Fragmente zu einer Lehre vom Menschen. Rowohlt, Hamburg.
Portmann, A. (1959): Einführung in die vergleichende Morphologie der Wirbeltiere. (2. Aufl.) Schwabe, Basel—Stuttgart.
Prigogine, I. und Stengers, I. (1981): Dialog mit der Natur. Neue Wege naturwissenschaftlichen Denkens. Piper, München—Zürich.
Provine, W. B. (1988): Progress in Evolution and Meaning of Life. In: Nitecki, M. H. (ed.): Evolutionary Progress. The University of Chicago Press, Chicago–London (pp. 49–74).

Querner, H. (1980): Das teleologische Welbild LINNÉs – Observationes, Oeconomia, Politia. *Veröffentlichungen der Joachim Jungius Gesellschaft für Wissenschaft in Hamburg* 43, 25–49.

Rapp, F. (1992): Der Fortschrittsgedanke. Struktur und Sinngehalt einer Idee. *Wissenschaft und Fortschritt* 42, 13–17.
Raup, D. M. (1988): Testing the Fossil Record for Evolutionary Progress. In: Nitecki, M. H. (ed.): Evolutionary Progress. The University of Chicago Press, Chicago—London (pp. 293–317).
Raup, D. M. (1992): Der Untergang der Dinosaurier. Der Schwarze Stern »Nemesis« und die Auslöschung der Arten. Rowohlt, Reinbek.
Reichholf, J. (1993): Biodiversität. Warum gibt es so viele verschiedene Arten? *Universitas* 48, 830–840.
Remane, J. (1988): Histoire des théories de l'évolution. Importance d'une approche systémique. In: La révolution des systèmes. Une introduction à l'approche systémique. Secrétariat de l'Université, Neuchâtel (p. 121–144).
Rensch, B. (1958): The Relation Between the Evolution of Central Nervous Functions and the Body Size of Animals. In: Huxley, J., Hardy, A. C. and Ford, E. B. (eds.): Evolution as a Process. (3rd ed.) Allen & Unwin, London (pp 181–200).
Rensch, B. (1961): Die Evolutionsgesetze der Organismen in naturphilosophischer Sicht. *Philosophia Naturalis* 6, 288–326.
Rensch, B. (1968): Biophilosophie auf erkenntnistheoretischer Grundlage. Fischer, Stuttgart.
Rensch, B. (1970): Homo sapiens. Vom Tier zum Halbott. (3. Aufl.) Vandenhoeck & Ruprecht, Göttingen.
Rensch, B. (1972): Neuere Probleme der Abstammungslehre. Die transspezifische Evolution. (3. Aufl.) Enke, Stuttgart.
Rensch, B. (1988): Probleme genereller Determiniertheit allen Geschehens. Parey, Berlin—Hamburg.
Rensch, B. (1991): Das universale Weltbild. Evolution und Naturphilosophie. (2. Aufl.) Wissenschaftliche Buchgesellschaft, Darmstadt.
Rescher, N. (1982): Wissenschaftlicher Fortschritt. Eine Studie über die Ökonomie der Forschung. De Gruyter, Berlin—New York.

Reusch, F. H. (1876): Bibel und Natur. Vorlesungen über die mosaische Urgeschichte und ihr Verhältnis zu den Ergebnissen der Naturforschung. (4. Aufl.) Weber, Bonn.

Richards, R. (1987): Darwin and the Emergence of Evolutionary Theories of Mind and Behavior. University of Chicago Press, Chicago—London.

Richards, R. (1988): The Moral Foundations of the Idea of Evolutionary Progress: Darwin, Spencer and the Neo-Darwinians. In: Nitecki, M. H. (ed.): Evolutionary Progress. The University of Chicago Press, Chicago—London (pp. 129–148).

Richards, R. (1992). The Meaning auf Evolution. The Morphological Construction and Ideological Reconstruction of Darwin's Theory. The University of Chicago Press, Chicago—London.

Ridley, M. (1990): Evolution. Probleme — Themen — Fragen. Birkhäuser, Basel—Boston—Berlin.

Riedl, R. (1975): Die Ordnung des Lebendigen. Systembedingungen der Evolution. Parey, Berliqn–Hamburg.

Riedl, R. (1988): Der Wiederaufbau des Menschlichen. Wir brauchen Verträge zwischen Natur und Gesellschaft. Piper, München—Zürich.

Rieppel, O. (1984): Können Fossilien die Evolution beweisen? *Natur und Museum* 114, 69–74.

Röhrer-Ertl, O. (1978): Die neolithische Revolution im Vorderen Orient. Ein Beitrag zu Fragen der Bevölkerungsbiologie und Bevölkerungsgeschichte. Oldenbourg, München—Wien.

Rotermundt, R. (1994): Jedes Ende ist ein Anfang. Auffassungen vom Ende der Geschichte. Wissenschaftliche Buchgesellschaft, Darmstadt.

Ruffié, J. und Sournia, J.-Ch. (1987): Die Seuchen in der Geschichte der Menschheit. Klett-Cotta, Stuttgart.

Ruse, M. (1982): Darwinism Defended. A Guide to the Evolution Controversies. Addison-Wesley, London-Amsterdam.

Ruse, M. (1986): Taking Darwin Seriously. A Naturalistic Approach to Philosophy. Basil Blackwell, Oxford.

Ruse, M. (1988): Molecules to Men. Evolutionary Biology and Thoughts of Progress. In: Nitecki, M. H. (ed.): Evolutionary Progress. The University of Chicago Press, Chicago—London (pp. 97–126).

Russell, B. (1950/1976): Unpopular Essay. Allen & Unwin, London.

Russell, E. S. (1952): Lenkende Kräfte des Organischen. Francke, Bern.

Sachsse, H. (1981): Die Stellung des Menschen im Kosmos aus der Sicht der Naturwissenschaft. *Herrenalber Texte* 33, 93–96

Salamun, K. (1988): Ideologie und Aufklärung. Weltanschauungstheorie und Politik. Böhlau, Wien—Köln—Graz.

Schindewolf, O. H. (1950): Grundfragen der Paläontologie. Geologische Zeitmessung, organische Stammesentwicklung, biologische Systematik. Schweizerbart, Stuttgart.

Schindewolf, O. H. (1964): Erdgeschichte und Weltgeschichte. *Akademie der Wissenschaften und der Literatur (Abhandlungen der mathematisch-naturwissenschaftlichen Klasse)* Nr. 2, 56–104.

Simpson, G. G. (1949): The Meaning of Evolution. Yale University Press, New Haven.

Simpson, G. G. (1953): The Major Features of Evolution. Columbia University Press, New York—London.
Simpson, G. G. (1963): This View of Life. The World of an Evolutionist. Harcourt, Brace & World, New York.
Sisk, T. D., Launer, A. E., Swithy, K. R. and Ehrlich, P. R. (1994): Identifying Extinction Threats. *BioScience* 44, 592–604
Skinner, B. F. (1962): Walden Two. Macmillan, New York.
Skinner, B. F. (1971): Beyond Freedom and Dignity. Bantam Books, Toronto—New York—London.
Sledziewski, E. G. (1990): Fortschritt. In. Sandkühler, H. J. (Hrsg.): Europäische Enzyklopädie zu Philosophie und Wissenschaften. Band 2. Meiner, Hamburg (S. 95–105).
Spaemann, R. und Löw, R. (1981): Die Frage Wozu? Geschichte und Wiederentdeckung des teleologischen Denkens. Piper, München—Zürich.
Spencer, H., (1904): An Autobiography. 2 volumes. Williams and Norgate, London.
Spengler, O. (1923/1972): Der Untergang des Abendlandes. Umrisse einer Morphologie der Weltgeschichte. 2 Bände. Deutscher Taschenbuch Verlag, München.
Stangeland, Ch. E. (1966): Pre-Malthusian Doctrines of Population: A Study in the History of Economic Theory. Kelley, New York.
Stanley, S. M. (1983): Der neue Fahrplan der Evolution. Fossilien, Gene und der Ursprung der Arten. Harnack, München.
Stanley, S. M. (1988). Krisen der Evolution. Artensterben in der Erdgeschichte. Spektrum Bibliothek, Heidelberg.
Stebbins, G. L (1971): Processes of Organic Evolution. (2nd ed.) Prentice-Hall, Englewood Cliffs.
Steitz, E. (1993): Die Evolution des Menschen. (3. Aufl.) Schweizerbart, Stuttgart.
Sticker, B. (1973): Mythos und Logos des Fortschritts in der Geschichte der Wissenschaft. *RETE: Strukturgeschichte der Naturwissenschaften* 2, 25–44.
Storch, V. und Welsch, U. (1989): Evolution. Tatsachen und Probleme der Abstammungslehre. (6. Aufl.) Deutscher Taschenbuch Verlag, München.
Stripf, R. (1989): Evolution — Geschichte einer Idee. Von der Antike bis Haeckel. Metzler, Stuttgart.
Szent-Györgyi, A. (1971): Der fehlentwickelte Affe oder Die Unfähigkeit des Menschen, mit seinen Problemen fertig zu werden. Bertelsmann, Gütersloh—Wien.

Teilhard de Chardin, P. (1974): Aufstieg zur Einheit. Die Zukunft der menschlichen Evolution. Walter, Olten—Freiburg.
Thoday, J. M. (1975): Non-Darwinian ›Evolution‹ and Biological Progress. *Nature* 255, 675–677.
Thurnwald, R. C. (1966): Beiträge zur Analyse des Kulturmechanismus. In: Mühlmann, W. E. und Müller, E. W. (Hrsg.): Kulturanthropologie. Kiepenheuer & Witsch, Köln—Berlin (S. 356–391).
Topitsch, E. (1979): Erkenntnis und Illusion. Grundstrukturen unserer Weltauffassung. Hoffmann und Campe, Hamburg.

Topitsch, E. (1992): Heil in und jenseits der Zeit. Weltanschauungsanalytische Betrachtungen. In: Salamun. K. (Hrsg.): Ideologie und Idelogiekritik. Ideologietheoretische Reflexionen. Wissenschaftliche Buchgesellschaft, Darmstadt (S. 65–79).
Toth, N. (1990): The Prehistoric Roots of a Human Concept of Symmetry. *Symmetry: Culture & Science* 1, 257–281.
Toynbee, A. (1948/1958): Kultur am Scheidewege. Ullstein, Berlin.
Troll, W. (1942): Gestalt und Urbild. Gesammelte Aufsätze zu Grundfragen der organischen Morphologie. Niemeyer, Halle/Saale.

Valentine, J. W. (1978): The Evolution of Multicellular Plants and Animals. *Scientific American* 239 (3), 104–117.
Verbeek, B. (1990): Die Anthropologie der Umweltzerstörung. Die Evolution und der Schatten der Zukunft. Wissenschaftliche Buchgesellschaft, Darmstadt.
Verbeek, B. (1992): Evolutionsfalle oder: Die ewige Hoffnung auf den »Neuen Menschen«. *Universitas* 47, 224–234
Verbeek, B. (1994): Die Evolution vom Bock zum Gärtner oder: Die Zivilisation war ein Irrtum. *Universitas* 49, 165–180.
Vivelo, F. R. (1988): Handbuch der Kulturanthropologie. Eine grundlegende Einführung. Deutscher Taschenbuch Verlag, München.
Vogel, Ch. (1989): Vom Töten zum Mord. Das wirklich Böse in der Evolutionsgeschichte. Hanser, München—Wien.
Vogel, G. und Angermann, H. (1984): dtv-Atlas zur Biologie. Tafeln und Texte. 3 Bände. Deutscher Taschenbuch Verlag, München.
Voltaire, F. M. (1759/1971): Sämtliche Romane und Erzählungen. Wissenschaftliche Buchgesellschaft, Darmstadt.
Vrba, E. (1983): Macroevolutionary Trends: New Perspectives on the Roles of Adaptation and Incidental Effect. *Science* 221, 387–389.

Wagner, F. (1973): Universalgeschichte und Gesamtgeschichte. In: Gadamer, H.-G. und Vogler, P. (Hrsg.): Neue Anthropologie. Band 4: Kulturanthropologie. Deutscher Taschenbuch Verlag und G. Thieme. München—Stuttgart (S. 195–224).
Wagner, G. P. (1986): The Systems Approach: An Interface Between Developmental and Population Genetic Aspects of Evolution. In: Raup, D. M. and Jablonsky, D. (eds.): Patterns and Processes in the History of Life. Springer, Berlin—Heidelberg—New York (pp. 149–165).
Watzlawick, O. (1981): Bausteine ideologischer »Wirklichkeiten«. In: Watzlawick, P. (Hrsg.): Die erfundene Wirklichkeit. Wie wissen wir, was wir zu wissen glauben? Piper, München—Zürich (S. 192 — 228).
Watzlawick, P. (1986): Vom Schlechten des Guten oder Hekates Lösungen. Piper, München—Zürich.
Weinert, H. (1941): Die Rassen der Menschheit. Teubner, Leipzig—Berlin.
Weizsäcker, C. F. v. (1976): Die Tragweite der Wissenschaft. Schöpfung und Weltentstehung. Hirzel, Stuttgart.
Wells, H.G. (1946): The Outlook for Homo sapiens. An Unemotional Statement of the Things that are Happening to Him Now, and of the Immediate Possibilities Confronting Him. Secker and Warburg, London.

White, L. (1959): The Evolution of Culture. The Development of Civilization to the Fall of Rome. McGraw-Hill, New York—Toronto—London.
Whittaker, E. (1995): Der Anfang und das Ende der Welt. Die Dogmen und die Naturgesetze. Günther, Stuttgart.
Wieser, W. (1989): Vom Werden zum Sein. Energetische und soziale Aspekte der Evolution. Parey, Berlin—Hamburg.
Wimberg, L. (1994): Insel-Kariben. *Abenteuer Natur,* Nr. 3, 86–94.
Winckler, H. (1907): Die babylonische Geisteskultur. Quelle & Meyer, Leipzig.
Windelband, W. (1907): Präludien. Aufsätze und Reden zur Einleitung in die Philosophie. Mohr, Tübingen.
Winkler, E.-M. und Schweikhardt, J. (1982): Expedition Mensch. Streifzüge durch die Anthropologie. Ueberreuter, Wien—Heidelberg.
Wuketits, F. M. (1979): Gesetz und Freiheit in der Evolution der Organismen. *Umschau in Wissenschaft und Technik* 79, 268–275.
Wuketits, F. M. (1980): On the Notion of Teleology in Contemporary Life Sciences. *Dialectica* 34, 277–290.
Wuketits, F. M. (1981): Biologie und Kausalität. Biologische Ansätze zur Kausalität, Determination und Freiheit. Parey, Berlin—Hamburg.
Wuketits, F. M. (1982): Das Phänomen der Zweckmäßigkeit im Bereich lebender Systeme. *Biologie in unserer Zeit* 12, 139–144.
Wuketits, F. M. (1985): Zustand und Bewußtsein. Leben als biophilosophische Synthese. Hoffmann und Campe, Hamburg.
Wuketits, F. M. (1986): Evolution as a Cognition Process: Towards an Evolutionary Epistemology. *Biology & Philosophy* 1, 191–206.
Wuketits, F. M. (1987a): Evolutionäre Ursprünge der Metaphysik. In: Riedl, R. und Wuketits, F. M. (Hrsg.): Die Evolutionäre Erkenntnistheorie. Bedingungen — Lösungen — Kontroversen. Parey, Berlin—Hamburg (S. 220–229).
Wuketits, F. M. (1987b): Evolution als Systemprozeß. Die Systemtheorie der Evolution. In: Siewing, R. (Hrsg.): Evolution. Bedingungen — Resultate — Konsequenzen. (3. Aufl.) Fischer, Stuttgart—New York (S. 453–474).
Wuketits, F. M. (1987c): Evolution, Causality and Human Freedom. The Open Society from a Biological Point of View. In: Schmid, M. and Wuketits F. M. (eds.): Evolutionary Theory in Social Science. Reidel, Dordrecht—Boston—Lancaster—Tokyo (pp. 49–77).
Wuketits, F. M. (1988a): Evolutionstheorien. Historische Voraussetzungen, Positionen, Kritik. Wissenschaftliche Buchgesellschaft, Darmstadt.
Wuketits, F. M. (1988b): Jenseits von Zufall und Notwendigkeit. Biologische und kulturelle Evolution des Menschen. Edition Riannon, Basel.
Wuketits, F. M. (1989a): Grundriß der Evolutionstheorie. (2. Aufl.) Wissenschaftliche Buchgesellschaft, Darmstadt.
Wuketits, F. M. (1989b): Biologische und kulturelle Evolution — Analogie oder Homologie? In: Albertz, J. (Hrsg.): Evolution und Evolutionsstrategien in Biologie, Technik und Gesellschaft. Freie Akademie, Berlin (S. 241–258).
Wuketits, F. M. (1990): Evolutionary Epistemology and Its Implications for Humankind. State University of New York Press, Albany/New York.
Wuketits, F. M. (1992a): Mögliche Grenzen der naturwissenschaftlichen Erkenntnis. *Wissenschaft und Fortschritt* 42, 99–104.

Wuketits, F. M. (1992b): Biologie, menschliche Natur und Ideologie. Zur Analyse einer unglücklichen Beziehung. In: Salamun. K. (Hrsg.): Ideologien und Ideologiekritik. Ideologietheoretische Reflexionen. Wissenschaftliche Buchgesellschaft, Darmstadt (S. 185–202).

Wuketits, F. M. (1992c): Evolution durch Zufall? Zufall und Plan, Freiheit und Gesetz in der Evolution des Lebenden. *Universitas* 47, 1153–1163.

Wuketits, F. M. (1992d): Self-Organization, Complexity and the Emergence of Human Consciousness. *La Nuova Critica* 19/20, 89–107.

Wuketits, F. M. (1993a): Verdammt zur Unmoral? Zur Naturgeschichte von Gut und Böse. Piper, München—Zürich.

Wuketits, F. M. (1993b): Wir Menschen sind Affen – und verhalten uns auch so. *Psychologie heute* 20 (4), 58–65.

Wuketits, F. M. (1993c): Moral Systems as Evolutionary Systems: Taking Evolutionary Ethics Seriously. *Journal of Social and Evolutionary Systems* 16, 251–271.

Wuketits, F. M. (1993d): Unser stammesgeschichtliches Erbe unter den heutigen Lebensbedingungen. In: Albertz, J. (Hrsg.): Im Spannungsfeld zwischen Individuum und Gemeinschaft. Freie Akademie, Berlin (S. 27–52).

Wuketits, F. M. (1994): Steinzeitmensch im Frack. *Abenteuer Natur,* Nr. 4, 26–27.

Wuketits, F. M. (1997): Soziobiologie. Die Macht der Gene und die Evolution sozialen Verhaltens. Spektrum Akademischer Verlag, Heidelberg.

Zell, Th. (1926): Geheimpfade der Natur. 2 Bände. Hoffmann und Campe, Hamburg—Berlin.

Zimmermannn, W. (1953): Evolution. Die Geschichte ihrer Probleme und Erkenntnisse. Alber, Freiburg—München.

Zirnstein, G. (1981): Grundprobleme und Theorien in der Paläontologie zwischen CUVIER und DARWIN (etwa 1800 bis 1859): *Zeitschrift für geologische Wissenschaften* 9, 1457–1473.

Zissler, D. (1980): Baupläne der Tiere. Herder, Freiburg—Basel—Wien.

Zwölfer, H. und Völkl, W. (1993): Artenvielfalt und Evolution. *Biologie in unserer Zeit* 23, 308–315.

Personenregister

Abel, O. 160
Ahrens, R. 242 f.
Albert, H. 153
Altner, G. 112, 196
Alvarez, W. 164
Angermann, H. 85, 91
Aristoteles 32, 46
Arrhenius, S. 201
Asaro, F. 164
Aster, E. v. 32
Ayala, F. J. 18

Balandin, R. K. 186
Basalla, G. 150
Bastian, H. 30
Baudrillard, J. 222
Benzon, W. 135
Bergson, H. 39, 76
Bernard, C. 167
Bernal, J. D. 151
Besson, W. 136
Besterman, T. 57
Binnig, G. 182
Böhme, W. 170
Bölsche, W. 109, 161, 187
Bonnet, Ch. 32 f.
Bowler, P. J. 88
Boyd, R. 131, 219
Bresch, C. 102
Bräuer, G. 113, 192
Breuer, R. 42
Broad, C. D. 18
Bronowski, J. 113
Büchner, L. 116
Buffon, G. L. L. de 33, 62, 64
Burckhardt, J. 137 f.
Burton, M. 163
Butler, S. 177 f.

Campanella, T. 142 f.
Camper, P. 51, 53

Camus, A. 43
Carr, E. H. 120
Carrington, R. 250
Carson, R. 228
Chaisson, E. J. 42
Chapman, H. C. 75
Childe, G. 144
Clarke, B. 93
Coates, M. I. 83
Cole, S. 206
Comte, A. 127 f.
Constable, G. 197
Cuvier, G. 71 f.

Dacqué, E. 99
Darwin, Ch. 20, 25, 37 f., 63—68, 70 f.,
   73, 75—79, 82 f., 97, 103 f., 114 ff.,
   122, 148, 163, 169, 175 f., 178, 204,
   219, 243, 249
Darwin, Ch. G. 249
Darwin, E. 67
Dawkins, R. 176
Dawson, Ch. 88
Desmond, A. J. 66 ff., 70, 74, 83, 87
Di Gregorio, M. A. 84
Ditfurth, H. v. 202, 212
Dixon, D. 255
Dobzhansky, T. 18, 68, 74, 90, 109,
   112, 177
Dodds, E. R. 30
Driesch, H. 39
Drummond, H. 37, 113
Du Bois-Reymond, E. 152
Dunnell, R. C. 134
Durant, J. 66

Economos, A. C. 188 f.
Edlinger, K. 178
Eibl-Eibesfeldt, I. 201, 209
Eigen, M. 159, 179, 181, 254
Eiseley, L. C. 66

Elias, N. 208
Engels, F. 167
Erben, H. K. 68, 71, 96, 99, 102, 145, 161, 167f., 171, 215f., 242

Farrington, B. 66
Ferruci, F. 155, 157
Feyerabend, P. 218
Flora, P. 211
Flügel, E. 163
Fox, R. 19, 60
Frazer, J. G. 218
Freeman, D. 143, 214
Freud, S. 213, 255
Frieling, H. 36
Fromm, E. 255
Futuyma, D. J. 68, 99

Gehlen, A. 221
Gittleman, J. L. 172
Gleichen-Rußwurm, A. v. 237
Gobineau, J.-A. de 122
Goertzel, B. 181
Goethe, J. W. v. 47, 51 f., 54, 180
Goll, R. 128
Götschl, J. 236
Gould, S. J. 86, 89, 106 ff., 123, 163 f., 178, 190
Gräffer, F. 52 f.
Grahmann, R. 207
Grassi, E. 49
Graybosch, A. J. 141
Grobstein, C. 85, 100
Gruter, M. 237
Gutmann, W. F. 178

Haeckel, E. 55, 75, 85, 93 f., 97, 120 ff., 124 f., 160, 194
Hahn, W. 49
Hasenfuß, I. 175
Hassenstein, B. 115
Heberer, G. 104
Hegel, G. W. F. 136
Hentschel, W. 124
Herbig, J. 28
Herder, J. G. 35, 127
Hoernes, R. 167
Hofer, H. 112

Hoffmann, H. 240
Hölder, H. 71
Hübner, K. 235
Humboldt, A. v. 117
Hume, D. 15
Hüssner, H. 163
Huxley, J. 17, 60, 75 ff., 93, 96, 98, 112, 149, 194, 242
Huxley, T. H. 20, 83 f.

Illies, J. 112

Jaeger, M. A. 153
Jantsch, E. 99
Jensen, H. 137
Jeßberger, R. 145
Johanson, D. 192

Kanitscheider, B. 42, 184
Kant, I. 28 f., 38, 81 f., 223
Keith, A. 88 f., 126
Kinzelbach, R. 196
Koch, H. W. 123
Koestler, A. 194, 229
Koppers, W. 26
Kuhn-Schnyder, E. 90 f., 97
Küng, H. 50
Küppers, B.-O. 181
Küttler, W. 136

Lamarck, J.-B. de 62 ff., 72, 103 f., 163
Landmann, M. 133
Laskowski, W. 109
Laszlo, E. 42
Lauder, G. V. 178
Lavater, K. 51 ff.
Leibniz, G. W. 32, 37, 40
Lennox, J. G. 115
Levinson, P. 150, 231, 235
Lewin, R. 89
Lewontin, R. C. 86, 106, 178
Leydesdorff, L. 247
Lightfood, J. 64
Linné, C. v. 110 ff.
Lissner, I. 214
Löbsack, T. 194, 197
Lorenz, K. 20, 75, 173 ff., 194, 198, 228, 231, 246 f., 255

Lovejoy, A. O. 32, 45
Löw, R. 43, 117
Löwenhard, P. 225
Lozek, G. 136
Lübbe, H. 59, 119, 228, 233
Luhmann, N. 21, 247
Lumsden, Ch. J. 131, 219
Lyell, Ch. 71 f.
Lyons, S. L. 84

Malthus, T. R. 243
Markl, H. 170, 196
Mayr, E. 28, 32, 39, 46, 54, 66 f., 73, 90, 99, 104, 115 f., 176
McShea, D. W. 97
Medawar, P. 154
Meyer, P. 209
Meyer-Abich, A. 76
Midgley, M. 76
Miersch, M. 196
Mohr, H. 166, 210, 215, 248
Monod, J. 7, 17, 42, 77, 116, 179, 182, 202
Moore, J. 66 ff., 74
Morin, E. 194
Müller, G. B. 85
Müller-Beck, H. 207
Munz, P. 147

Naef, A. 124
Newton, I. 38
Nietzsche, F. 223
Nitschke, A. 138 ff.

Oeing-Hanhoff, L. 30
Oeser, E. 46, 128, 150, 153, 186, 194, 204, 219, 234 f., 238
O'Hara, R. J. 37
Oken, L. 54 f.
Oldroyd, D. R. 66
Ortega y Gasset, J. 223
Orwell, G. 147, 154
Osche, G. 115, 172 f.
Ostwald, W. 152
Owen, R. 83 f., 87

Pauly, A. 76
Peters, H. M. 66

Petersen, J. 126
Platon 49, 54, 83, 141 f.
Popper, K. R. 16, 49, 136, 142, 148, 153, 159, 219, 223, 230, 246 f.
Portmann, A. 48
Prigogine, I. 185
Provine, W. B. 17, 43

Querner, H. 111

Rapp, F. 15
Raup, D. M. 102, 164
Reichholf, J. 160
Remane, J. 102
Rensch, B. 90 f., 93, 98 f., 104, 112, 117, 194
Rescher, N. 232 f., 235
Reusch, F. H. 166
Richards, R. 66, 74, 78
Richerson, P. J. 131, 219
Ridley, M. 18, 68
Riedl, R. 76, 80, 102, 176, 178, 247
Rieppel, O. 70
Röhrer-Ertl, O. 206
Rotermundt, R. 203
Roth, E. 179, 192
Rousseau, J.-J. 143
Ruffié, J. 186
Ruse, M. 66, 68, 75, 145, 199
Russell, B. 23
Russell, E. S. 76

Sachsse, H. 43
Salamun, K. 15
Schelling, F. W. 52
Schiller, F. 140
Schindewolf, O. H. 99, 102, 163
Schweikhardt, J. 30, 51, 53, 198, 214
Shreeve, J. 192
Simpson, G. G. 74, 99, 103, 163
Sisk, T. D. 196
Sjölander, S. 173
Skinner, B. F. 144
Sledziewski, E. G. 22
Sournia, J.-Ch. 186
Spaemann, R. 43, 117
Spencer, H. 75, 78, 90, 97
Spengler, O. 128—131, 153, 220

Stangeland, Ch. E. 243
Stanley, S. M. 163, 187 f.
Stebbins, G. L. 98
Steitz, E. 192
Stengers, I. 185
Sticker, B. 232
Storch, V. 81
Stripf, R. 32, 66
Sutherland, A. 122
Szent-Györgyi, A. 194

Teilhard de Chardin, P. 60, 102, 154
Thoday, J. M. 116
Thurnwald, R. C. 208
Topitsch, E. 15, 147
Toth, N. 50
Toynbee, A. 128 f.
Troll, W. 48
Turnbull, C. M. 215

Ussher, J. 63

Valentine, J. W. 95
Verbeek, B. 21, 183, 197, 202, 228, 247
Vivelo, F. R. 206
Vogel, Ch. 198
Vogel, G. 85, 91
Völkl, W. 160
Voltaire, F. M. 7, 39 f., 57, 237
Vrba, E. 164

Wagner, F. 141
Wagner, G. P. 85, 178
Watzlawick, P. 144 f., 240
Weinert, H. 124
Weizsäcker, C. F. v. 44
Wells, H. G. 154
Welsch, U. 81
White, L. 133
Whittacker, E. 44
Wieser, W. 165
Wilson, E. O. 131, 219
Wimberg, L. 216
Winckler, H. 27, 30
Windelband, W. 119 f.
Winkler, E.-M. 30, 51, 53, 198, 214, 217
Winkler, R. 181
Wuketits, F. M. 17, 19 f., 32, 39, 42, 59, 66, 68, 76, 91, 99, 107, 115, 118, 130, 134, 145, 148, 152, 163 f., 171, 178, 180 f., 192, 197 ff., 209, 218, 224, 231, 237, 244

Xenophanes 25

Zell, T. 41
Zimmermann, W. 32, 46, 52 f., 56, 62, 66, 83, 110 f.
Zirnstein, G. 72
Zissler, D. 80
Zwölfer, H. 160

Sachregister

Häufiger vorkommende Begriffe werden nur für diejenigen Seiten nachgewiesen, auf denen sie näher erörtert oder in einem speziellen Zusammenhang vorkommen.

Abstammung, gemeinsame 80
Adaptationismus 106, 164
additive Typogenese 104
Aggression 39
Aggressionstrieb 255
Ähnlichkeit, abgestufte 81
Aktualitätsprinzip 72
Ameisenbär 46 f.
Anagenese 90, 97 (siehe auch »Höherentwicklung«)
Analogie 83
Anpassung 18, 103 ff., 171, 178
anthropisches Prinzip 42
Anthropomorphismus 43
anthropozoisches Zeitalter 194 f.
Apokalypse 37, 59
Archetypen 82 f.
Artentod 172
Aszendenz 113
Aufklärung 22, 29, 57, 223 f.
Auslese, natürliche 65, 74 (siehe auch »Selektion«)
Aussterben 72, 91, 161, 164
Australopithecus 193, 197

Baluchitherium 188 f.
Bambusbär 171
Bauplan, Baupläne 79 ff.
Behaviorismus 144
Biodiversität 160

Cerebralisation 113
Chaos 182 ff.
Chaosforschung 182
Christentum 27, 64, 75

Cladogenese 90 ff., 97 (siehe auch »Stammverzweigung«)
creation science 145
Cro-Magnon-Mensch 197

Darwinismus 66
Degeneration 91
Devolution 172 ff.
Diatryma 188
Differenz 21
Dinornis 188
Dinosaurier 83, 87, 103 (siehe auch »Saurier«)
Drei-Stadien-Gesetz 128

Eiszeiten 188
élan vital 39, 76
Endzeitstimmung 202, 204
Endzweck 44
Entharmonie 117
Eoanthropus dawsoni 88 (siehe auch »Piltdown-Mensch«)
Epharmonie 117
Epidemien 186
Erdgeschichte 72, 160
Essentialismus 49
Ethnozentrismus 30
Evolution:
— Begriff 19, 68, 73, 119
— des Menschen 107 ff., 192 ff.
— gerichtete 99, 102 (siehe auch »Orthoevolution«; »Trend«)
— kulturelle 18, 23, 131, 133, 140, 214, 219
— offene 244

— organische 17 f., 23, 59, 133, 138, 140, 156
— progressive 90, 108 (siehe auch »Fortschritt, evolutiver«)
— soziale 18, 23, 134
— soziokulturelle 134, 138 f., 156
— technische 227
evolutionärer Humanismus 149
Evolutionsbiologie 22
Evolutionsmetaphysik 78
Evolutionsregeln 91, 93
Evolutionstempo 163
Evolutionstheorie(n) 29, 52, 63, 68, 72, 78, 86, 103, 163
exponentielles Wachstum 233, 242

Fortschritt:
— Begriff 17 f., 22, 29 f., 57
— evolutiver 18, 75, 86, 91
— gleichförmiger 18
— moralischer 78
— netzartiger 18
— universeller 18
— wissenschaftlich-technischer 235 f.
Fortschrittsgedanke 15, 23, 75, 114, 143
Fortschrittsglaube 57, 60, 74, 86, 89
Fossilien 69 ff., 86

Gegenwartsschrumpfung 228, 233
generatio homonyma 82
genetische Rekombination 77
Gentechnologie 151
Geologie 71
Geschichte 119
geschichtsimmanente Gesetzlichkeit 15, 136
Gradualismus 104, 163

Heilserwartungen 147
Hesperornis 188
Historismus 135
Historizismus 136
Hochkultur 133
Höherentwicklung 51, 56, 90, 97 ff., 132
— kontinuierliche 106

— moralische 78
Hominiden 89, 108, 193, 197, 206
Homo erectus 20, 193
Homologie 83, 131
Homo sapiens 18, 108, 112, 140, 166, 180, 193, 197 f., 203 f., 226, 232, 242, 254
Hypertrophien 239 ff.

idealistische Morphologie 54 f.
Ideologie(n) 15, 144 ff.
Ik 215
Illusionen 15, 23, 30, 50, 61, 252
Information, genetische 133
— intellektuelle 133
Informationsverdichtung 137
Involution 172 ff., 232 ff.
Irreversibilität 96

Kannibalismus 198
Kariben 216
Kataklysmen 72
Katastrophen 71 f., 185 ff., 224 ff., 242 ff.
Katastrophentheorie 71
Kette des Seins 32 ff.
Komplexität 18
Komplexitätsreduktion 173
Komplexitätszunahme 21, 84 f., 89, 98, 100, 137
Kontinuitätsprinzip 32
Kriege 210, 225
Kultur 128 ff., 206
kultureller Wärmetod 220 ff.
Kulturgeschichte 19, 119 ff., 131 ff., 153, 224 ff.
Kulturzentrismus 30

Lanzettfischchen 80
Latimeria 163
lebende Fossilien 163
liberales Rasiermesser 223

Makroevolution 104
Massenaussterben 187 f.
Massengesellschaften 232
Materialismus, dialektischer 136
— historischer 136
Metamorphose 52

Metamorphosereihe 53
Mikroevolution 104
Mutation 77

Naturgeschichte 62 ff., 185 ff.
Naturkatastrophe 192, 203
Naturvölker 114, 143
Neandertaler 124, 126, 197
Nekrophilie 255
Neocortex 230
neolithische Revolution 206
Nichtlinearität 184

objektiver Geist 136
offene Gesellschaft 142, 244
Ordnung 177
Orthoevolution 99
Orthogenese 99

Paläobiologie 71
Paläontologie 70 f.
Parasiten 172 ff.
Parasitismus 172
philosophes 22
Physiognomie 51 f.
Piltdown-Mensch 88
Prädestination 99
Primaten 103, 110
Punkt Omega 60, 184, 199
Punktualismus 163

Quastenflosser 163

Rassen 120 ff.
Rassenhygiene 124
Rassismus 53
realhistorische Verwandtschaft 74
Religion 15, 66, 75
romantische Naturphilosophie 52

Sacculina carcini 173
Saurier 161 f.
scala naturae 32 (siehe auch »Stufenleiter«)
Schnabeltier 165
Schöpfung 28
Schöpfungsplan 29, 56, 68, 83
Schrift 137
Selbstausrottung 179
Selbstorganisation 181, 247

Selektion 65 f., 73, 77 ff., 175, 177
Selektionstheorie 73, 76 f., 176, 204
Sinn (des Lebens) 16
Sintflut 72
Sozialdarwinismus 90, 123
Spezialisierung 91
Staat 141, 223
Stammbaum 91, 93 ff., 160
Stammverzweigung 90
Stufenleiter 32 ff., 62, 69
survival of the fittest 66
Symmetrie 49 f.
Synthetische Theorie (der Evolution) 77, 163
Systemtheorie (der Evolution) 178

Tasmanier 216
Teleologie 38, 99, 114 ff.
Teleonomie 115
Todestrieb 255
Transzendenz 147
Trend 99, 113, 164
Typostrophismus 163
Typus 54 (siehe auch »Bauplan«)

Überleben 201, 210, 254
Überspezialisierung 91
Universalgeschichte 140
Urbild 48, 54
Urknall 186
Utopie 141, 250

Vervollkommnung 45 ff., 57, 89, 132, 171, 208
Virenzperiode 91
Vitalismus 39
Vollkommenheit 45 ff.
Vorsehung 15

Weltarchitekt 26, 29 ff., 57, 62
Weltordnung, kosmische 26, 56, 67
Wildbeuterkulturen 206 f.
Wirbeltiere 80, 83, 85 f.

Zivilisation 150, 206, 208, 239
Zufall 176, 180 f.
Zukunftserwartung 138 f.
Zweckmäßigkeit 39, 57, 67, 116
  (siehe auch »Teleologie«)

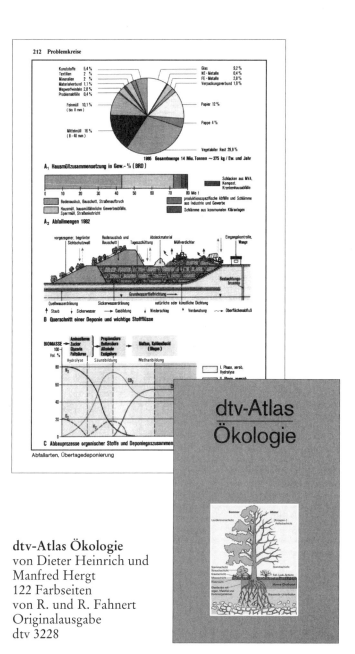

dtv-Atlas Ökologie
von Dieter Heinrich und
Manfred Hergt
122 Farbseiten
von R. und R. Fahnert
Originalausgabe
dtv 3228

Naturwissenschaft im dtv

John D. Barrow
Warum die Welt mathematisch ist
dtv 30570

William H. Calvin
Der Strom, der bergauf fließt
Eine Reise durch die Chaos-Theorie
dtv 36077
Wie der Schamane den Mond stahl
Auf der Suche nach dem Wissen der Steinzeit
dtv 33022

Antonio R. Damasio
Descartes' Irrtum
Fühlen, Denken und das menschliche Gehirn
dtv 33029

Paul Davies
John Gribbin
Auf dem Weg zur Weltformel
Superstrings, Chaos, Komplexität
dtv 30506

David Deutsch
Die Physik der Welterkenntnis
Auf dem Weg zum universellen Verstehen
dtv 33051

Hoimar von Ditfurth
Im Anfang war der Wasserstoff
dtv 33015

Hans Jörg Fahr
Zeit und kosmische Ordnung
Die unendliche Geschichte von Werden und Wiederkehr · dtv 33013

Robert Gilmore
Die geheimnisvollen Visionen des Herrn S.
Ein physikalisches Märchen nach Charles Dickens
dtv 33049

Karl Grammer
Signale der Liebe
Die biologischen Gesetze der Partnerschaft
dtv 33026

Jean Guitton, Grichka und Igor Bogdanov
Gott und die Wissenschaft
Auf dem Weg zum Meta-Realismus
dtv 33027

Lawrence M. Krauss
»Nehmen wir an, die Kuh ist eine Kugel...«
Nur keine Angst vor Physik · dtv 33024

Naturwissenschaft im dtv

Peretz Lavie
Die wundersame Welt des Schlafes
Entdeckungen, Träume, Phänomene
dtv 33048

Sydney Perkowitz
Eine kurze Geschichte des Lichts
Die Erforschung eines Mysteriums
dtv 33020

Josef H. Reichholf
Das Rätsel der Menschwerdung
Die Entstehung des Menschen im Wechselspiel mit der Natur · dtv 33006

Simon Singh
Fermats letzter Satz
Die abenteuerliche Geschichte eines mathematischen Rätsels
dtv 33052

Frederic Vester
Neuland des Denkens
Vom technokratischen zum kybernetischen Zeitalter ·
dtv 33001
Denken, Lernen, Vergessen
Was geht in unserem Kopf vor? · dtv 33045

Unsere Welt – ein vernetztes System
dtv 33046
Crashtest Mobilität
Die Zukunft des Verkehrs
Fakten, Strategien, Lösungen
dtv 33050

Was treibt die Zeit?
Entwicklung und Herrschaft der Zeit in Wissenschaft, Technik und Religion
Hrsg. von Kurt Weis
dtv 33021

What's what?
Naturwissenschaftliche Plaudereien
Hrsg. von Don Glass
dtv 33025

Das neue What's what
Naturwissenschaftliche Plaudereien
Hrsg. von Don Glass
dtv 33010

Fred Alan Wolf
Die Physik der Träume
Von den Traumpfaden der Aborigines bis ins Herz der Materie
dtv 33005

Naturwissenschaftliche Einführungen im dtv

Herausgegeben von Olaf Benzinger

Das Innerste der Dinge
Einführung in die Atomphysik
Von Brigitte Röthlein
dtv 33032

Der blaue Planet
Einführung in die Ökologie
Von Josef H. Reichholf
dtv 33033

Das Chaos und seine Ordnung
Einführung in komplexe Systeme
Von Stefan Greschik
dtv 33034

Der Klang der Superstrings
Einführung in die Natur der Elementarteilchen
Von Frank Grotelüschen
dtv 33035

Das Molekül des Lebens
Einführung in die Genetik
Von Claudia Eberhard-Metzger · dtv 33036

Die Grammatik der Logik
Einführung in die Mathematik
Von Wolfgang Blum
dtv 33037

Schrödingers Katze
Einführung in die Quantenphysik
Von Brigitte Röthlein
dtv 33038

Von Nautilus und Sapiens
Einführung in die Evolutionstheorie
Von Monika Offenberger
dtv 33039

Auf der Spur der Elemente
Einführung in die Chemie
Von Uta Bilow
dtv 33040

$E = mc^2$
Einführung in die Relativitätstheorie
Von Thomas Bührke
dtv 33041

Vom Wissen und Fühlen
Einführung in die Erforschung des Gehirns
Von Jeanne Rubner
dtv 33042

Schwarze Löcher und Kometen
Einführung in die Astronomie
Von Helmut Hornung
dtv 33043

Frederic Vester im dtv

Ein großer Umweltforscher und Kybernetiker,
der Neuland des Denkens erschließt.

Neuland des Denkens
dtv 33001
Frederic Vester fragt, warum menschliches Planen und Handeln so häufig in Sackgassen und Katastrophen führt. Das fesselnd und allgemeinverständlich geschriebene Hauptwerk von Frederic Vester.

Phänomen Streß
Wo liegt der Ursprung des Streß, warum ist er lebenswichtig, wodurch ist er entartet? · dtv 33044
Vester vermittelt in einer auch dem Laien verständlichen Sprache die Zusammenhänge des Streßgeschehens.

**Unsere Welt –
ein vernetztes System**
dtv 33046
Anhand vieler anschaulicher Beispiele erläutert Vester die Steuerung von Systemen in der Natur und durch den Menschen und wie wir sie zur Lösung von Problemen einsetzen können.

Crashtest Mobilität
Die Zukunft des Verkehrs
Fakten–Strategien–Lösungen
dtv 33050

Frederic Vester
Gerhard Henschel
Krebs – fehlgesteuertes Leben
dtv 11181
Das vielschichtige Problem Krebs wird in grundlegenden biologischen und medizinischen Zusammenhängen diskutiert und dargestellt.

dtv

Carl Friedrich von Weizsäcker im dtv

»Ein Philosoph, der weiß, wovon er spricht, wenn er über Physik, Evolution, Politik und gar nicht leider auch Theologie spricht, ist vielleicht das letzte Exemplar einer aussterbenden Spezies; der Mut zur Synopsis und die Kraft der synthetischen Bemühung sind großartig.«
Albert von Schirnding, ›Süddeutsche Zeitung‹

Die Einheit der Natur
Studien
dtv 4660

Mit diesem längst zum Klassiker gewordenen Buch beleuchtet der Physiker und Philosoph die Grundfrage der modernen Wissenschaft: die Frage nach der Einheit der Natur und der Einheit der Naturerkenntnis.

Wahrnehmung der Neuzeit
dtv 10498

Aufsätze zu den wesentlichen Fragen und Problemen unserer Zeit. »Das Ziel ist, die Neuzeit sehen zu lernen, um womöglich besser in ihr handeln zu können.«

Der Mensch in seiner Geschichte
dtv 30378

Ein autobiographischer Rückblick, der Antworten auf die wichtigsten Fragen der modernen Naturwissenschaften und Philosophie gibt: Wer sind wir? Woher kommen wir? Wohin gehen wir?

dtv

Gerald Boxberger, Harald Klimenta

Die zehn Globalisierungslügen

Alternativen zur Allmacht des Marktes
Originalausgabe · dtv 36085

Ein Mythos wird entzaubert

Die Globalisierung ist heute in aller Munde. Wenn es darum geht, Massenentlassungen und Kürzungen im Sozialetat zu rechtfertigen, wird sie gerne als unser aller unausweichliches Schicksal beschworen. Doch diese »schicksalhafte« Globalisierung der Weltmärkte ist das Ergebnis einer zielgerichteten Industrie-Politik. Die Autoren entlarven die zehn gängigsten Lügen in der aktuellen Debatte, wie z. B. »Die Globalisierung ist nicht steuerbar« oder »Hohe Löhne gefährden den Standort Deutschland«. Sie widmen sich vor allem der innerdeutschen Problematik, liefern neueste Daten und stellen mögliche politische Alternativen zur Diskussion.

Gerald Boxberger ist promovierter Volkswirt. Derzeit ist er freier Dozent und Publizist für Wirtschafts- und Sozialpolitik. *Harald Klimenta* ist Diplom-Physiker. Er ist Initiator von Seminaren und Vorträgen zum Thema Globalisierung.

dtv